U0117392

办公高手
成长日记

BANGONG GAOSHOU CHENGZHANG RIJI

21天精通

Windows XP+
Office 2003

电脑办公

双色版

▶▶▶ 新奇e族 编著

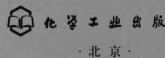

化学工业出版社
·北京·

本书以零基础讲解为起点，并结合行业案例来引导读者深入学习，详细而又全面地介绍了电脑办公的相关知识和技能，主要内容包括电脑办公基础、Windows XP操作系统的使用、文字输入、Word 2003办公文档、Excel 2003电子表格、PowerPoint 2003演示文稿、办公网络的组建、网络办公的应用、电脑办公系统的维护与病毒防治等电脑办公技能。

随书附赠一张DVD多媒体立体教学光盘，包含16小时与本书同步的视频立体教学录像，帮助读者在立体化的学习环境中，取得事半功倍的学习效果。

本书适合需要使用电脑进行办公的电脑初、中级用户阅读，也可作为各类院校相关专业学生和电脑培训班学员的教材或教辅用书。

图书在版编目（CIP）数据

21天精通Windows XP＋Office 2003电脑办公/新奇e族编著. —北京：化学工业出版社，2012.6
（办公高手成长日记）
ISBN 978-7-122-13584-1
ISBN 978-7-89472-607-0（光盘）

Ⅰ.2… Ⅱ.新… Ⅲ.办公自动化-应用软件，Office 2003 Ⅳ.TP317.1

中国版本图书馆CIP数据核字（2012）第028454号

责任编辑：张 敏 张 立　　　　　　　文字编辑：吴开亮
责任校对：陶燕华　　　　　　　　　　装帧设计：韩 飞

出版发行：化学工业出版社（北京市东城区青年湖南街13号　邮政编码100011）
印　　装：化学工业出版社印刷厂
787mm×1092mm　1/16　印张27¼　字数686千字　2012年6月北京第1版第1次印刷

购书咨询：010-64518888（传真：010-64519686）　　售后服务：010-64518899
网　　址：http://www.cip.com.cn
凡购买本书，如有缺损质量问题，本社销售中心负责调换。

定　　价：59.00元（1DVD-ROM）

电脑办公是目前最为流行的办公方式，也是目前就业的最低技能要求。电脑办公除了能实现无纸化办公大大节约办公成本外，更重要的是能大大提高工作效率。

通过本书能精通哪些办公技能？

- ☑ Windows XP的操作和文字输入技能
- ☑ Word 2003办公文档的应用技能
- ☑ Excel 2003电子表格的应用技能
- ☑ PowerPoint 2003演示文稿的应用技能
- ☑ 办公网络的组建以及网络办公的应用技能
- ☑ 电脑办公系统的维护与病毒防治技能

本书特色

▶ 零基础办公、入门级的讲解

无论读者是否有电脑操作基础，是否接触过Windows XP系统和Office 2003办公软件，都能从本书中找到最佳的学习起点。本书采用零基础的案例型操作讲解，可以帮助读者快速地掌握电脑办公技能。

▶ 职业范例为主，一步一图，图文并茂

本书在讲解过程中，每一个技能点均配有与此行业紧密结合的行业案例辅助讲解，每一步操作均配有与此对应的操作截图，使学习易懂更易学。读者在学习过程中能直观、清晰地看到每一步操作过程和效果，更利于加深理解和快速掌握。

▶ 职场技能训练，更切合办公实际

本书在每个章节的最后均设置有"职场技能训练"环节，此环节是特意为读者提高电脑办公实战技能安排的，案例的选择和实训策略均吻合行业应用技能的需求，以便读者通过学习后能更好地投入电脑办公这个行业中。

双栏排版，双色印刷

　　本书采用双栏双色排版，一步一图，图文对应，并在图中添加了操作提示标注，以帮助读者快速学习；双色印刷，既美观大方又能够突出重点、难点，通过精细编排的内容更能使读者对所学习的知识加深理解。

内容导读

　　全书分为5周，共计21天的学习计划，列表如下：

推荐时间安排		自学目标	掌握情况
第1周	第1天	电脑办公从零开始——熟悉电脑基本操作	☺□　☺□　☹□
	第2天	最常用的操作系统——Windows XP快速入门	☺□　☺□　☹□
	第3天	轻松管理办公资源——文件和文件夹的操作	☺□　☺□　☹□
	第4天	我的电脑我做主——Windows XP系统的基本设置	☺□　☺□　☹□
	第5天	电脑办公必学——轻松学打字	☺□　☺□　☹□
第2周	第6天	电脑办公第一步——文档基础操作	☺□　☺□　☹□
	第7天	让文档脱颖而出——排版和美化文档	☺□　☺□　☹□
	第8天	复杂的事情交给电脑——文档自动化处理	☺□　☺□　☹□
	第9天	为报表化妆——报表制作和美化	☺□　☺□　☹□
	第10天	自动化运算——公式和函数	☺□　☺□　☹□
第3周	第11天	制作演示文稿——使用PowerPoint 2003	☺□　☺□　☹□
	第12天	丰富幻灯片——使用PowerPoint 2003编辑幻灯片	☺□　☺□　☹□
	第13天	让幻灯片有声有色——使用PowerPoint 2003创建电子相册	☺□　☺□　☹□
	第14天	演示文稿的放映	☺□　☺□　☹□
	第15天	演示文稿的其他实用操作	☺□　☺□　☹□
第4周	第16天	搭建电脑办公局域网	☺□　☺□　☹□
	第17天	电脑办公连接Internet网络	☺□　☺□　☹□
	第18天	电脑办公网上冲浪	☺□　☺□　☹□
	第19天	网上视频聊天	☺□　☺□　☹□
	第20天	电脑办公电子邮件收发与管理	☺□　☺□　☹□
第5周	第21天	电脑办公的日常维护和病毒防治	☺□　☺□　☹□

光盘特点

▶ 16小时全书同步视频教学录像

　　以章节二级标题为纲领，全面完整地涵盖本书所有内容，详细完整地解析了每个技能点和行业案例，立体化教学，全方位指导。读者可以根据视频教学录像参照本书同步学习，犹如一位老师在手把手教，从而能更轻松地掌握书中所有的技能与操作技巧，使学习变得更加轻松和从容。

▶ 超多、超值资源大放送

　　赠送电脑维护与故障排除技巧50招、高效办公文案模板300例、Office 2003电脑办公技巧350招、摆脱黑客攻击的150招秘籍、"轻轻松松学会五笔打字"电子书、Excel办公常用函数177例、本书全部案例的素材与结果文件、本书内容的教学PPT课件等超值资源。

关于我们

　　本书由新奇e族编著，参加编写的人员还有王英英、孙若淞、刘玉萍、宋冰冰、张少军、王维维、肖品、陈凡林、周慧、刘伟、李坚明、徐明华、李建梅、李欣、樊红、赵林勇、刘海松、裴东风等。

　　由于编者水平有限，书中难免有疏漏和不足之处，敬请广大读者朋友批评指正。

编　者

2012年4月

第1周 步入电脑办公新时代

第1天　星期一

电脑办公从零开始——熟悉电脑基本操作

（视频 39 分钟）　2

第2天　星期二

最常用的操作系统——Windows XP快速入门

（视频 18 分钟）　21

第2周 **办公文档轻松处理**

第8天　星期三
复杂的事情交给电脑——文档自动化处理
（视频 83 分钟）　**151**

第9天　星期四
为报表化妆——报表制作和美化
（视频 100 分钟）　**179**

第 10 天　星期五

自动化运算——公式和函数

（视频 **78** 分钟）　　**225**

第 3 周　不一样的PPT演示

第 11 天　星期一

制作演示文稿——使用PowerPoint 2003

（视频 **29** 分钟）　　**258**

第12天 星期二

丰富幻灯片——使用PowerPoint 2003编辑幻灯片

(视频 **47** 分钟)　　**273**

第13天 星期三

让幻灯片有声有色——使用PowerPoint 2003创 电子相册

(视频 **46** 分钟)　　**294**

第14天 星期四

演示文稿的放映

(视频 **38** 分钟)　　**318**

第 15 天 星期五 **333**
演示文稿的其他实用操作 （视频 **25** 分钟）

第 4 周　沟通无限——网络办公与娱乐

第 16 天 星期一 **342**
搭　电脑办公局域网 （视频 **41** 分钟）

第 17 天 星期二 **356**
电脑办公连接Internet网络 （视频 **31** 分钟）

第 **18** 天 星期三
电脑办公网上冲浪

(视频 **49** 分钟) **366**

第 **19** 天 星期四
网上视频聊天

(视频 **45** 分钟) **386**

第**5**周 **电脑办公安全策略**

第**1**周 步入电脑办公新时代

本周多媒体视频 **2** 小时

从此扔掉烦琐的纸笔，步入无纸化电脑办公新时代。本周学习电脑办公的利器——电脑的基本操作。

第 1 天 星期一

电脑办公从零开始——熟悉电脑基本操作

（视频 **39** 分钟）

今日探讨

今日主要探讨如何打开和关闭电脑、如何使用键盘和鼠标、如何使用打印机和扫描仪等。

今日目标

通过第1天的学习，读者能熟悉电脑基本操作。

快速要点导读

- ⊙ 掌握打开与关闭电脑的方法
- ⊙ 掌握鼠标与键盘的使用方法
- ⊙ 了解打印机和扫描仪的使用方法

学习时间与学习进度

120分钟   32.5%

1.1 打开和关闭电脑

要使用电脑进行办公，首先应该学会的就是打开和关闭电脑。作为初学者，首先需要了解的是打开电脑的顺序，以及在不同的情况下采用的打开方式；还需要了解的是如何关闭电脑以及在不同的情况下关闭电脑的方式。

1.1.1 正常启动电脑

正常启动是指在电脑尚未开启的情况下进行启动，也就是第一次启动电脑。启动电脑的正确顺序是：先打开显示器的电源，然后打开主机的电源。

正常启动电脑的具体操作步骤如下。

Step 01 按下电脑的显示器电源按钮，打开显示器。

显示器电源指示灯

Step 02 按下电脑主机的电源按钮，打开主机。

主机电源

Step 03 显示器上将显示启动信息，并自动完成自检和启动工作。

Step 04 成功自检后会进入启动界面，在其中显示电脑正在启动的进度。

Step 05 当启动完毕后将进入欢迎界面，系统会显示电脑的用户名和登录密码文本框。

Step 06 单击需要登录的【用户名】，然后在【用户名】下的文本框中输入登录密码，按【Enter】键确认。

功开机。

Step 07 如果密码正确，经过几秒钟后，系统会成功进入Windows XP系统桌面，这就表明已经成

1.1.2 重新启动电脑

在使用电脑的过程中，如果安装了某些应用软件或对电脑进行了新的配置，经常会被要求重新启动电脑。

重新启动电脑的具体操作步骤如下。

Step 01 单击Windows XP桌面左下角的【开始】按钮，打开【开始】菜单。

Step 02 选择【关闭计算机】菜单命令，系统弹出【关闭计算机】对话框，在其中单击【重新启动】按钮，电脑将自动重新启动。

1.1.3 复位启动电脑

在使用电脑的过程中经常会遇到"死机"现象，即电脑中的鼠标不能移动，而且不能进行任何操作。这时，可以按下主机箱上的【复位】按钮，重新启动电脑。

> 📶 **提示** 【复位】按钮一般位于主机【电源】按钮的旁边。

1.1.4 正常关闭电脑

正常关闭电脑的正确顺序为：先确保关闭电脑中的所有应用程序，然后通过【开始】菜单退出Windows XP操作系统，最后关闭显示器电源。正常关闭电脑的具体操作步骤如下。

Step 01 单击所有打开的应用程序窗口右上角的【关闭】按钮，退出正在运行的程序。

Step 02 单击Windows XP桌面左下角的【开始】按钮，在弹出的【开始】菜单中选择【关闭计算机】菜单命令，这时系统会弹出一个【关闭计算机】对话框。

　　【关闭计算机】对话框中的主要按钮含义如下。

　　①【待机】按钮：当用户单击【待机】按钮后，系统将保持当前的运行，计算机将转入低功耗状态，当用户再次使用计算机时，在桌面上移动鼠标即可恢复原来的状态。此项通常在用户暂时不使用计算机，而又不希望其他人在自己的计算机上任意操作时使用。

　　②【关闭】按钮：单击此按钮后，系统将停止运行，保存设置退出，并且会自动关闭电源。用户不再使用计算机时单击该按钮可以安全关机。

　　③【重新启动】按钮：单击按钮将关闭并重新启动计算机。

> **提示** 　　用户也可以在关机前关闭所有的程序，然后使用【Alt+F4】组合键快速调出【关闭计算机】对话框进行关机。

Step 03 单击【关闭】按钮，电脑自动保存设置和文件后退出操作系统，屏幕上会出现【正在关机】的文字提示信息，稍等片刻，将自动关闭主机电源。

Step 04 待主机电源关闭后，按下显示器上的电源按钮，完成关闭电脑的操作。

> **提示** 　　如果使用了外部电源，还需要关闭电源插座上的开关或拔掉电源插座的插头使其断电。

1.1.5　死机时关闭电脑

　　当电脑在使用的过程中出现了蓝屏、花屏、死机等非正常现象时，就不能按照正常的方法来关闭电脑了。这时应该先用前面介绍的方法重新启动电脑，若不行再进行复位启动，如果复位启动还是不行，则只能进行手动关机。方法是：先按下主机机箱上的电源按钮3～5秒钟，待主机电源关闭后，再关闭显示器的电源，以完成手动关机操作。

1.2　使用鼠标

　　鼠标因外形如老鼠而得名，它是一种使用方便、灵活的输入设备，在操作系统中，几乎所有的操作都可以通过鼠标来完成。

1.2.1 认识鼠标的指针

鼠标在电脑中的表现形式是鼠标的指针，鼠标指针形状通常是一个白色的箭头 ⬉ ，但其并不是一成不变的，在进行不同的工作、系统处于不同的运行状态时，鼠标指针的外形可能会随之发生变化，如常见的手型 ☝ ，就是鼠标指针的一种表现形式。

如下表所示列出了常见鼠标指针的表现形式及其代表的含义。

指针形状	表示状态	具体的含义
⬉	正常选择	是鼠标指针的基本形态，表示准备接受用户指令
⬉?	帮助选择	这是按下联机帮助键或选择帮助命令时出现的光标
⬉⌛	后台运行	系统正在执行某种操作，要求用户等待
⌛	忙	系统正在处理较大的任务，正在处于忙碌状态，此时不能执行其他操作命令
＋	精确定位	在某种应用程序中，系统准备绘制一个新的对象
I	选定文本	此光标出现在可以输入文字的地方，表示此处可输入文本内容
✎	手写	此处可手写输入
⊘	不可用	鼠标所在的按钮或某些功能不能使用
↕ ↔	垂直水平调整	光标处于窗口或对象的四周，拖动鼠标即可改变窗口或对象的大小
↖ ↗	沿对角线调整	出现在窗口或对象的4个角上，拖动可以改变窗口或对象的高度或宽度
✥	移动	该鼠标样式在移动窗口或对象时出现，使用它可以移动整个窗口或对象
↑	候选	该鼠标是构成选定方案的鼠标指针
☝	链接选择	鼠标所在的位置是一个超链接

1.2.2 鼠标的握法

目前，使用最为普遍的鼠标是三键光电鼠标，三键鼠标各按键的作用如下。

鼠标左键：单击该键可选择对象或执行命令。

鼠标右键：单击该键将弹出当前选择对象相应的快捷菜单。

滚轮：主要用于多页文档的滚屏显示。

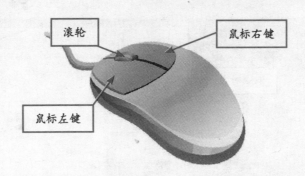

　　正确的鼠标握法有利于长久的工作和学习，而感觉不到疲劳。正确的鼠标握法是：食指和中指自然放在鼠标的左键和右键上，拇指靠在鼠标左侧，无名指和小指放在鼠标的右侧，拇指、无名指以及小指轻轻握住鼠标，手掌心轻轻贴住鼠标后部，手腕自然垂放在桌面上，操作时带动鼠标做平面运动，用食指控制鼠标左键，中指控制鼠标右键，食指或中指控制鼠标滚轮的操作。正确的鼠标握法如下图所示。

1.2.3　鼠标的基本操作

　　鼠标的基本操作包括移动、单击、双击、拖动、右击和使用滚轮等。

　　移动：指移动鼠标，将鼠标指针移动到操作对象上。

　　单击：指快速按下并释放鼠标左键。单击一般用于选定一个操作对象。如下图所示为单击鼠标选中对象前后的对比效果。

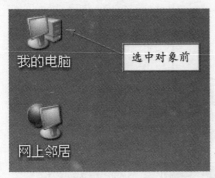

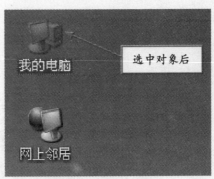

　　双击：指连续两次快速按下并释放鼠标左键。双击一般用于打开窗口和启动应用程序。如下图所示为双击【我的电脑】图标，将打开【我的电脑】窗口。

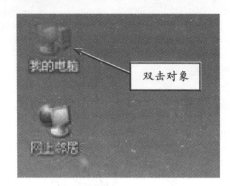

【我的电脑】窗口

双击对象

拖动：指按住鼠标左键，移动鼠标到指定位置，再释放按键的操作。拖动一般用于选择多个操作对象，以及复制或移动对象等。

右击：指快速按下并释放鼠标右键。右击一般用于打开一个与操作相关的快捷菜单，如左图所示为右击【我的电脑】图标的快捷菜单。

使用滚轮：用于对文档或窗口中未显示完的内容进行滚动显示，从而查看其中的内容。

1.3 使用键盘

键盘是微机系统中最基本的输入设备，通过键盘可以输入各种字符和数字，或下达一些控制命令，以实现人机交流。下面将介绍键盘的布局，以及打字的相关指法。

1.3.1 键盘的布局

键盘的键位分布大致都是相同的，目前大多数用户使用的键盘多为107键的标准键盘。根据键盘上各个键位作用的不同，键盘总体上可分为五个大区，分别为：功能键区、主键盘区、编辑键区、辅助键区和状态指示灯。

功能键区　　　　　　　　编辑键区　　状态指示灯

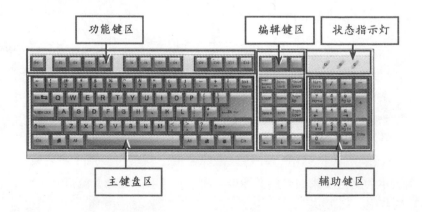

主键盘区　　　　　　　　辅助键区

（1）功能键区

功能键区位于键盘的上方，由Esc键、F1～F12以及其他三个功能键组成，这些键在不同的环境中有不同的作用。

各个键的作用如下。

①Esc：也称为强行退出键，常用来撤销某项操作、退出当前环境或返回到原菜单。

②F1～F12：用户可以根据自己的需要来定义它的功能，不同的程序可以对它们有不同的操作功能定义。

③Print Screen：在Windows环境下，按【Print Screen】键可以将当前屏幕上的内容复制到剪贴板中，按【Alt+Print Screen】键可以将当前屏幕上的活动窗口中的内容复制到剪贴板，这样剪贴板中的内容就可以粘贴（按【Ctrl+V】键）到其他的应用程序中。

另外，同时按【Shift+Print Screen】键，可以将屏幕上的内容打印出来。若同时按【Ctrl+Print Screen】键，其作用是同时打印屏幕上的内容及键盘输入的内容。

④Scroll Lock：用来锁定屏幕，按下此键后屏幕停止滚动，再次按下该键解除锁定。

⑤Pause：暂停键。如果按下【Ctrl+Pause】键，将强行中止当前程序的运行。

（2）主键盘区

位于键盘的左下部，是键盘的最大区域，既是键盘的主体部分，也是经常操作的部分。在主键盘区，除了包含数字和字母之外，还有下列辅助键。

①Tab：制表定位键。通常情况下，按此键可使光标向右移动8个字符的位置。

②Caps Lock：用来锁定字母为大写状态。

③Shift：换挡键。在字符键区，有30个键位上有两个字符，按【Shift】键的同时按下这些键，可以转换符号键和数字键。

④Ctrl：控制键。与其他键同时使用，用来实现应用程序中定义的功能。

⑤Alt：转换键。与其他键同时使用，组合成各种复合控制键。

⑥空格键：是键盘上最长的一个键，用来输入一个空格，并使光标向右移动一个字符的位置。

⑦Enter：回车键。确认将命令或数据输入计算机时按此键。录入文字时，按回车键可以将光标移到下一行的行首，产生一个新的段落。

⑧Backspace：退格键。按一次该键，屏幕上的光标在现有位置退回一格（一格为一个字符位置），并抹去退回的那一格内容（一个字符），相当于删去刚输入的字符。

⑨![Windows图标键]：Windows图标键。在Windows环境下，按此键可以打开【开始】菜单，以选择所需要的菜单命令。

⑩![Application键]：Application键。在Windows环境下，按此键可打开当前所选对象的快捷菜单。

（3）编辑键区

位于键盘的中间部分，其中包括上下左右四个方向键和几个控制键。

①Insert：用来切换插入与改写状态。在插入状态下，输入一个字符后，光标右边的所有字符将向右移动一个字符的位置。在改写状态下，输入的字符将替换当前光标处的字符。

②Delete：删除键。用来删除当前光标处的字符。字符被删除后，光标右边的所有字符将向左移动一个字符的位置。

③Home：用来将光标移到屏幕的左上角。

④End：用来将光标移到当前行最后一个字符的右边。

⑤Page Up：按此键将光标翻到上一页。

⑥Page Down：按此键将光标翻到下一页。

⑦光标移动键（↑↓←→）：用来将光标向上、下、左、右移动一个字符的位置。

（4）辅助键区

位于键盘的右下部，其作用是快速地输入数字，由【Num Lock】键、数字键、【Enter】键和符号键组成。

辅助键区中大部分都是双字符键，上挡键是数字，下挡键具有编辑和光标控制功能，上下挡的切换由【Num Lock】键来实现。当按一下【Num Lock】键时，状态指示灯区的第一个指示灯点亮，表示此时为数字状态，再按一下此键，指示灯熄灭，此时为光标控制状态。

（5）状态指示灯

位于键盘的右上角，用于提示辅助键区的工作状态、大小写状态以及滚屏锁定键的状态。从左到右依次为：Num Lock指示灯、Caps Lock指示灯、Scroll Lock指示灯。它们与键盘上的【Num Lock】键、【Caps Lock】键以及【Scroll Lock】键对应。

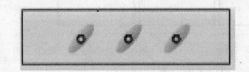

①按下【Num Lock】键，Num Lock指示灯亮，这时右边的数字键区可以用于输入数字。反之，当Num Lock灯灭时，该区只能作为方向移动键来使用。

②按下【Caps Lock】键，Caps Lock指示灯亮，这时输入字母为大写，反之为小写。

③按下【Scroll Lock】键，Scroll Lock指示灯亮，这时可以锁定当前卷轴的滚动。

1.3.2 指法和击键

使用键盘时需要有一定的规则才能敲击得又快又准。

（1）打字键区的字母顺序

键盘没有按照字母顺序分布排列，英文字母和符号是按照它们的使用频率来分布的。常用字母由于敲击次数多被安置在中间的位置，如F、G、H、J等；相对不常用的Z、Q被安排在旁边的位置。

准备打字时，除拇指外其余的八个手指分别放在基本键上，拇指放在空格键上，十指分工，包键到指，分工明确。

（2）各手指的负责区域

每个手指除了指定的基本键外，还分工有其他字键，称为它的范围键。开始录入时，左手小指、无名指、中指和食指应分别对应虚放在A、S、D、F键上；右手的食指、中指、无名指和小指分别虚放在"J、K、L、；"键上；两个大拇指则虚放在空格键上。基本键是录入时手指所处的基准位置，击打其他任何键，手指都是从这里出发，击完之后需立即退回到基本键位。

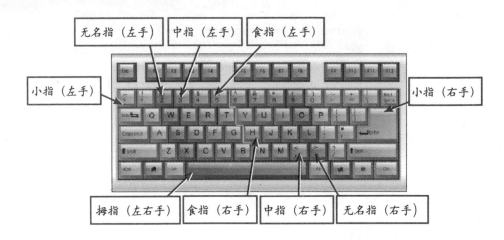

①食指（左手）：负责4、5、R、T、F、G、V、B这八个键。

②中指（左手）：负责3、E、D、C四个键。

③无名指（左手）：负责2、W、S、X四个键。

④小指（左手）：负责1、Q、A、Z四个键以及Tab、Caps Lock、Shift等键。

⑤食指（右手）：负责6、7、Y、U、H、J、N、M这八个键。

⑥中指（右手）：负责8、I、K "，" 四个键。

⑦无名指（右手）：负责9、O、L "。" 四个键。

⑧小指（右手）：负责0、P、"；"、" / " 四个键，以及 "－"、"="、"\"、Back Space、"["、"]"、Enter、"'"、Shift等键。

⑨大拇指（左右手）：负责空格键。

（3）特殊字符输入

键盘的打字键区上方以及右边有一些特殊的按键，在它们的标示中都有两个符号，位于上方的符号是无法直接打出的，它们就是上挡键。只有同时按住【Shift】键与所需的符号键，才能打出这个符号。例如，打一个感叹号 "！" 的指法是右手小指按住右边【Shift】键，左手小指敲击 "1" 键。

> **提示**　按住【Shift】键的同时按字母键，还可以切换英文的大小写输入。

1.4　打印机

打印机是电脑办公中不可缺少的一个组成部分，是重要的输出设备之一。利用打印机可以将文件资料、报表、图形和图像等按照规定的版面形式打印在纸上，以供阅读和保存。

1.4.1 连接打印机

打印机的品牌与型号有许多种，但其安装与使用的方法大体相通。常用的打印机其接口有SCSI接口、EPP接口、USB接口三种，一般电脑上使用的是EPP接口和USB接口两种。如果是USB接口打印机，可以使用其提供的USB数据线与电脑的USB接口相连接，然后连接电源就可以了。

下面以安装EPP接口打印机为例，来介绍连接打印机的具体操作步骤。

Step 01 找出打印机的电源线和数据线。

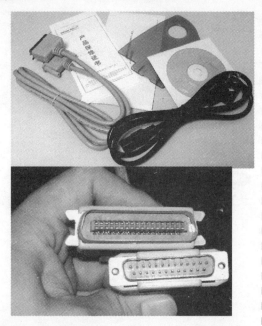

Step 02 把数据线的一端插入计算机的打印机端口中，并拧紧螺丝。

Step 03 把数据线的另一端插入打印机的数据线端口中，并扣上卡子。

Step 04 将电源线的一端插入打印机的电源接口处。

Step 05 把电源线的另一端插到插座中。

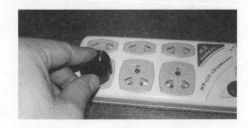

1.4.2 安装打印机驱动

这里以安装佳能打印机驱动程序为例，来介绍安装打印机驱动的具体操作步骤。

Step 01 将打印机与电脑连接完成后，将驱动光盘放入光驱中。打开驱动光盘，在其中找到可执行文件。

Step 02 双击可执行文件，打开【选择居住地】对话框，在其中根据实际情况点选相应的单选按钮。

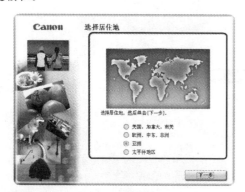

Step 03 单击【下一步】按钮，再次打开【选择居住地】对话框，在其中根据实际需要选择相应的居住地。

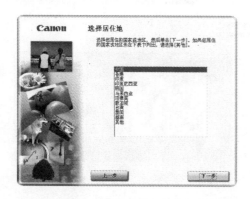

Step 04 单击【下一步】按钮，打开【选择安装方式】对话框，其中，为用户提供了两种安装方式，分别是【简易安装】和【自定义安装】。这里选择【简易安装】方式。

Step 05 单击【简易安装】按钮，打开【简易安装】对话框，在其中选择安装的程序，这里用户可以采用系统默认的设置。

Step 06 单击【安装】按钮，打开【许可协议】对话框，在其中阅读相关的许可协议。

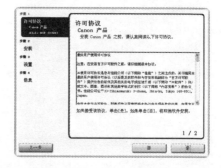

Step 07 连续单击两次【是】按钮，打开【请允许所有安装向导进程】对话框。

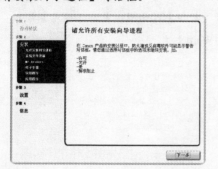

Step 08 单击【下一步】按钮，开始安装打印机驱动程序，并显示安装的进度。

Step 09 安装完成后，打开【打印机连接】对话框，在其中显示了打印机的连接方法与步骤。按照显示的步骤将打印机连接好，就可以使用打印机打印资料了。

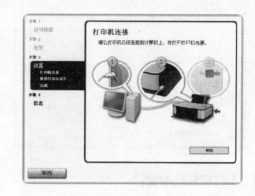

1.4.3　打印文件

打印机的驱动程序安装完成后，用户即可打印文件。

（1）打印Word文件

具体的操作步骤如下。

Step 01 打开需要打印的Word文件，选择【文件】→【打印】菜单命令。

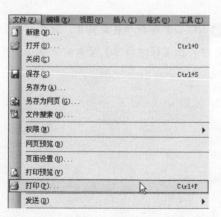

Step 02 打开【打印】对话框，单击【名称】右侧的下拉按钮，打开下拉列表，在其中选择连接到本电脑上的打印机的名称，再单击【确定】按钮。

Step 03 选择【文件】→【打印预览】菜单命令，可以预览打印的效果。

Step 04 如果对打印效果满意，就可以对文档进行打印。单击【工具栏】中的【打印】按钮，打开【打印】对话框，单击【确定】按钮，开始打印Word文档。

（2）打印Excel文件

具体的操作步骤如下。

Step 01 打开需要打印的Excel文件。

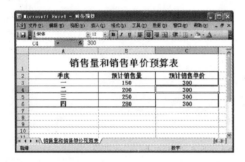

Step 02 选择【文件】→【打印】菜单命令，打开【打印内容】对话框，单击【名称】右侧的下拉按钮，打开下拉列表，在其中选择连接到本电脑上的打印机的名称。

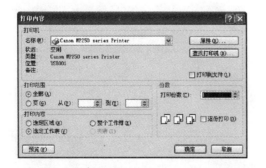

Step 03 单击【预览】按钮，可以预览打印的效果。

Step 04 如果对打印效果满意，就可以对文档进行打印。在【打印内容】对话框中单击【确定】按钮，开始打印Excel文档。

1.4.4 使用打印机的注意事项

要想让打印机高效、长期为自己服务，就一定不能忽视对它的保养和维护工作。无论用户使用哪种类型的打印机，都必须严格遵守以下几点注意事项。

①放置要平稳，以免打印机晃动而影响打印质量、增加噪声，甚至损坏打印机。

②不放在地上，以免灰尘积累。

③不使用打印机时，要将打印机盖上，以防灰尘或其他脏东西进入，影响打印机械性能和打印质量。

④不在打印机上放置任何东西，尤其是液体。

⑤在拔插电源线或信号线前，应先关闭打印机电源，以免电流损坏打印机。

⑥不使用质量太差的纸张，如太薄、有纸屑或含滑石粉太多的纸张。

⑦清洗打印机时要关闭打印机开关，并用干净的软布进行擦拭，不要让酒精等液体流入打印机，并且尽量不要触及打印机内部的部件。

⑧在往打印机放纸时，一定先用手将多页纸拉平整，放到纸槽后，将左右卡纸片分别卡到纸的两边。此外，应使用符合标准的打印纸。

⑨当缺纸灯不停地闪动时，表示进纸有毛病。应先将电源关上，从进纸架上将纸张取出，如打印中的纸张仍留在机内，或机内留有被卡住的纸张，应小心地将之慢慢拉出。

⑩打印过程中不要打开机盖，因为，对新一代的打印机来说，当打开前盖时，它就会"聪明"地以为你要换墨盒，并把打印头小车移动到前盖部分，这就会造成卡纸。

1.5 扫描仪

扫描仪的作用是将稿件上的图像或文字输入到计算机中。如果是图像，则可以直接使用图像处理软件进行加工；如果是文字，则可以通过OCR（Optical Character Recognition，光学字符识别）软件，把图像文本转化为计算机能识别的文本文件，这样可节省把字符输入计算机的时间，大大提高输入速度。

1.5.1 连接扫描仪

扫描仪也是一种常用的办公外设，通过它可以将纸质文件上的图文扫描到电脑中并转换为可编辑的图形或文字。扫描仪的种类繁多，根据扫描仪扫描介质和用途的不同，目前市面上的扫描仪大体上可分为：平板扫描仪、名片扫描仪、胶片扫描仪、馈纸式扫描仪、文件扫描仪。除此之外还有手持式扫描仪、鼓式扫描仪、笔式扫描仪、实物扫描仪和3D扫描仪。

平板扫描仪

名片扫描仪

文件扫描仪

现在使用的扫描仪几乎都是USB接口的扫描仪，这种扫描仪不但扫描速度快，而且安装起来十分方便，即使没有任何使用经验的用户也能在短时间连接好扫描仪。和并口打印机一样，扫描仪也含有两条连接线，一条是数据线，另一条是电源线。数据线用于连接电脑主机与扫描仪，电源线用于连接扫描仪和电源插座。

1.5.2　安装扫描仪驱动

安装扫描仪驱动程序的操作步骤与安装打印机驱动程序的操作步骤类似，只需将扫描仪驱动光盘放入光驱之中，然后按照提示一步一步安装即可。

1.5.3　扫描文件

使用扫描仪可以将照片扫描到电脑当中，当电脑当中安装好扫描仪与相关驱动程序之后，就可以快捷地扫描照片了。

下面以佳能多功能打印机的使用为例进行讲解。当安装好佳能多功能打印机驱动程序，并将多功能打印机与电脑连接完成之后，就可以在桌面上自动创建【Canon Solution Menu】快捷图标。扫描文件的具体操作步骤如下。

Step 01 将要扫描的照片放到扫描仪的扫描板上，并盖上文档盖板，双击桌面上的【Canon Solution Menu】快捷图标。

Step 02 打开【Canon Solution Menu】窗口，在其中可以看到其主要菜单。

Step 03 选择【扫描/导入照片或文档】选项，打开【扫描/导入文档或图像】对话框。

Step 04 将鼠标放在【单击按钮】图标上，打开【使用单击按钮进行用户定义扫描】对话框。

Step 07 单击【扫描】按钮，弹出一个信息提示框。

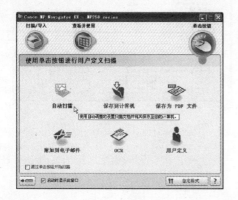

Step 08 单击【确定】按钮，打开【正在扫描】对话框，在其中提示用户"扫描仪正在做准备工作…请不要打开文档盖板"的信息。

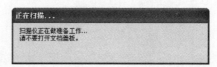

Step 05 单击【自动扫描】按钮，打开【自动扫描】对话框，在其中设置文件保存的名称与类型。

Step 09 当扫描仪准备好之后，开始自动扫描照片，并显示扫描的进度。

Step 10 扫描完成后，在【查看并使用】窗口中显示扫描出来的照片信息。

Step 06 单击【浏览】按钮，打开【浏览文件夹】对话框，在其中选择扫描图片保存的位置。

1.6 职场技能训练

本实例将介绍在不打开电脑机箱的情况下，查看电脑的配置信息，从而了解电脑的整体性能。具体的操作步骤如下。

Step 01 在桌面上右击【我的电脑】图标，在弹出的快捷菜单中选择【属性】菜单命令。

Step 02 打开【系统】窗口，用户可以在【系统】列表中查看有关计算机配置的基本信息。

Step 03 选择【硬件】选项卡，在打开的界面中单击【设备管理器】按钮，打开【设备管理器】窗口，用户可以查看计算机的详细配置。

第**2**天　星期二

最常用的操作系统——Windows XP快速入门

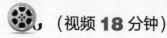 （视频 **18** 分钟）

今日探讨

今日主要探讨最常用的办公操作系统——Windows XP，包括认识Windows XP操作系统、Windows XP操作系统桌面的组成、窗口的基本操作等。

今日目标

通过第2天的学习，读者能熟悉常用的操作系统——Windows XP。

快速要点导读

- ⊘ 了解Windows XP操作系统的桌面组成
- ⊘ 掌握窗口的基本操作方法

学习时间与学习进度

120分钟　　　　　　15%

2.1　认识Windows X P操作系统

　　Windows XP中文全称为视窗操作系统体验版，是微软公司发布的一款视窗操作系统。它发行于2001年10月25日，原来的名称是Whistler。Windows XP操作系统可以说是最为经典的一个操作系统，也是目前使用最为广泛且使用人数最多的操作系统之一。

2.2　桌面的组成

　　桌面，就是在安装好Windows XP后，用户启动计算机登录到系统后看到的整个屏幕界面，它是用户和计算机进行交流的窗口，上面可以存放用户经常用到的应用程序和文件夹图标，还可以根据自己的需要在桌面上添加各种快捷图标，在使用时双击图标就能够快速启动相应的应用程序或打开文件夹。

2.2.1　桌面背景

　　桌面背景可以是个人收集的数字图片、Windows 提供的图片、纯色或带有颜色框架的图片，也可以显示幻灯片图片。如右图所示为Windows XP操作系统的经典桌面背景。

2.2.2　桌面图标

　　通过桌面，用户可以有效地管理自己的计算机。与以往任何版本的Windows系统相比，Windows XP桌面有着更多漂亮的桌面背景、更富个性的设置和更为强大的管理功能。当用户安装好Windows XP第一次登录系统后，可以看到一个非常简洁的画面，在桌面的右下角只有一个回收站的图标。

2.2.3 【开始】菜单

在Windows XP操作系统中，【开始】菜单包括两种形式，一种是系统默认的【开始】菜单，一种是经典的【开始】菜单。

（1）系统默认的【开始】菜单

Windows XP系统中默认的【开始】菜单充分考虑到用户的视觉需要，设计风格清新、明朗，通过【开始】菜单可以方便地访问Internet、收发电子邮件和启动常用的程序等。

在桌面上单击【开始】按钮，或者在键盘上按下【Ctrl+Esc】键，或在键盘上直接按，都可以打开【开始】菜单，它大体上可分为四部分。

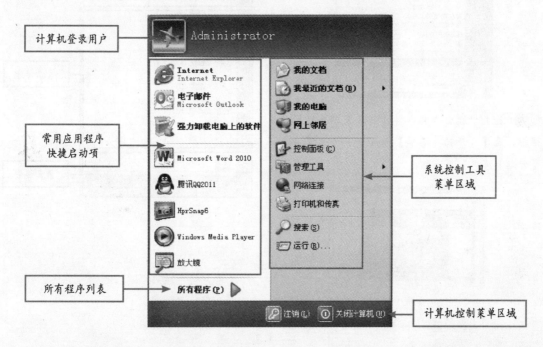

①【开始】菜单最上方标明了当前登录计算机系统的用户，由一个漂亮的小图片和用户名称组成，它们的具体内容是可以更改的。

②在【开始】菜单的中间部分左侧是用户常用的应用程序的快捷启动项，根据其内容的不同，中间会有不很明显的分组线进行分类，通过这些快捷启动项，用户可以快速启动应用程序。在右侧是系统控制工具菜单区域，如【我的电脑】、【我的文档】、【搜索】等选项，通过这些菜单项，用户可以实现对计算机的操作与管理。

③在【所有程序】菜单项中显示计算机系统中安装的全部应用程序。

④在【开始】菜单最下方是计算机控制菜单区域，包括【注销】和【关闭计算机】两个按钮，用户可以在此进行注销用户和关闭计算机的操作。

（2）经典的【开始】菜单

Windows XP系统考虑到Windows旧版本用户的需要，还保留了经典【开始】菜单，如果不习惯新的【开始】菜单，可以改为原来Windows沿用的经典【开始】菜单样式。具体的操作步骤如下。

Step 01 在任务栏上的空白处或者在【开始】按钮上右击，在弹出的快捷菜单中选择【属性】菜单命令。

Step 02 打开【任务栏和「开始」菜单属性】对话框，在【「开始」菜单】选项卡中点选【经典「开始」菜单】单选钮。

经典"开始"菜单由分组线分成三部分。

第一部分是系统启动某些常用程序的快捷菜单选项，如选择【Windows Update】菜单命令，可以直接打开【Windows Update】页面。

Step 03 单击【确定】按钮，当用户再次打开【开始】菜单时，将改为经典样式。

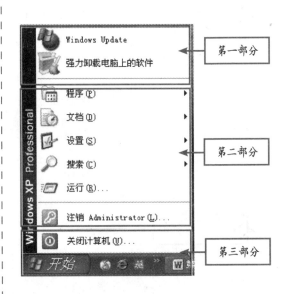

第二部分中包含控制和管理系统的菜单选项，例如在【文档】菜单项下会自动存放用户最近打开的文档名称，使用【搜索】命令可以帮助用户查找所需要的文件或者文件夹、网络中的计算机等内容。

第三部分在【开始】菜单的最下边，是注销当前登录系统的用户及关闭计算机的选项，可用来切换用户或者关机。

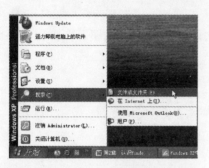

2.2.4　快速启动工具栏

快速启动工具栏位于任务栏的【开始】按钮右侧，由一些小图标按钮组成，用户单击这些图标可以快速启动程序。

另外，还可以将任务栏中的快速启动工具栏隐藏，具体的操作方法是：右击任务栏，在弹出的快捷菜单中选择【工具栏】→【快速启动】菜单命令，这样就可以隐藏快速启动工具栏了。

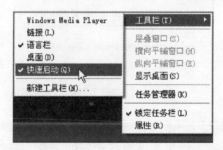

2.2.5　任务栏

任务栏是位于桌面最下方的一个小长条，它显示了系统正在运行的程序和打开的窗口、当前时间等内容。任务栏可分为【开始】菜单按钮、快速启动工具栏、语言栏等几部分。

①"开始"菜单按钮 ：单击此按钮，可以打开【开始】菜单。

②快速启动工具栏 ：它由一些小型的按钮组成，单击可以快速启动程序，一般情况下，它包括Internet Explorer图标、收发电子邮件的程序Outlook Express图标和显示桌面图标等。

③窗口按钮栏 ：当用户启动某项应用程序而打开一个窗口后，在任务栏上会出现相应的、有立体感的按钮。

④语言栏：在此，用户可以选择各种语言输入法，单击" "按钮，在弹出的菜单中进行选择可以切换为中文输入法。

⑤隐藏和显示按钮 ： 按钮的作用是隐藏不活动的图标和显示隐藏的图标。如果用户在任务栏属性中勾选【隐藏不活动的图标】复选框，系统会自动将用户最近没有使用过的图标隐藏起来，以使任务栏的通知区域不至于很杂乱，它在隐藏图标时会出现一个小文本框提醒用户。

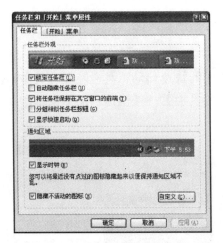

⑥音量控制器 ：即桌面上小喇叭形状的按钮，单击它后会出现一个音量控制对话框，用户可以通过拖动上面的小滑块来调整扬声器的音量，当勾选【静音】复选框后，扬声器的声音消失。

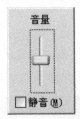

⑦日期指示器 [11:48]：在任务栏的最右侧，显示了当前的时间，把鼠标在上面停留片刻，会出现当前的日期，双击后打开【日期和时间 属性】对话框，在【时间和日期】选项卡中，用户可以完成时间和日期的设定。

在【时区】选项卡中，用户可以进行时区的设置，而使用与Internet时间同步可以使本机上的时间与互联网上的时间保持一致。

2.3　窗口的基本操作

在Windows XP操作系统中，窗口是用户界面中最重要的组成部分。当用户打开一个文件或者应用程序时，都会出现一个窗口，窗口是用户进行操作的重要组成部分，熟练地对窗口进行操作，会提高用户的工作效率。

2.3.1　什么是窗口

在Windows XP操作系统中，显示屏幕被划分成许多框，即为窗口。每个窗口负责显示和处理某一类信息。用户可随意在任意窗口上工作，并在各窗口间交换信息。在电脑中用鼠标双击程序图标或单击某一超级链接，即可打开相应的窗口。如双击【我的电脑】图标，将会打开【我的电脑】窗口。

虽然不同的应用程序，其窗口的内容各不相同，但是窗口的组成结构都比较相似，通常有标题栏、菜单栏、工具栏等几部分组成。如下图所示为【我的电脑】窗口。

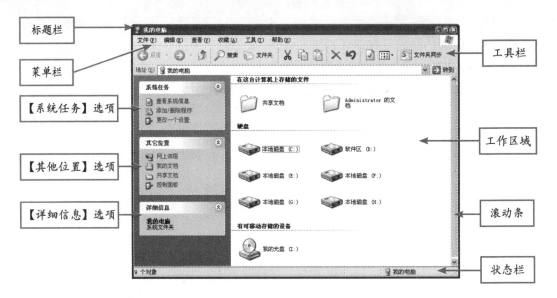

①标题栏：位于窗口的最上部，它标明了当前窗口的名称，左侧有控制菜单按钮，右侧有最小化、最大化或还原以及关闭按钮。

②菜单栏：位于标题栏的下面，它提供了用户在操作过程中要用到的各种访问途径。

③工具栏：在其中包括了一些常用的功能按钮，用户在使用时可以直接从上面选择各种工具。

④状态栏：它在窗口的最下方，标明了当前有关操作对象的一些基本情况。

⑤工作区域：它在窗口中所占的比例最大，显示了应用程序界面或文件中的全部内容。

⑥滚动条：当工作区域的内容太多而不能全部显示时，窗口将自动出现滚动条，用户可以通过拖动水平或者垂直的滚动条来查看所有的内容。

⑦【系统任务】选项：为用户提供常用的操作命令，其名称和内容随打开窗口的内容而变化。当选择一个对象后，在该选项下会出现可能用到的各种操作命令，可以在此直接进行操作，而不必在菜单栏或工具栏中进行，这样会提高工作效率，其类型有【查看系统信息】、【更改一个设置】等。

⑧【其他位置】选项：以链接的形式为用户提供了计算机上其他的位置，在需要使用时，可以快速转到有用的位置，打开所需要的其他文件，例如【网上邻居】、【我的文档】等。

⑨【详细信息】选项：在这个选项中显示了所选对象的大小、类型和其他信息。

2.3.2 打开窗口

打开窗口的常见方法有两种，分别是利用【开始】菜单和桌面快捷图标。

下面以打开【画图】窗口为例，来介绍打开窗口的具体操作步骤。

Step 01 单击【开始】按钮，在弹出的【开始】菜单中选择【所有程序】→【附件】→【画图】菜单命令。

Step 02 打开【画图】窗口。

Step 03 通过双击桌面上的【画图】图标，或者在【画图】图标上右击，在弹出的快捷菜单中选择【打开】菜单命令，也可以打开【画图】窗口。

2.3.3　关闭窗口

窗口使用完后，用户可以将其关闭，常见的关闭窗口的方法有以下几种。下面以关闭【画图】窗口为例来进行介绍。

（1）利用菜单命令

在【画图】窗口中选择【文件】→【退出】菜单命令。

（2）利用【关闭】按钮

单击【画图】窗口左上角的【关闭】按钮![关闭按钮]，关闭窗口。

（3）利用【标题栏】

在标题栏上右击，在弹出的快捷菜单中选择【关闭】菜单命令即可。

（4）利用【任务栏】

在任务栏上选择【画图】程序并右击，在弹出的快捷菜单中选择【关闭】菜单命令。

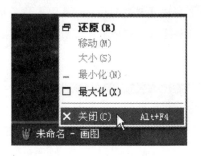

（5）利用软件图标

单击窗口最左上端的【画图】图标，在弹出的快捷菜单中选择【关闭】菜单命令即可。

（6）利用键盘组合键

在【画图】窗口上按【Alt+F4】组合键，关闭窗口。

2.3.4 移动窗口的位置

用户在打开一个窗口后，不但可以通过鼠标来移动窗口，而且可以通过鼠标和键盘的配合来完成。移动窗口时，用户只需要在标题栏上按下鼠标左键拖动，移动到合适的位置后再松开，即可完成移动的操作。

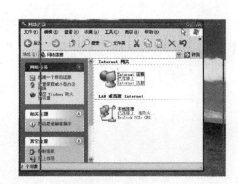

如果用户需要精确地移动窗口，可以在标题栏上右击，在弹出的快捷菜单中选择【移动】菜单命令，当屏幕上出现"✛"标志时，再通过按键盘上的方向键来移动，到合适的位置后用鼠标单击或者按【Enter】键确认。

2.3.5　设置窗口的大小

　　默认情况下，打开的窗口大小和上次关闭时的大小一样。用户可以根据需要调整窗口的大小，下面以设置【画图】窗口为例，介绍设置窗口大小的方法。

（1）利用窗口按钮设置窗口大小

　　当用户在对窗口进行操作的过程中，可以根据自己的需要，利用窗口按钮设置窗口大小，包括最小化、最大化等。

　　最小化按钮▬：在暂时不需要对窗口进行操作时，可把它最小化以节省桌面空间，用户直接在标题栏上单击此按钮，窗口会以按钮的形式缩小到任务栏。

　　最大化按钮▢：窗口最大化时铺满整个桌面，这时不能再移动或者是缩放窗口，用户在标题栏上单击此按钮即可使窗口最大化。

　　还原按钮▣：当把窗口最大化后想恢复原来打开时的初始状态，单击此按钮即可实现对窗口的还原。

> 📶 **提示**　用户在标题栏上双击可以进行最大化与还原两种状态的切换。

　　每个窗口标题栏的左方都会有一个表示当前程序或者文件特征的控制菜单按钮，单击即可打开控制菜单，它和在标题栏上右击所弹出的快捷菜单的内容是一样的。

> 📶 **提示**　用户也可以通过快捷键来完成以上的操作，用【Alt+空格键】来打开控制菜单，然后根据菜单中的提示，在键盘上输入相应的字母，例如最小化输入字母"N"，通过这种方式可以快速完成相应的操作。

（2）手动调整窗口的大小

　　当窗口处于非最小化和最大化状态时，用户可以通过手动调整窗口的大小。下面以调整【画图】窗口为例，介绍手动调整窗口的方法。具体的操作步骤如下：

Step 01 将鼠标移动到【画图】窗口的下边框上，此时鼠标变成上下箭头的形状。

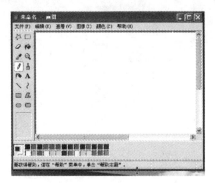

Step 02 按住鼠标左键不放拖曳边框，拖曳到合适的位置松开鼠标即可。

Step 03 将鼠标移动到【画图】窗口的右边框上，此时鼠标变成左右箭头的形状。

Step 04 按住鼠标左键不放拖曳边框，拖曳到合适的位置松开鼠标即可。

Step 05 将鼠标放在窗口右下角，此时鼠标变成倾斜的双向箭头。

Step 06 按住鼠标左键不放拖曳边框，拖曳到合适的位置松开鼠标即可。

2.3.6 切换当前活动窗口

虽然在Windows XP操作系统中可以同时打开多个窗口，但是当前窗口只有一个。根据需要，用户可以在各个窗口之间进行切换操作。下面介绍三种切换当前活动窗口的方法。

（1）利用任务栏上的窗口按钮

当窗口处于最小化和最大化状态时，用户在任务栏上选择所要操作窗口的按钮，然后单击即可完成切换。当窗口处于非最小化和最大化状态时，可以在所选窗口的任意位置单击，当标题栏的颜色变深时，表明完成对窗口的切换。

（2）用【Alt+Tab】组合键

用户可以在键盘上同时按下【Alt+Tab】两个键，屏幕上会出现切换窗口，在其中列出了当前正在运行的窗口，用户这时可以按住【Alt】键，然后在键盘上按【Tab】键从切换窗口中选择所要打开的窗口，选中后再松开这两个键，选择的窗口即可成为当前窗口。

（3）利用【Alt+Esc】组合键

先按下【Alt】键，然后再通过按【Esc】键来选择所需要打开的窗口，但是它只能改变激活窗口的顺序，而不能使最小化窗口放大，所以，多用于切换已打开的多个窗口。

2.4　职场技能训练

本实例将介绍如何DIY任务栏。系统默认的任务栏位于桌面的最下方，用户可以根据自己的需要把它拖到桌面的任何边缘处及改变任务栏的宽度，通过改变任务栏的属性，还可以让它自动隐藏。自定义任务栏的具体操作步骤如下。

Step 01 在任务栏上的非按钮区域右击，在弹出的快捷菜单中选择【属性】菜单命令，打开【任务栏和「开始」菜单属性】对话框。

Step 02 在【任务栏外观】选项组中，用户可以通过对复选框的选择来设置任务栏的外观，如这里勾选【自动隐藏任务栏】复选框。

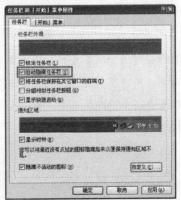

【任务栏外观】选项组的含义如下。

①锁定任务栏：当锁定后，任务栏不能被随意移动或改变大小。

②自动隐藏任务栏：当用户不对任务栏进行操作时，它将自动消失，当用户需要使用时，可以把鼠标放在任务栏位置，它会自动出现。

③将任务栏保持在其他窗口的前端：如果用户打开很多窗口，任务栏总是在最前端，而不会被其他窗口盖住。

④分组相似任务栏按钮：把相同的程序或相似的文件归类分组使用同一个按钮，这样不至于在用户打开很多的窗口时，按钮变得很小而不容易被辨认，使用时，只要找到相应的按钮组就可以找到要操作的窗口名称。

⑤显示快速启动：选择后将显示快速启动工具栏。

Step 03 在【通知区域】选项组中，用户可以选择是否显示时钟（这里取消对"显示时钟"复选框的勾选）。

Step 04 单击【自定义】按钮，打开【自定义通知】对话框，用户可以进行隐藏或显示图标的设置。如果想要还原为默认设置，单击【还原为默认值】按钮即可。

Step 05 改变任务栏的位置。可以把任务栏拖动到桌面的任意边缘，在移动时，用户先确定任务栏处于非锁定状态，然后在任务栏上的非按钮区按下鼠标左键拖动，到所需要的边缘再放手，这样任务栏就会改变位置。

Step 06 改变任务栏的大小。将鼠标放在任务栏的上边缘，当出现双箭头指示时 ↕，按下鼠标左键不放拖动到合适位置再放手，任务栏中即可显示所有的按钮。

Step 07 改变任务栏各组成部分的比例。当任务栏处于非锁定状态时，各区域的分界处将出现两竖排凹陷的小点 ⁞，把鼠标放在上面，出现双向箭头后，按下鼠标左键拖动即可改变各区域的大小。

第 **3** 天　星期三

轻松管理办公资源——文件和文件夹的操作

（视频 **30** 分钟）

今日探讨

今日主要探讨如何管理办公资源，即文件和文件夹的操作，包括文件的存放位置、什么是文件和文件夹、文件和文件夹的基本操作等。

今日目标

通过第3天的学习，读者能根据自我需求独自完成办公资源的管理。

快速要点导读

- ➔ 了解文件的存放位置与原则
- ➔ 了解文件和文件夹的区别
- ➔ 掌握文件的基本操作方法
- ➔ 掌握文件夹的基本操作方法

学习时间与学习进度

120分钟　　25%

3.1　文件的存放位置

在Windows XP系统中，一般是用【我的电脑】和【我的文档】来存放文件，不过，有时也可以使用U盘或可移动硬盘来存储文件。

3.1.1　我的电脑

电脑相当于一个庞大的信息资料库，其中的信息和数据大都以文件的形式保存在【我的电脑】当中。通常情况下，电脑的硬盘最少被划分为三个分区：C、D、E盘，有时会更多一些。

三个盘的功能分别如下。

（1）C盘

C盘主要是用来存放系统文件。系统文件是指操作系统和应用软件中的系统操作部分。一般系统默认情况下都会被安装在C盘，包括常用的程序。如下图所示为C盘中的【Windows】系统文件夹。

（2）D盘

D盘主要用来存放应用软件文件。例如Office、Photoshop和3ds Max等程序，常常被安装在D盘。如下图所示为某电脑的D盘，用来存放的文件主要是安装应用程序。

对于软件的安装，有以下常见的原则。

①一般小的软件，如Rar压缩软件等可以安装在C盘。

②对于大的软件，如3ds Max 2012等，需要安装在D盘。

> **提示** 几乎所有的软件默认的安装路径都在C盘中，电脑用得越久，C盘被占用的空间越多。随着时间的增加，系统反应会越来越慢。所以安装软件时，需要根据具体情况改变安装路径。

（3）E盘

E盘主要用来存放用户自己的文件。例如用户自己的电影、图片和Word资料文件等。如果硬盘还有多余的空间，可以添加更多的分区。

3.1.2 我的文档

【我的文档】是Windows XP操作系统中的一个系统文件夹，主要用于保存文档、图形等，当然也可以保存其他任何文件。对于常用的文件，用户可以将其放在【我的文档】中，以便于及时调用。

在默认情况下，在桌面上显示【我的文档】图标，用户只需双击【我的文档】图标，就可以打开【我的文档】窗口。

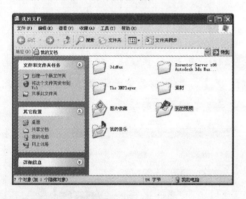

> **提示** 用户还可以通过单击【开始】按钮，在打开的【开始】菜单中选择【我的文档】菜单命令，打开【我的文档】窗口。

3.1.3 U盘

U盘是一个即插即用的可移动存储设备，使用U盘可以存储文件，所存储文件的大小由U盘的磁盘空间所决定。目前，市面上常见的U盘存储大小有8G、16G、32G、64G等。使用U盘存储文件的前提是需要把电脑中的文件复制到U盘当中。具体操作步骤如下。

Step 01 准备一个U盘，其大小是固定的，但对于存储数据来说，最好准备其存储空间比较大的。

Step 02 拔去U盘上的保护盖，将其插入电脑主机上的USB接口之中。

Step 03 双击桌面上的【我的电脑】图标，打开【我的电脑】窗口，在其中可以看到【可移动磁盘（I:)】，说明该可移动磁盘可用。

Step 04 打开需要存储数据所在的磁盘，这里打开【本地磁盘（F：）】，在其中选中【照片】文件夹。

Step 05 选中需要存储的文件夹并右击，在弹出的快捷菜单中选择【发送到】→【可移动磁盘（I：）】菜单命令。

Step 06 打开【正在复制】对话框，提示用户正在复制一个项目，并显示复制的进度。

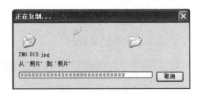

Step 07 复制完成后，打开【可移动磁盘（I：）】，即可在其中看到存储的图片。至此，就完成了复制数据的操作。

3.2 初识文件和文件夹

电脑中的数据大多数都是以文件的形式存储的，而文件夹是用来存放文件的，合理的管理和操作文件及文件夹，可使电脑中的数据分门别类地存储，便于文件的查找。下面来认识一下什么是文件和文件夹。

3.2.1 文件

文件是指保存在电脑中的各种信息和数据，电脑中的文件有各种各样的类型，如常见的文本文件、图像文件、视频文件、音乐文件等。一般情况下，文件有文件图标、文件名称和文件信息几个部分组成，如下图所示。

3.2.2 文件的类型

文件的扩展名表示文件的类型，它是电脑操作系统识别文件的重要方法，因而了解常见的文件扩展名对于学习和管理文件有很大的帮助。下面列出一些常见文件的扩展名及其对应的文件类型。

（1）文本文件类型

文本文件是一种典型的顺序文件，其文件的逻辑结构又属于流式文件。

文件扩展名	文件简介
.TXT	文本文件，用于存储无格式文字信息
.DOC/.DOCX	Word文件，使用Microsoft Office Word创建
.XLS	Excel电子表格文件，使用Microsoft Office Excel创建
.PPT	PowerPoint幻灯片文件，使用Microsoft Office PowerPoint创建
.PDF	PDF全称Portable Document Format，是一种电子文件格式

（2）图像和照片文件类型

图像文件由图像程序生成，或通过扫描、数码相机等方式生成。

文件扩展名	文件简介
.JPEG	广泛使用的压缩图像文件格式，显示文件颜色没有限制，效果好，体积小
.PSD	著名的图像软件Photoshop生成的文件，可保存各种Photoshop中的专用属性，如图层、通道等信息，体积较大
.GIF	用于互联网的压缩文件格式，只能显示256种颜色，不过可以显示多帧动画
.BMP	位图文件，不压缩的文件格式，显示文件颜色没有限制，效果好，唯一的缺点就是文件体积大
.PNG	PNG能够提供长度比GIF小30％的无损压缩图像文件，是网上比较受欢迎的图片格式之一

（3）压缩文件类型

通过压缩算法将普通文件打包压缩之后生成的文件，可以有效地节省存储空间。

文件扩展名	文件简介
.RAR	通过RAR算法压缩的文件，目前使用较为广泛
.ZIP	使用ZIP算法压缩的文件，历史比较悠久的压缩格式
.JAR	用于JAVA程序打包的压缩文件
.CAB	微软制定的压缩文件格式，用于各种软件压缩和发布

（4）音频文件类型

音频文件类型是通过录制和压缩而生成的声音文件。

文件扩展名	文件简介
.WAV	波形声音文件，通常通过直接录制采样生成，其体积比较的大
.MP3	使用mp3格式压缩存储的声音文件，使用的最为广泛的声音文件格式
.WMA	微软制定的声音文件格式，可被媒体播放机直接播放，体积小，便于传播
.RA	RealPlayer声音文件，广泛用于互联网声音播放

（5）视频文件类型

由专门的动画软件制作而成或通过拍摄方式生成。

文件扩展名	文件简介
.SWF	Flash视频文件，通过Flash软件制作并输出的视频文件，用于互联网传播
.AVI	使用MPG4编码的视频文件，用于存储高质量视频文件
.WMV	微软制定的视频文件格式，可被媒体播放机直接播放，体积小，便于传播
.RM	RealPlayer视频文件，广泛用于互联网视频播放

（6）其他常见类型

其他常见类型扩展名如下表所示。

文件扩展名	文件简介
.EXE	可执行文件，二进制信息，可以被计算机直接执行
.ICO	图标文件，固定大小和尺寸的图标图片
.DLL	动态链接库文件，被可执行程序所调用，用于功能封装

提示 不同的文件类型，往往其图标也不一样，查看方式也不一样，因此只有安装了相应的软件，才能查看文件的内容。

3.2.3　文件夹

文件夹用于保存和管理电脑中的文件，形象地讲，文件夹就是存放文件的容器，其本身并没有任何内容。文件夹中不但可以有文件，还可以有很多子文件夹，子文件夹中还可以再包含有多个文件夹及文件。文件夹由文件夹图标和文件夹名称两部分组成。

当电脑中的文件过多时，将大量的文件分类后保存在不同名称的文件夹中可以方便查找。但是，同一个文件夹中不能存放相同名称的文件或文件夹。例如，文件夹中不能同时出现两个"123.doc"的文件，也不能同时出现两个"a"的文件夹。

一般情况下，每个文件夹都存放在一个磁盘空间当中，文件夹路径则指出文件夹在磁盘中的位置，例如"system32"文件夹的存放路径为"C:\WINDOWS\system32"。

另外，根据文件夹的性质，可以将文件夹分为两类，分别是标准文件夹和特殊文件夹。

（1）标准文件夹

用户平常所使用的用于存放文件和文件夹的容器就是标准文件夹，当打开这样的文件夹时，它会以窗口的形式出现在屏幕上，关闭它时，则会收缩为一个文件夹图标，用户还可以对文件夹中的对象进行剪切、复制和删除等操作。

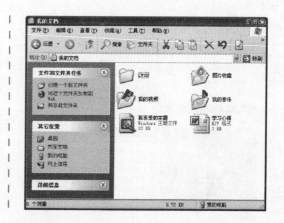

（2）特殊文件夹

特殊文件夹是Windows系统所支持的另一种文件夹格式，其实质就是一种应用程序，例如"控制面板"、"打印机"和"网络"等。特殊文件夹是不能用于存放文件和文件夹的，但是可以查看和管理其中的文件。

3.3　文件和文件夹的基本操作

要想管理好电脑中的资源信息，就必须掌握文件与文件夹的基本操作，包括文件和文件夹的创建，创建文件和文件夹快捷方式，复制、删除文件和文件夹等。

3.3.1　创建文件或文件夹

当用户需要存储一些文件信息或者将信息分类存储时，就需要创建新的文件或者文件夹。

（1）创建文件

创建文件的方法一般有两种：一种是通过右键快捷菜单新建文件，一种是在应用程序中新建文件。下面分别对这两种创建文件的方法进行介绍。

1）通过右键快捷菜单

这里以创建一个扩展名为".doc"的文件为例，来介绍创建文件的具体操作步骤。

Step 01 在桌面的空白中右击，从弹出的快捷菜单中选择【新建】→【Microsoft Word文档】菜单命令。

Step 02 此时会在【桌面】窗口中新建一个名为【新建 Microsoft Word文档.doc】的文件。

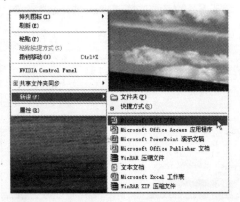

Step 03 双击新建的文件，打开该文件窗口。

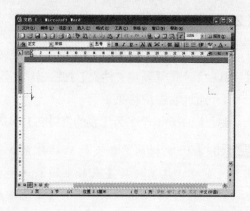

2）在应用程序中新建文件

这里以新建一个扩展名为".bmp"的图像文件为例，来介绍创建文件的具体操作步骤。

Step 01 单击【开始】按钮，从打开的快捷菜单中选择【附件】→【画图】菜单命令。

Step 02 随即启动画图程序，并打开【未命名-画图】窗口。

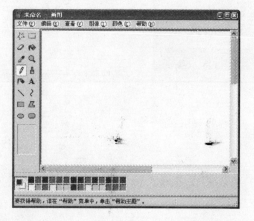

Step 03 选择【文件】→【保存】菜单命令，打开【另存为】对话框，在【文件名】文本框中输入新建文件的名称，并选择文件的保存类型。

Step 04 单击【保存】按钮，即可完成创建文件的操作。

（2）创建文件夹

创建文件夹的方法也有两种：一种是通过右键快捷菜单创建文件夹，另一种是通过窗口【工具栏】上的【新建文件夹】按钮创建文件夹。下面分别对这两种创建文件的方法进行介绍。

1）通过右键快捷菜单

这里以新建一个名为【我的资料夹】的文件夹为例，来介绍创建文件夹的具体操作步骤。

Step 01 打开要创建文件夹的驱动器窗口或文件夹窗口，这里选择【我的电脑】→【本地磁盘（H：）】菜单命令，打开【本地磁盘（H：）】窗口。

Step 02 在窗口的空白处右击，在弹出的快捷菜单中选择【新建】→【文件夹】菜单命令。

Step 03 此时，会在窗口中新建一个名为【新建文件夹】的文件夹。

Step 04 在文件夹名称处于可编辑状态时直接输入"我的资料夹"，然后在窗口的空白区域单击，即可完成【我的资料夹】文件夹的创建。

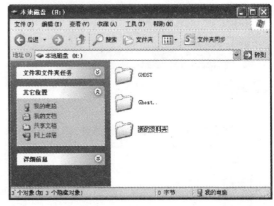

2）通过窗口菜单栏上的菜单命令

这里以在【我的资料夹】文件夹中新建一个名称为【个人资料】的文件夹为例，具体的操作步骤如下。

Step 01 在【本地磁盘（H：）】窗口中双击【我的资料夹】文件夹，打开【我的资料夹】窗口。

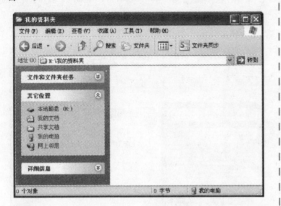

Step 02 选择【文件】→【新建】→【文件夹】菜单命令。

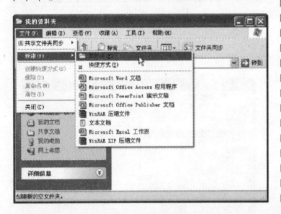

Step 03 此时会在窗口中新建一个名为【新建文件夹】的文件夹。

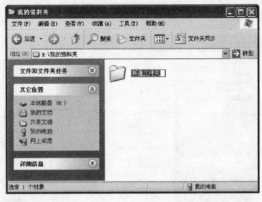

Step 04 在文件夹名称处于可编辑状态时输入"个人资料"，然后在窗口的空白区域单击，即可完成【个人资料】文件夹的创建。

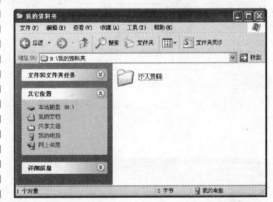

3.3.2 复制和移动文件或文件夹

在对文件和文件夹的操作过程中，经常会遇到复制和移动文件或文件夹。复制操作是指在目标位置生成一个完全相同的文件或文件夹，原来位置的文件或文件夹仍然存在；移动操作是指将文件或文件夹移动到目标位置，而原来的文件或文件夹则被删除。

（1）复制文件或文件夹

复制文件或文件夹的方法有以下几种。

1）通过右键快捷菜单复制。

这里以复制【本地磁盘（H：）】窗口下的【我的资料夹】文件夹为例，具体的操作步骤如下。

Step 01 选中【我的文档】窗口下【我的资料夹】文件夹，并单击鼠标右键，从弹出的快捷菜单中选择【复制】菜单命令。

Step 02 打开要存储副本的磁盘分区或文件夹窗口，然后单击鼠标右键，从弹出的快捷菜单中选择【粘贴】菜单命令，即可将【我的资料夹】文件夹复制到此文件夹窗口当中。

2）通过【编辑】菜单

通过【编辑】菜单复制文件或文件夹的具体操作步骤如下。

Step 01 在磁盘分区或文件夹窗口中选中需要复制的文件夹，然后选择【编辑】→【复制】菜单命令。

Step 02 打开要存储副本的磁盘分区或文件夹窗口，选择【编辑】→【粘贴】菜单命令。

Step 03 选择完毕后，即可在该文件夹看到文件夹的副本。

3）通过鼠标拖动

这里以复制【公司合同书.doc】文件为例，具体的操作步骤如下。

Step 01 选中【本地磁盘（H：）】窗口中的
【公司合同书.doc】文件。

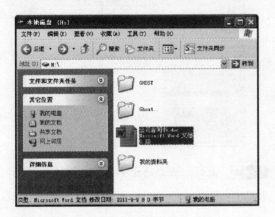

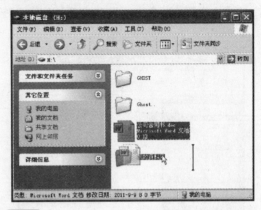

Step 02 按下键盘上的【Ctrl】键的同时，单击
鼠标不放，将其拖到目标位置文件夹【我的资料
夹】文件夹中。

Step 03 打开【我的资料夹】窗口，在其中就可
以看到复制的文件。

4）通过组合键

按下【Ctrl+C】组合键可以复制文件，按【Ctrl+V】组合键可以粘贴文件。

（2）移动文件或文件夹

移动文件或文件夹也可以通过四种方法来实现。

1）通过右键快捷菜单中的【剪切】和【粘贴】菜单命令。

具体操作步骤如下。

Step 01 选中要移动的文件或文件夹，然后单击
鼠标右键，从弹出的快捷菜单中选择【剪切】菜
单命令。

Step 02 打开存放该文件或文件夹的目标位置，然后单击鼠标右键，从弹出的快捷菜单中选择【粘贴】菜单命令，即可实现文件或文件夹的移动。

Step 03 此时，选定的文件就被移动到当前文件夹之中。

2）通过【编辑】菜单

具体操作步骤如下。

Step 01 选中需要移动的文件或文件夹，然后选择【编辑】→【剪切】菜单命令。

Step 02 打开存放该文件或文件夹的目标位置，然后选择【编辑】→【粘贴】菜单命令。

Step 03 此时，选定的文件就被移动到当前文件夹之中。

3）通过鼠标拖动

选中需要移动的文件或文件夹，按下鼠标左键不放，将其拖动到目标文件夹之中，然后释放鼠标即可移动操作。

4）通过组合键

首先选中要移动的文件或文件夹，按下【Ctrl+X】组合键可以剪切文件，然后打开要存放该文件或文件夹的目标位置，接着在该目标位置处按下【Ctrl+V】组合键，即可完成文件或文件夹的移动操作。

3.3.3 重命名文件或文件夹

重命名文件或文件夹，也就是为其换个名字，这样可以更好地体现文件和文件夹的内容，以便于对其进行管理和查找。重命名文件和文件夹的操作相同。

（1）重命名单个文件和文件夹

用户可以通过三种方法对文件和文件夹进行重命名，分别是通过右键快捷菜单、通过鼠标单击和通过选择菜单命令。这里以重命名文件【公司合同书.doc】文件为例，重命名单个文件和文件夹的具体操作步骤如下。

1）通过右键快捷菜单

Step 01 在【我的文档】窗口中选中【公司合同书.doc】文件，然后单击鼠标右键，从弹出的快捷菜单中选择【重命名】菜单命令。

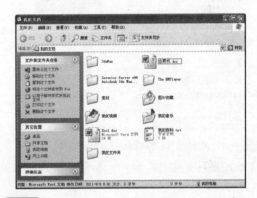

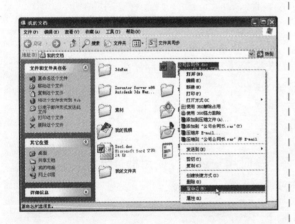

Step 02 此时，文件名称处于可编辑的状态，直接输入新的文件名称即可，如这里输入"合同书"。

Step 03 输入完毕后，在窗口的空白区域单击或按下【Enter】键，即可完成重命名单个文件的操作。

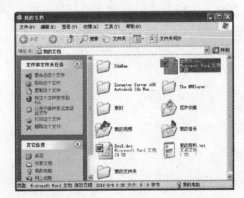

> **注意** 重命名单个文件夹的操作与重命名单个文件的操作类似，这里不再赘述。但需要注意的是，重命名文件时，一定不要修改文件的后缀名。

2）通过鼠标单击

首先选中需要重命名的文件或者文件夹，单击所选文件或文件夹的名称使其处于可编辑状态，然后直接输入新的文件或文件夹的名称即可。

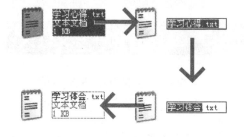

3）通过【文件】菜单

Step 01 选中需要重命名的文件或文件夹，选择【文件】→【重命名】菜单命令。

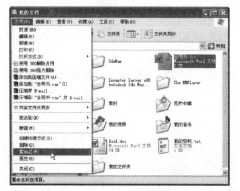

Step 02 此时文件名称处于可编辑的状态，直接输入新的文件名称即可，如这里输入"公司合同书"。

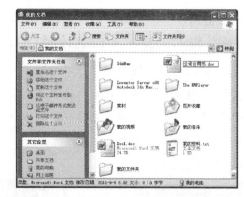

Step 03 输入完毕后，在窗口的空白区域单击或按下【Enter】键，即可完成重命名单个文件的操作。

（2）批量重命名文件和文件夹

有时需要重命名多个相似的文件或文件夹，这时用户就可以使用批量重命名文件或文件夹的方法，方便快捷地完成操作，具体操作步骤如下。

Step 01 在磁盘分区或文件夹窗口中选中需要重命名的多个文件或文件夹。

Step 02 单击鼠标右键，从弹出的快捷菜单中选择【重命名】菜单命令。

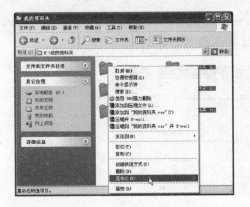

Step 03 此时，所选中的文件夹中的第一个文件夹的名称处于可编辑状态。

Step 04 直接输入新的文件夹名称，如这里输入"个人资料"。

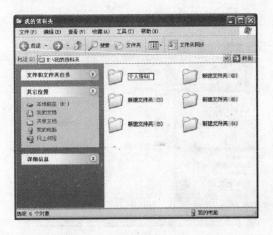

Step 05 输入完毕后，在窗口的空白区域单击或按下【Enter】键，可以看到所选的其他文件夹都已经重新命令。

> **注意** 当对文件或文件夹进行命名时，还应该注意以下5点：
>
> ①文件和文件夹名称长度最多可达256个字符，1个汉字相当于两个字符。
>
> ②文件、文件夹名中不能出现这些字符：斜线(\、/)、竖线(|)、小于号(<)、大于号(>)、冒号(:)、引号(″、')、问号(?)、星号(*)。
>
> ③文件和文件夹不区分大小写字母。如"abc"和"ABC"是同一个文件名。
>
> ④通常一个文件都有扩展名(通常为3个字符)，用来表示文件的类型。文件夹通常没有扩展名。
>
> ⑤同一个文件夹中的文件、文件夹不能同名。

3.3.4　选择文件和文件夹

选择文件和文件夹的操作非常简单，只需用鼠标单击想要选择的文件或文件夹图标，即可选中该文件或文件夹。如下图所示即为选中【个人资料】文件夹的效果。

根据选择对象的不同，选择文件和文件夹包括几种情况，分别是全部选择、选择多个连续的文件或文件夹、选择多个不连续的文件或文件夹。

（1）全部选择文件和文件夹

全部选择文件和文件夹的方法有两种，分别是通过鼠标单击和通过菜单。

1）通过鼠标

具体操作步骤如下。

Step 01 打开文件或文件夹所在磁盘分区或文件夹窗口。

Step 02 在文件夹窗口中的空白处单击鼠标，在不松开鼠标的情况下拖曳出一个矩形，使文件夹都处在该矩形当中。

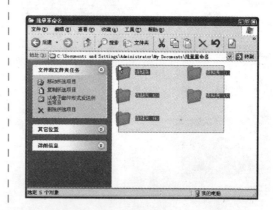

Step 03 完成之后，松开鼠标，即可完成文件夹的全选操作。

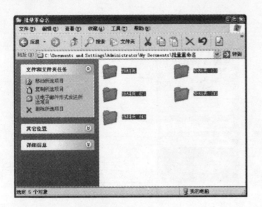

2）通过【编辑】菜单

具体操作步骤如下。

Step 01 打开文件或文件夹所在磁盘分区或文件夹窗口。

Step 02 选择【编辑】→【全部选定】菜单命令。

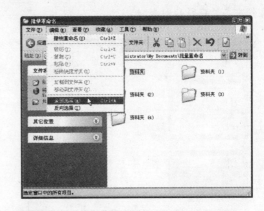

Step 03 这样就选中该文件夹窗口中的所有文件夹。

（2）选择多个连续的文件或文件夹

通过鼠标单击可以选择多个连续的文件或文件夹，具体的操作步骤如下。

Step 01 打开文件或文件夹所在磁盘分区或文件夹窗口。

Step 02 在文件夹窗口中的空白处单击鼠标，在不松开鼠标的情况下拖曳出一个矩形，使连续的文件夹都处在该矩形当中。

Step 03 完成之后，松开鼠标，即可完成多个连续文件或文件夹的选择。

（3）选择多个不连续的文件或文件夹

通过鼠标和键盘上的【Ctrl】键可以选择多个不连续的文件或文件夹，具体的操作步骤如下。

Step 01 打开文件或文件夹所在磁盘分区或文件夹窗口。

Step 02 在文件夹窗口中单击想要选择的文件夹，这时按下键盘的【Ctrl】键，再单击与之不相邻的文件夹，即可完成多个不连续文件或文件夹的选择。

3.3.5　删除文件和文件夹

为了节省磁盘存储空间，以存放更多的资源，可以将不需要的文件或文件夹删除。一般情况下，删除后的文件或文件夹被放到【回收站】中，用户可以选择将其彻底删除或还原到原来的位置。

（1）暂时删除文件或文件夹

我们可以通过以下4种方法暂时删除文件或文件夹。

1）通过右键快捷菜单

具体操作步骤如下。

Step 01 在需要删除的文件或文件夹上单击鼠标右键，从弹出的快捷菜单中选择【删除】菜单命令。

Step 02 打开【删除文件夹】的对话框，提示用户是否确实要删除文件夹【我的文件夹】并将所有内容移入回收站。

2）通过【文件】菜单

具体操作步骤如下。

Step 01 选中需要删除的文件或文件夹，这里选择【公司合同书.doc】文件，然后选择【文件】→【删除】菜单命令。

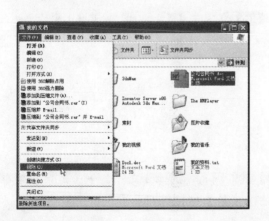

Step 03 单击【是】按钮，即可将选中的文件或文件夹放入回收站之中。

Step 02 打开【确认文件删除】对话框，提示用户是否确实要把【公司合同书.doc】放入回收站当中。

3）通过【Delete】键

选中要删除的文件或文件夹，这里选择【我的文档】窗口之中的"我的资料.txt"，然后按下键盘上的【Delete】键，打开【确认文件删除】对话框，单击【是】按钮，即可将选中的文件或文件夹放入回收站之中。

4）通过鼠标拖动

选中需要删除的文件或文件夹，按下鼠标左键不放，将其拖动到桌面上的【回收站】图标之上，然后释放鼠标即可。

（2）彻底删除文件或文件夹

彻底删除文件或文件夹之后，在回收站中将不再存放这些文件或文件夹，是永久删除，用户可以通过4种方法彻底删除文件或文件夹。

1）【Shift】键+右键菜单

具体操作步骤如下。

Step 01 选中需要删除的文件或文件夹，按下【Shift】键的同时，在该文件或文件夹上单击鼠标右键，从弹出的快捷菜单中选择【删除】菜单命令。

Step 02 随即打开【确认文件删除】对话框，提示用户是否确实要删除【公司合同书.doc】文件。

Step 03 单击【是】按钮，即可将选中的文件或文件夹彻底删除。

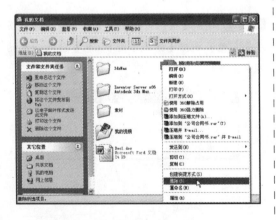

2）【Shift】键+【文件】菜单

选中要删除的文件或文件夹，按下【Shift】键的同时，选择【文件】→【删除】菜单命令，随即打开【确认文件删除】对话框，单击【是】按钮即可将其彻底删除。

3）通过【Shift+Delete】组合键

选中要删除的文件或文件夹，然后按下【Shift+Delete】组合键，在打开的对话框中单击【是】按钮即可。

4）通过【Shift】键+鼠标移动

按下【Shift】键的同时，按下鼠标将要删除的文件或文件夹拖到桌面上的回收站图标上，也可以将其彻底删除。

3.3.6　隐藏、显示文件和文件夹

电脑中一些重要文件和文件夹，为了避免让其他人看到，可以将其设置为隐藏属性，当需要想要查看这些文件时，可以将其设置为显示属性。

（1）隐藏文件和文件夹

用户如果想要隐藏文件和文件夹，首先要将想要隐藏的文件或文件夹设置为隐藏属性，然后再对文件夹选项进行相应的设置。具体的操作步骤如下。

Step 01 在需要隐藏的文件或文件夹，例如【我的资料夹】文件夹上单击鼠标右键，从弹出的快捷菜单中选择【属性】菜单命令。

Step 02 打开【我的资料夹 属性】对话框，选择【常规】选项卡，勾选【隐藏】复选框。

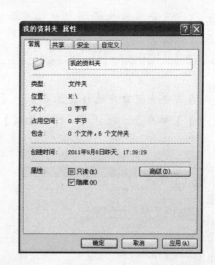

Step 03 单击【确定】按钮，打开【确认属性更改】对话框，在其中勾选相应的复选框。

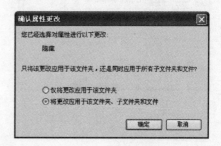

Step 04 单击【确定】按钮，则选择的文件被成功隐藏。

> **注意** 如果在文件夹选项中设置了显示隐藏文件，那么隐藏的文件将会以半透明状态显示。此时还可以看到文件夹，这就不能起到保护的作用，所以要在文件夹选项中设置不显示隐藏文件。

Step 05 在文件夹窗口中选择【工具】→【文件夹选项】菜单命令，打开【文件夹选项】对话框。

Step 06 选择【查看】选项卡，然后在【高级设置】列表框中点选【不显示隐藏的文件和文件夹】单选钮。

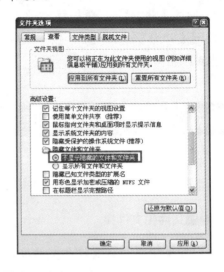

Step 07 单击【确定】按钮，即可隐藏所设置为隐藏属性的文件和文件夹，此时【我的资料夹】文件夹也会被隐藏起来。

（2）显示所有隐藏的文件和文件夹

文件被隐藏后，用户要想调出隐藏文件，需要显示文件。显示所有隐藏的文件和文件夹的具体操作步骤如下。

Step 01 在文件夹窗口中选择【工具】→【文件夹选项】菜单命令，打开【文件夹选项】对话框，在【高级设置】列表中点选【显示所有文件和文件夹】单选钮。

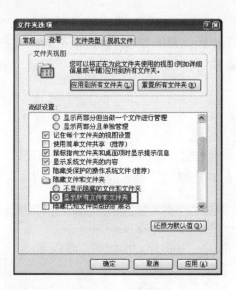

Step 02 单击【确定】按钮，返回到文件窗口中，选择隐藏的文件，右击并在弹出的快捷菜单中选择【属性】菜单命令。

Step 03 打开【我的资料夹 属性】对话框，取消对【隐藏】复选框的勾选。

Step 04 单击【确定】按钮，成功显示隐藏的文件。

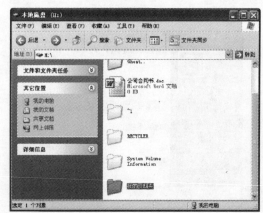

3.4　文件夹的高级操作

除了对文件和文件夹进行一些基本操作之外，用户还可以对文件和文件夹进行一些高级操作，如备份还原文件或文件夹、创建文件或文件夹的快捷方式、压缩或解压缩文件或文件夹等。

3.4.1　备份和还原文件或文件夹

为了避免文件和文件夹等重要文件被病毒感染或因误删除等意外原因而丢失，用户可以对这些重要文件和文件夹进行备份操作，这样即使有些原文件或文件夹出了问题，用户还可以通过还原备份的文件或文件夹来弥补损失。

（1）备份重要文件

使用Windows XP系统自带的备份工具，可以将本地电脑磁盘上的文件备份。下面使用系统自带的备份工具将本地计算机F盘上的【风景】文件夹备份到D盘。具体的操作步骤如下。

Step 01 选择【开始】→【所有程序】→【附件】→【系统工具】→【备份】菜单命令，即可打开【备份或还原向导】对话框，保持对话框中的默认状态。

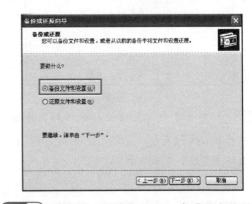

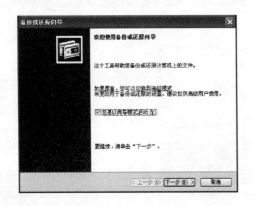

Step 02 单击【下一步】按钮，在【备份或还原向导】对话框中点选【备份文件和设置】单选钮。

Step 03 单击【下一步】按钮，在【要备份的内容】对话框中点选【让我选择要备份的内容】单选钮。

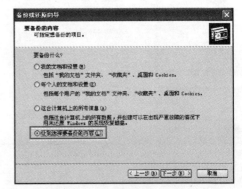

Step 04 单击【下一步】按钮，打开【要备份的项目】对话框。

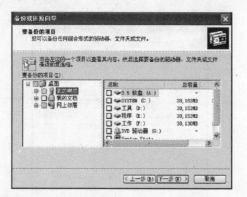

Step 05 双击左侧【要备份的项目】列表中的【我的电脑】图标，在右侧信息列表中选择【风景】文件夹中包含的所有内容。

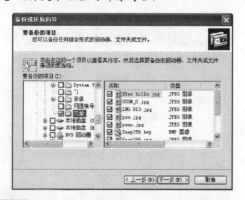

Step 06 单击【下一步】按钮，在【备份类型、目标和名称】对话框中单击【浏览】按钮，即可设置备份文件存放的位置及备份文件的名称。本例将文件存放在本地磁盘D盘，并命名为"风景备份"。

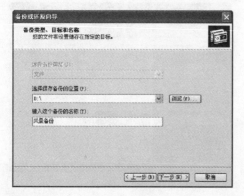

Step 07 单击【下一步】按钮，弹出【正在完成备份或还原向导】对话框，在其中陈述了备份文件的名称、内容、存储位置等信息。

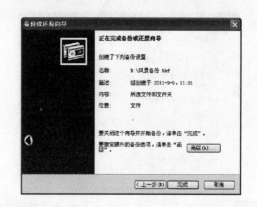

Step 08 单击【高级】按钮，打开【备份类型】对话框，在其中可以选择适合自己的备份类型。

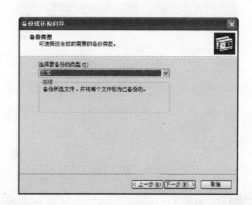

Step 09 单击【下一步】按钮，打开【如何备份】对话框，在其中可以指定验证、压缩和阴影复制选项。

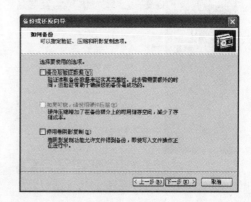

Step 10 单击【下一步】按钮，打开【备份选项】对话框，在其中指定是否要改写数据还是限制对数据的访问。

Step 11 单击【下一步】按钮，打开【备份时间】对话框，在其中指定执行备份的时间。

Step 12 单击【下一步】按钮，再次打开【正在完成备份或还原向导】对话框，在其中可以看到【高级】按钮已经不存在了。

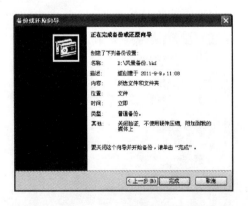

Step 13 单击【完成】按钮，系统开始备份，并打开【备份进度】对话框。

Step 14 备份完成之后，打开【已完成备份】对话框，在其中可以看到备份状态。

Step 15 在设置完成之后，即可在存储备份文件的磁盘中检查是否存在已备份的文件。

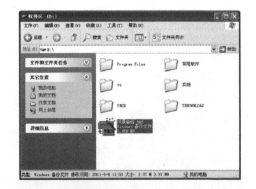

（2）还原重要文件

下面使用系统自带的备份工具将本地计算机D盘上的【风景】备份文件夹还原到D盘当中。具体的操作步骤如下。

Step 01 选择【开始】→【所有程序】→【附件】→【系统工具】→【备份】菜单命令，即可打开【备份或还原向导】对话框，保持对话框中的默认状态。

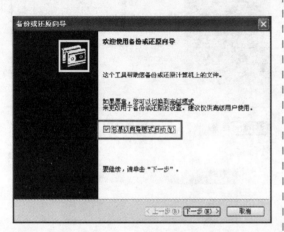

Step 02 单击【下一步】按钮，在【备份或还原向导】对话框中点选【还原文件和设置】单选钮。

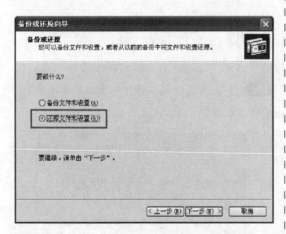

Step 03 单击【下一步】按钮，打开【还原项目】对话框，在其中选中要还原的项目。

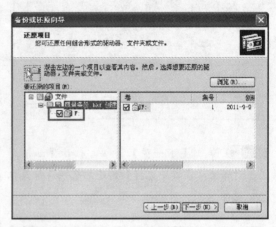

Step 04 单击【下一步】按钮，打开【正在完成备份或还原向导】对话框，在其中陈述了还原文件的名称、内容、还原位置等信息。

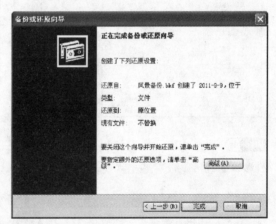

Step 05 单击【正在完成备份或还原向导】对话框中的【高级】按钮，打开【还原位置】对话框，在其中可以选择还原文件和文件夹的目标位置。

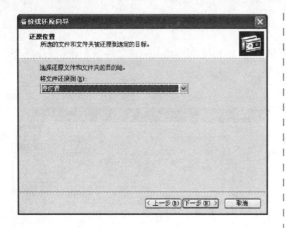

Step 06 单击【下一步】按钮，打开【如何还原】对话框，在其中选择如何还原已经在计算机上的文件。

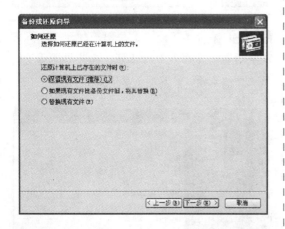

Step 07 单击【下一步】按钮，打开【高级还原选项】对话框，在其中选择要使用的选项。

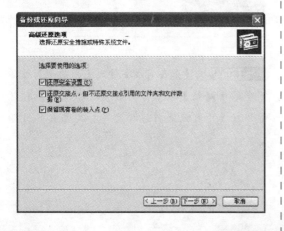

Step 08 单击【下一步】按钮，再次打开【正在完成备份或还原向导】对话框，在其中可以看到【高级】按钮已经不存在了。

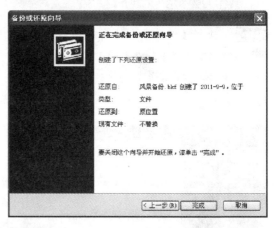

Step 09 单击【完成】按钮，打开【还原进度】对话框。

Step 10 还原完毕后，将打开【已完成还原】对话框，在其中可以看到还原的状态。

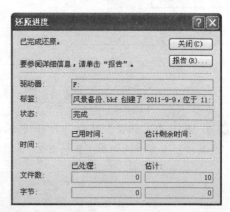

Step 11 还原完成之后，找到还原之后的文件存储位置，双击打开该文件，即可在其中看到还原之后的文件。

3.4.2 创建文件和文件夹的快捷方式

对于经常使用的文件夹，可以为其建立快捷方式，将其放在桌面上或其他可以快速访问的地方，这样可以避免因寻找文件夹而浪费时间，提高工作和学习的效率。具体操作步骤如下。

Step 01 选择需要创建快捷方式的文件夹或文件，右击并在弹出的快捷菜单中选择【发送到】→【桌面快捷方式】菜单命令。

Step 02 系统将自动在桌面上添加一个【风景】的快捷方式，双击可以打开文件夹。

> 📶 **提示**　用户也可以选择文件夹右击，在弹出的快捷菜单中选择【创建快捷方式】菜单命令，然后将快捷方式移动到桌面或容易快速访问的位置。

3.4.3 压缩和解压缩文件或文件夹

对于特别大的文件夹，用户可以进行压缩操作。经过压缩过的文件将占用很少的磁盘空间，并有利于更快速地相互传输到其他计算机上，以实现网络上的共享功能。具体操作步骤如下。

Step 01 选择需要压缩的文件夹，右击并在弹出的快捷菜单中选择【添加到"风景".rar】菜单命令。

Step 02 打开【正在创建压缩文件 风景.rar】对话框，并以绿色进度条的形式显示压缩的进度。

Step 03 压缩完成后，用户可以在窗口中发现多了一个和文件名称一样的压缩文件。

3.5 职场技能训练

本实例将介绍如何对文件或文件夹进行加密。对文件或文件夹进行加密，可以有效地防止这些数据信息遭受未经许可的访问，即以来宾权限访问这些加密过的文件或文件夹时，是不允许的。加密文件或文件夹的具体操作步骤如下。

Step 01 选择需要加密的文件或文件夹右击，从弹出的快捷菜单中选择【属性】菜单命令。

Step 02 打开【属性】对话框，选择【常规】选项卡。

Step 03 单击【高级】按钮，打开【高级属性】对话框，勾选【加密内容以便保护数据】复选框。

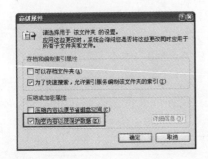

Step 04 单击【确定】按钮，返回到【属性】对话框，单击【应用】按钮，打开【确认属性更改】对话框，点选【将更改应用于此文件夹、子文件夹和文件】单选钮。

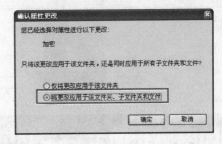

Step 05 单击【确定】按钮，返回到【属性】对话框。

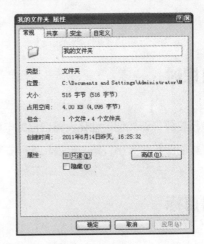

Step 06 单击【确定】按钮，打开【应用属性】对话框，系统开始自动对所选的文件夹进行加密操作。

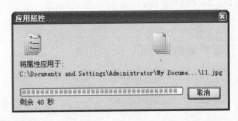

Step 07 加密完成后，可以看到被加密的文件夹名称显示为绿色，表示加密成功。

第4天 星期四

我的电脑我做主——Windows XP系统的基本设置

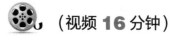 （视频 **16** 分钟）

今日探讨

今日主要探讨如何个性化设置自己的电脑操作系统，包括如何调整日期和时间、屏幕的背景、分辨率、桌面图标的大小、账户设置和软件安装卸载等。

今日目标

通过第4天的学习，读者能根据自我需求独自完成Windows XP系统的基本设置。

快速要点导读

- ⊙ 掌握调整日期和时间的方法
- ⊙ 了解设置屏幕、桌面图标的方法
- ⊙ 掌握账户设置的方法

学习时间与学习进度

120分钟　　　　13%

4.1 调整日期和时间

在任务栏的右端显示有系统提供的时间和星期，将鼠标指向时间栏稍有停顿即会显示系统日期。用户要想更改Windows XP系统中的显示日期和时间，可以使用手动调整和自动更新准确的时间两种方式。

4.1.1 手动调整

手动设置日期和时间的具体步骤如下。

Step 01 单击【开始】按钮，在打开的【开始】菜单中选择【控制面板】菜单命令。

Step 02 打开【控制面板】窗口，选择【日期和时间】选项。

Step 03 打开【日期和时间 属性】对话框，选择【日期和时间】选项卡，在【日期】选项组的【年份】框中可按微调按钮调节准确的年份，在【月份】下拉列表中可选择月份，在【日期】列表框中可选择日期和星期；在【时间】选项组的【时间】文本框中可输入或调节准确的时间。

Step 04 更改完毕后，单击【应用】和【确定】按钮即可。

4.1.2 自动更新准确的时间

用户可以使计算机时钟与Internet时间服务器同步。这意味着可以更新计算机上的时钟，使之与时间服务器上的时钟匹配，这有助于确保计算机上的时间更准确。时钟通常每周更新一次，而如要进行同步，必须将计算机连接到Internet。设置自动更新准确时间的具体操作步骤如下。

Step 01 利用4.1.1中的方法打开【日期和时间属性】对话框，选择【Internet时间】选项卡。

Step 02 勾选【自动与Internet时间服务器同步】复选框，单击【服务器】右侧的下拉按钮，在弹出的下拉菜单中选择【time.windows.com】。

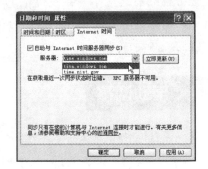

Step 03 分别单击【应用】和【确定】按钮，即可完成设置。

4.2 让屏幕看起来更舒服

桌面是打开计算机并登录到Windows之后看到的主屏幕区域。适当地修改桌面，可以让用户使用起来更舒服。

4.2.1 设置桌面背景

Windows XP操作系统自带了很多漂亮的背景图片，用户可以从中选择自己喜欢的图片作为桌面背景，除此之外，用户还可以把自己收藏的精美图片设置为背景图片。具体的操作步骤如下。

Step 01 在桌面空白处右击，从弹出的快捷菜单中选择【属性】菜单命令，打开【显示 属性】对话框。

Step 02 在【显示 属性】对话框中选择【桌面】选项卡，进入设置界面，在【背景】下拉列表框中选择系统自带的背景图片。

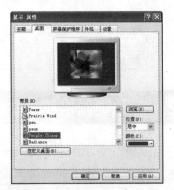

Step 03 如果【背景】列表框中没有喜欢的图片，可以单击【浏览】按钮，打开【浏览】对话框，在其中选择喜欢的图片。

Step 04 选择完毕后，单击【打开】按钮，返回到【显示 属性】对话框中，在其中可以看到预览效果。

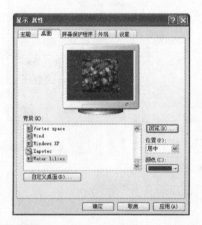

Step 05 单击【位置】下拉按钮，在弹出的下拉列表中选择桌面背景放置的位置，包括拉伸、平铺和居中三种。

Step 06 单击【颜色】下拉按钮，在弹出的下拉列表中选择用于设置桌面背景的颜色。

Step 07 设置完毕后，单击【确定】按钮，即可应用自己设置的图片桌面背景。

> **提示** 除了使用【显示 属性】对话框来设置桌面背景外，对于用户自己保存的图片，可以快速设置为桌面背景，其方法很简单，只需找到图片的位置，打开该图片并右击，在弹出的快捷菜单中选择【设为桌面背景】菜单命令即可。
>
>

4.2.2 设置屏幕分辨率

屏幕分辨率指的是屏幕上显示的文本和图像的清晰度。分辨率越高，项目越清楚，同时屏幕上的项目越小，因此屏幕可以容纳越多的项目。分辨率越低，在屏幕上显示的项目越少，但尺寸越大。设置适当的分辨率，有助于提高屏幕上图像的清晰度。具体操作步骤如下。

Step 01 在桌面上空白处右击，在弹出的快捷菜单中选择【属性】菜单命令。

Step 02 打开【显示 属性】对话框并选择【设置】选项卡，用户可以看到系统默认设置的分辨率。

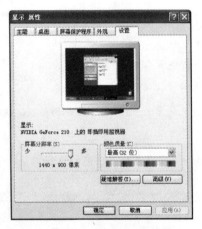

Step 03 选中【屏幕分别率】设置区域中的滑块，在不松开鼠标的情况下拖动滑块，即可改变屏幕分辨率。

Step 04 分别单击【应用】和【确定】按钮，保存设置。

4.2.3 设置屏幕刷新率

刷新率是屏幕每秒画面被刷新的次数，当屏幕出现闪烁的时候，可导致眼睛疲劳和头痛。此时用户可以通过设置屏幕刷新频率，消除闪烁的现象。具体操作步骤如下。

Step 01 利用4.2.2中的方法打开【显示 属性】对话框并选择【设置】选项卡，单击【高级】按钮。

Step 02 在打开的对话框中选择【监视器】选项卡，然后在【屏幕刷新频率】下拉列表中选择合适的分辨率。

Step 03 单击【确定】按钮，返回到【更改显示器的外观】窗口，再次单击【确定】按钮保存设置，其中刷新率的选择以无屏幕闪烁为原则。

> **提示** 如果屏幕出现闪烁，则在更改刷新频率之前，可能需要更改屏幕分辨率。分辨率越高，刷新频率就应该越高，但不是每个屏幕分辨率与每个刷新频率都兼容。更改刷新频率会影响登录到这台计算机上的所有用户。

4.2.4 设置桌面外观

桌面的外观可以自定义，其具体操作步骤如下。

Step 01 在【显示 属性】对话框中选择【外观】选项卡，进入【外观】设置界面。

Step 02 单击【窗口和按钮】下拉按钮，从弹出的下拉列表中选择已经设置好的窗口和按钮样式。

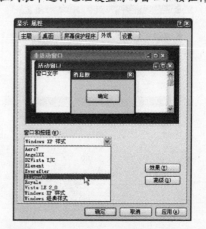

Step 03 单击【色彩方案】下拉按钮，从弹出的下拉列表中选择已经设置好的色彩方案。

Step 04 单击【字体大小】下拉按钮，在弹出的下拉列表中选择已经设置好的字体大小。

Step 05 设置完毕后，可以在【显示 属性】对话框中看到预览的效果。

Step 06 单击【效果】按钮，打开【效果】对话框，在其中根据自己的需要设置桌面外观的显示效果。

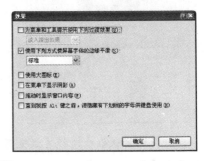

Step 07 单击【高级】按钮，打开【高级外观】对话框，在其中可以设置更改外观的项目以及颜色等。

Step 08 设置完毕后，单击【确定】按钮，返回到【显示 属性】对话框中，在其中可以看到设置之后的效果。

Step 09 设置完毕后，单击【确定】按钮，即可应用自定义的桌面外观。

4.3 设置桌面图标

在Windows操作系统中，所有的文件、文件夹以及应用程序都有形象化的图标表示。在桌面上的图标被称为桌面图标，双击桌面图标可以快速打开相应的文件、文件夹或应用程序。本节将介绍桌面图标的基本操作。

4.3.1 添加桌面图标

桌面上各个图标的含义如下。

①【我的文档】图标：它用于管理【我的文档】下的文件和文件夹，可以保存信件、报告和其他文档等，它是系统默认的文档保存位置。如下图所示为【我的文档】窗口。

②【我的电脑】图标：双击【我的电脑】图片，可以打开【我的电脑】窗口，在其中可以看到硬盘的分区、在这台电脑上存储的文件等信息。如下图所示为【我的电脑】窗口。

③【网上邻居】图标：该项中提供了网络上其他计算机上文件夹和文件访问以及有关信息，在双击展开的窗口中用户可以进行查看工作组中的计算机、查看网络位置及添加网络位置等工作。如下图所示为【网上邻居】窗口。

④【回收站】图标：在回收站中暂时存放着用户已经删除的文件或文件夹等信息，当用户还没有清空回收站时，可以从中还原删除的文件或文件夹，具体的方法是：选中需要还原的文件或文件夹并右击，在弹出的快捷菜单中选择【还原】菜单命令即可。如下图所示为【回收站】窗口。

⑤【Internet Explorer】图标：用于浏览互联网上的信息，通过双击该图标可以访问网络资源。如下图所示为IE浏览器窗口。

当安装好Windows XP操作系统之后，桌面上只存在一个【回收站】图标，如果用户想要在桌面上添加【我的电脑】、【网上邻居】和【我的文档】图标，具体操作步骤如下。

Step 01 右击桌面，在弹出的快捷菜单中选择【属性】菜单命令。

Step 02 打开【显示 属性】对话框，在其中选择【桌面】选项卡。

Step 03 单击【自定义桌面】按钮，打开【桌面项目】对话框。在【桌面图标】选项组中勾选【我的电脑】、【网上邻居】等复选框。

Step 04 单击【确定】按钮，返回到【显示 属性】对话框中，单击【应用】按钮，然后关闭该对话框，这时用户就可以看到添加的图标了。

4.3.2 删除桌面图标

当某一个桌面图标不再需要时，就可以将其删除，以使桌面清洁。删除桌面的操作很简单，只需在桌面上选中需要删除的图标并右击，在弹出的**快捷菜单**中选择【删除】菜单命令即可。

4.3.3 设置桌面图标的排列方式

当用户在桌面上创建了多个图标时，如果不进行排列，会显得非常凌乱，这样不利于用户选择所需要的项目，而且影响视觉效果。

当用户需要对桌面上的图标进行位置调整时，可以在桌面上的空白处右击，在弹出的快捷菜单中选择【排列图标】→【类型】菜单命令，就会以类型的方式排列桌面图标，当然也可以选择其他排列方式，如名称、大小等。

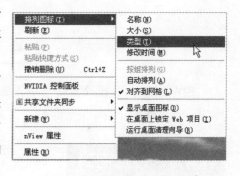

【排列图标】菜单下的子菜单命令的含义如下。

①名称：按图标名称开头的字母或拼音顺序排列。

②大小：按图标所代表文件的大小的顺序来排列。

③类型：按图标所代表的文件的类型来排列。

④修改时间：按图标所代表文件的最后一次修改时间来排列。

> 📶 **提示** 当用户选择【排列图标】子菜单其中几项后，在其旁边出现"√"标志，说明该选项被选中，再次选择这个命令后，"√"标志消失，即表明取消了此选项。

⑤按组排列：按照用户分组进行排列图标。

⑥自动排列：如果用户选择该菜单命令，在对图标进行移动时会出现一个选定标志，

这时只能在固定的位置将各图标进行位置的互换，而不能拖动图标到桌面上任意位置。

⑦对齐到网格：当选择了该菜单命令，如果调整图标的位置时，它们总是成行成列地排列，不能移动到桌面上任意位置。

⑧显示桌面图标：当用户取消了【显示桌面图标】命令前的"√"标志后，桌面上将不显示任何图标。

⑨在桌面上锁定Web项目：选择该菜单命令，可以使桌面上的快捷图片加底纹显示。

⑩运行桌面清理向导：选择该菜单命令，可以打开桌面清理向导功能，该功能可以帮助用户自动清理桌面上不使用的快捷图标。

4.4　账户设置

在Windows XP操作系统当中，账户的设置主要包括添加和删除账户，以及为账户设置密码。本节就来介绍如何为账户设置密码以及添加和删除账户。

4.4.1　设置密码

为Windows XP操作系统中的账户设置密码的具体操作步骤如下。

Step 01 选择【开始】→【控制面板】菜单命令，打开【控制面板】窗口。

Step 02 在该窗口中双击【用户账户】选项，打开【用户账户】窗口。

Step 03 在该窗口中可以看到计算机管理员的名称，单击此管理员的名称，进入【您想更改您的账户的什么】窗口。

Step 04 在该窗口中单击【创建密码】按钮，打开【为您的账户创建一个密码】窗口，在该

窗口中根据提示输入相应的密码内容。

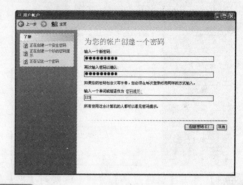

Step 05 单击【创建密码】按钮，即可完成密码的创建，这样用户每一次开机登录都需要输入所设置的密码，别人不能轻易进入操作系统。

4.4.2　添加和删除账户

在Windows XP操作系统当中，添加账户可以在【用户账户】窗口进行，而删除账户则需要在【用户管理】窗口当中。本节就来介绍如何添加和删除账户。

（1）添加账户

具体的操作步骤如下。

Step 01 参数设置密码的操作步骤，打开【用户账户】窗口。

Step 02 单击【创建一个新账户】超级链接，打开【为新账户起名】窗口，在其中输入新账户的

名称。

Step 03 单击【下一步】按钮，打开【挑选一个账户类型】窗口，在其中点选【计算机管理员】单选钮。

户】窗口当中，在其中可以看到新添加的账户。

Step 04 单击【创建账户】按钮，返回到【用户账

（2）删除账户

在【用户账户】窗口中不能删除Windows XP操作系统中的账户，这里介绍一种删除账户的方法，具体的操作步骤如下。

Step 01 选择【开始】→【控制面板】菜单项，打开【控制面板】窗口。

Step 02 双击【管理工具】图标，打开【管理工具】窗口。

Step 03 在【管理工具】窗口中双击【计算机管理】图标，打开【计算机管理】窗口。

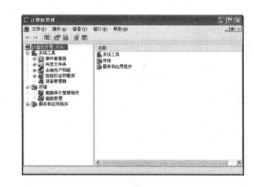

Step 04 在左侧窗口中展开【系统工具】→【本地用户和组】选项，选取【用户】项。

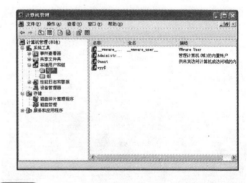

Step 05 在右侧窗口中选中【Administrator】账户名称并右击，弹出其快捷菜单，包括【设置密码】、【删除】、【重命名】、【属性】、【帮助】等。

Step 06 在快捷菜单中选择【删除】菜单项，系统弹出提示信息框。

Step 07 单击【是】按钮，Administrator账户将被删除，并且可以立即在【计算机管理】窗口中看出。

4.5 职场技能训练

本实例将介绍如何设置屏幕保护程序。当用户需要短时间离开电脑，而又不想关闭电脑，这时就可以开启桌面的屏幕保护来保护自己的电脑不受其他人胡乱操作。具体的操作步骤如下。

Step 01 在【显示属性】对话框中选择【屏幕保护程序】选项卡，进入【屏幕保护程序】设置界面。

Step 02 单击【屏幕保护程序】下拉按钮，在弹出的下拉列表中选择已经设置好的屏幕保护程序。

Step 03 如果想要在恢复时使用密码保护，则可以勾选【在恢复时使用密码保护】复选框。同时，也可以设置等待的时间。

Step 04 设置完毕后，单击【确定】按钮即可保存设置。

第5天 星期五

电脑办公必学——轻松学打字

（视频 **16** 分钟）

今日探讨

今日主要探讨输入法的安装、删除以及默认的设置与管理，拼音打字的方法与技巧等。

今日目标

通过第5天的学习，读者能熟练掌握一种打字的方法。

快速要点导读

⊙ 了解输入法管理的方法
⊙ 掌握拼音打字

学习时间与学习进度

120分钟　　　　13%

5.1　输入法管理

在Windows XP操作系统当中，输入法的管理主要包括安装输入法、删除输入法以及设置默认输入法等。本节就来介绍如何对输入法进行管理。

5.1.1　安装输入法

输入法可以分为系统自带的输入法和非系统自带的输入法，常见的非系统自带的输入法有QQ拼音输入法、搜狗拼音输入法等，而系统自带的输入法有智能ABC、微软输入法、极品五笔等。

（1）添加系统自带输入法

Windows XP操作系统中自带有一些其他的输入法，用户可以通过【添加】按钮添加自己需要的输入法。添加系统自带的输入法的具体操作步骤如下。

Step 01　在【状态栏】中右击选择输入法的图标，在弹出的快捷菜单中单击选择【设置】菜单命令。

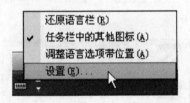

Step 02　在打开的【文本服务和输入语音】对话框中，选择【常规】选项卡。

Step 03　单击【添加】按钮，打开【添加输入语言】对话框，选择需要添加的输入法。

Step 04　单击【输入语言】下拉按钮，从弹出的下拉列表中选择要添加的输入语言，这里选择【中文（中国）】选项。

Step 05 选择完毕后，勾选【键盘布局/输入法】复选框，并单击其右侧的下拉按钮，从弹出的下拉列表中选择系统自带的输入法。

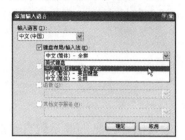

Step 06 单击【确定】按钮，返回到【文字服务和输入语言】对话框，在其中可以看到添加的输入法。

Step 07 单击【确定】按钮，即可完成输入法的添加操作。

（2）添加非系统自带输入法

除了可以利用系统自带的输入法之外，用户还可以在Windows XP操作系统当中添加非系统自带的输入法。如常见的QQ拼音输入法、搜狗拼音输入法、谷歌拼音输入法等。下面以QQ拼音输入法的安装为例，来具体讲解一下非系统自带输入法的安装方法。具体的操作步骤如下。

Step 01 双击桌面上的IE浏览器，在地址栏中输入网址"www.baidu.com"，单击【转到】按钮，打开百度首页。

Step 02 在搜索关键字文本框中输入搜索关键字"QQ拼音输入法"。

Step 03 单击【百度一下】按钮，即可打开搜索结果页面。

Step 04 单击【官方下载】按钮，打开【文件下载-安全警告】对话框。

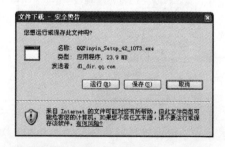

Step 05 单击【保存】按钮，打开【另存为】对话框，在其中选择文件保存的路径。

Step 06 单击【保存】按钮，开始下载QQ拼音输入法。

Step 07 下载完成后，双击下载的QQ拼音输入法，打开【QQ拼音输入法4.2安装向导】对话框，该向导将帮助用户完成"QQ拼音输入法4.2"的安装。

Step 08 单击【下一步】按钮，打开【授权协议】对话框，在其中提示用户安装"QQ拼音输入法4.2"之前，阅读授权协议。

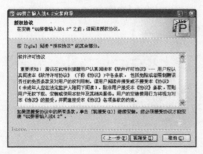

Step 09 单击【我接受】按钮后，在【选择安装位置】对话框中，单击【浏览】按钮设置QQ拼音输入法的安装位置。

Step 10 单击【安装】按钮，即可开始安装QQ拼音输入法，并显示安装的进度。

Step 11 安装完毕后，可根据需要，勾选相应的复选框。

Step 12 单击【完成】按钮，打开【欢迎使用个性化设置向导】对话框。

Step 13 单击【下一步】按钮后，在【设置输入法常用风格】对话框中，点选【QQ拼音风格】单选按钮。

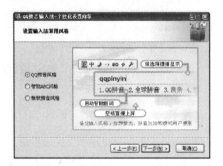

Step 14 单击【下一步】按钮，在【设置输入法主要使用习惯】对话框中，设置输入法的【拼音模式】、【每页候选词数】等。

Step 15 单击【下一步】按钮，打开【选择个性皮肤】对话框，在【推荐皮肤】列表中选择需要的皮肤。

Step 16 单击【下一步】按钮，打开【管理系统输入法】对话框，在下方的列表中勾选相应的输入法。

Step 17 单击【下一步】按钮，打开【设置您需要的城市词库和推荐词库】对话框，在其中设置城市词库和推荐词库。

Step 18 单击【下一步】按钮，打开【登录QQ拼音】对话框。

Step 19 单击【下一步】按钮，打开【完成个性化设置向导】对话框，在其中单击【完成】按钮，即可彻底完成QQ拼音输入法的安装。

5.1.2　删除输入法

（1）删除系统自带输入法

对于不经常使用的输入法，用户可以将其从输入法列表中删除。删除输入法的具体操作步骤如下。

Step 01 在【状态栏】上右击选择输入法的图标，在弹出的快捷菜单中单击选择【设置】菜单命令。

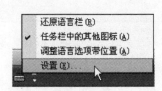

Step 02 在打开的【文字服务和输入语言】对话框，选择需要删除的输入法。

Step 03 单击【删除】按钮，即可删除选中的输入法。

Step 04 单击【确定】按钮，完成删除输入法的操作。

（2）删除非系统自带的输入法

通过【控制面板】中的添加和删除程序功能，可以删除非系统自带输入法，其具体操作步骤如下。

Step 01 单击【开始】按钮，从弹出的面板中选择【控制面板】菜单命令。

Step 02 打开【控制面板】窗口。

Step 03 双击【添加或删除程序】图标，打开【添加或删除程序】窗口，在其中选择要删除的输入法，这里选择微软拼音输入法。

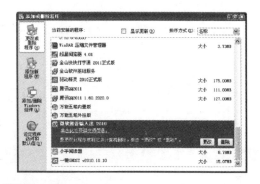

Step 04 单击【删除】按钮，弹出一个信息提示框。

Step 05 单击【是】按钮，打开【正在卸载微软拼音输入法2010】对话框，并显示卸载的进度。

Step 06 卸载完毕后，弹出【卸载完成】的信息提示框，单击【确定】按钮即可。

> **提示** 参照相同的方法，用户还可以删除其他非系统自带的输入法，这里不再赘述。

5.1.3 设置默认输入法

在Window XP操作系统中，输入法默认情况下是英文输入状态。不过，用户可以按自己的需要设置默认的输入法。具体的操作步骤如下。

Step 01 在【状态栏】上右击选择输入法的图标 ，在弹出的快捷菜单中单击选择【设置】菜单命令。

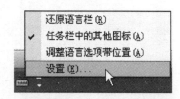

Step 02 在【文字服务和输入语言】对话框中，单击【默认输入语言】设置区域中的下拉按钮，在打开的下拉列表中选择默认的输入法。

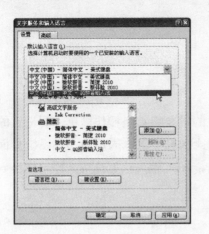

Step 03 单击【确定】按钮，即可将选择的输入法设为默认的输入法。

5.2　拼音打字

常见的拼音输入法很多，如智能ABC输入法、紫光拼音输入法和微软拼音输入法等。本节就来介绍如何使用拼音进行打字。下面以微软拼音输入法为例，讲述拼音打字的一般方法。

5.2.1　重温拼音

在学习汉语输入法之前，首先需要重温一下汉语拼音的内容。汉语拼音的内容包括声母表与韵母表。如表所示为汉语拼音字母表。

汉语拼音字母表

声母表							
b玻	p坡	m摸	f佛	d得	t特	n讷	l勒
g哥	k科	h喝	j基	q欺	x希	zh知	ch蚩
sh诗	r日	z资	c雌	s思	y医	w巫	
韵母表							
a啊	o喔	e鹅	i衣	u乌	ü迂	ai哀	ei诶
ui威	ao奥	ou欧	iu由	ie耶	üe椰	er儿	an安
en恩	in因	un温	ang昂	eng摁	ing英	ong雍	
整体认读音节							
zhi只	chi吃	shi师	ri日	zi资	ci雌	si撕	wu乌
yi衣	yu迂	ye也	yue月	yuan远	yin因	yun云	ying应

> **注意**　在电脑中输入汉语拼音时，除了用【v】键代替韵母【ü】外，没什么特殊的规定，按照汉语拼音发音输入就可以。

5.2.2 常用的拼音输入法

（1）智能ABC输入法

智能ABC输入法是一种音形结合码输入法，它的主要特点是操作简单，要记忆的东西少，它附带在Windows系统中，所以无需安装，因此拥有一部分的用户。在系统桌面上单击语言栏上的，在弹出的输入法列表中选择【智能ABC输入法】选项，即可切换到智能ABC输入法状态下。

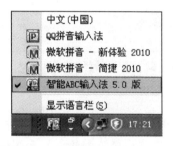

智能ABC输入法有多种输入类型，分别可以使用全拼输入、简拼输入、混拼输入、笔形输入、音形输入和双打输入等。

1）全拼输入

当要输入单个汉字时，就是输入该字的全部拼音。如输入"另"字，先输入"另"字的全部拼音"ling"，按下空格键，将显示一系列拼音相同的汉字。因为"另"字的序号是"1"，所以除了按下"1"键外，也可以按下空格键，从而选择"另"字，这样即可完成"另"字的输入。

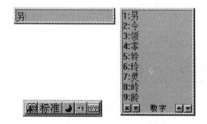

又如输入"华"字，先输入"华"字的拼音"hua"，按下空格键，将显示一系列拼音相同的汉字，输入"华"字的序号"5"，按下"5"键完成输入。

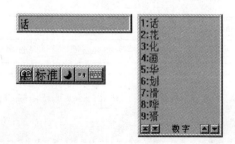

注意 单字输入时，每次只能输入一个字，而不能选择多个字。

在输入词组时，用户可以依次输入每个字的全部拼音，中间不需要停顿，接着以空格键显示，然后选择。例如要输入"选择"，可以输入"xuanze"，按空格键，会显示"选择"一词，再按下空格键，这个词就会被输入在当前光标处。

提示 如果用户不会输词，可以一直输下去，当超过系统允许的字符个数时，系统将响铃警告，然后按空格键结束，再选择需要的字。

2）简拼输入

如果用户对汉语拼音把握不很准确，可以使用简拼输入。简拼不适用于单字输入，而适用于词组输入。因为简拼是用词组中每个字拼音的第一个字母作为输入码，而不是输入全部拼音。简拼输入的编码规则为：取各个音节的第一个字母组合起来。对于包含zh、ch、sh的音节也可取前两个字母。

如下图所示中的"计算机"，全拼为"jisuanji"，简拼为"jsj"；"长城"的全拼为"changcheng"，简拼为"cc、cch、chc、chch"。

注意 在使用简拼输入时，使用隔音符号（'）的作用可进一步扩大。例如"中华"的全拼为"zhonghua"，简拼"zhh，z'h"，如果简拼为"zh"不正确，因为它是复合声母；"愕然"的全拼为"eran"，简拼"e'r"，如果简拼为"er"不正确，它是"而"等字的全拼。

3）混音输入

混音输入可以减少击键次数和重码率并提高输入速度。其编码规则是：对于两个音节以上的词语，使用一部分全拼，一部分简拼的方法。例如，金沙江的全拼为"jinshajiang"，混拼为"jinsj或jshaj"。

同样，隔音符号（'）在混拼时也有很重要的作用。例如"历年"的全拼为"linian"，混拼为"li' n"，当混拼为"lin"不正确，它是"林"的拼音；又如"单个"的全拼为"dange"，混拼为"dan' g"，当混拼为"dang"不正确，它是"当"的拼音。

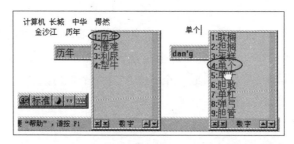

另外，智能ABC输入法为专业录入人员提供了一种快速的双打输入。双打输入的规则是：一个汉字在双打方式下，只需要击键两次——奇次为声母，偶次为韵母；有些汉字只有韵母，称为零声母音节——奇次键入"o"字母（o被定义为零声母），偶次为韵母。虽然击键为两次，但是在屏幕上显示的仍然是一个汉字规范的拼音。

（2）搜狗拼音输入法

搜狗拼音输入法是当前网上比较流行、功能比较强大的拼音输入法。按照前面介绍下载QQ拼音输入法的方法下载搜狗拼音输入法，然后就可以安装并使用该输入法了。具体的操作步骤如下。

Step 01 双击下载的搜狗拼音输入法安装程序，打开【欢迎使用"搜狗拼音输入法 6.0正式版】对话框，在其中可以查看安装注意事项。

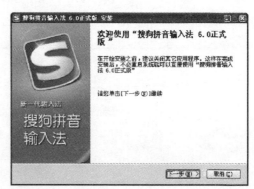

Step 02　单击【下一步】按钮，打开【许可证协议】对话框，在其中可以查看相关的许可证协议信息。

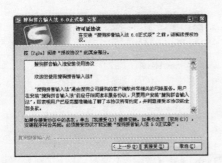

Step 03　单击【我接受】按钮，打开【选择安装位置】对话框，在目标文件夹中可以输入搜狗拼音输入法的安装位置，也可以通过单击【浏览】按钮，选择文件安装的位置。

Step 04　单击【下一步】按钮，打开【选择"开始菜单"文件夹】对话框，在其中选择【开始菜单】文件夹。

Step 05　单击【下一步】按钮，打开【选择安装"附加软件"】对话框，在其中选择是否安装附加软件"搜狗浏览器"。

Step 06　单击【安装】按钮，开始安装搜狗拼音输入法，并显示安装的进度。

Step 07　安装完成后，打开【安装完毕】对话框，单击【完成】按钮，即可完成搜狗拼音输入法的安装操作。

Step 08　当单击【完成】按钮后，将出现【搜狗拼音输入法 中文处理专家】对话框。

Step 09 单击【下一步】按钮，打开【兼容多种输入习惯 使用自然流畅】对话框，在其中根据自己的习惯设置常用的拼音习惯，每页候选个数等。

Step 10 单击【下一步】按钮，打开【精彩Flash皮肤 更多创意 更多个性】对话框，在其中选择自己喜欢的皮肤。

Step 11 单击【下一步】按钮，打开【完善的细胞词体系 让输入更流畅】对话框，在其中选择自己需要的细胞词库。

Step 12 单击【下一步】按钮，打开【鼠标手势 更方便 更快捷】对话框，在其中设置是否开启常见的鼠标手势。

Step 13 单击【下一步】按钮，打开【拥有输入法账户 词库、配置随身行】对话框，在其中可以输入自己已经申请的输入法账户，也可以通过单击【注册新用户】按钮，注册一个输入法账户。

Step 14 单击【下一步】按钮，打开【接下来……享受输入吧】对话框，在其中单击【完成】按钮即可。

当搜狗拼音输入法安装完成后，下面就可以使用该输入法输入汉字了。具体的操作步骤如下。

Step 01 在系统桌面上单击语言栏，在弹出的输入法列表中选择【搜狗拼音输入法】选项，即可切换到搜狗拼音输入法状态下。

Step 02 输入汉语拼音，如这里输入"sou'g'pin'y'shu'r'fa"，就会显示出相关的汉语信息。

Step 03 按下键盘上的空格键，即可完成汉字的输入。

搜狗拼音输入法

5.2.3 使用拼音输入内容

只要会拼音的用户，都可以使用拼音输入法输入汉字，这里以QQ拼音为例来介绍如何使用QQ拼音输入法输入汉字。具体的操作步骤如下。

Step 01 单击【开始】按钮，在弹出的快捷菜单中选择【所有程序】→【附件】→【记事本】菜单命令。

Step 04 按下键盘上的字母键，如果输入的是英文单词，则直接显示英文单词，如输入"hello"，就需要依次按下键盘上的【H】、【E】、【L】、【L】、【O】键。输入后，按键盘上的空格键，即可将英文单词输入到记事本当中。

Step 02 打开【无标题-记事本】窗口。

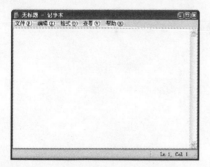

Step 05 当输入的不是英文单词，在依次单击汉字的拼音后，即可拼出汉字。

Step 03 按下键盘上的【Ctrl+Shift】组合键，切换至QQ拼音输入法。

Step 06 按键盘上的空格键，即可将文字输入到记事本中。

5.3 职场技能训练

本实例将介绍如何使用微软拼音输入法自己制造词语。微软拼音输入法的自造词工具用于管理和维护自造词词典以及自学习词表，用户可以对自造词的词条进行编辑、删除、设置快捷键、导入或导出到文本文件等操作。

打开自造词工具的方法如下。

Step 01 在输入法状态条上单击功能菜单按钮，选择【自造词工具】命令，打开【自造词工具】窗口。

Step 02 选择【编辑】→【增加】菜单命令，打开【词条编辑】对话框，在【自造词】文本框中输入一个需要造词的字符，再在快捷键文本框中，输入需要的按键（快捷键由2～8个小写英文字母或数字组成）。

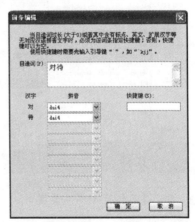

Step 03 单击【确定】按钮以保存设置。

第2周 办公文档轻松处理

本周多媒体视频 7 小时

办公文档的基本操作、文档的编排、美化、财务报表以及文档处理的自动化等都是办公中的重要工作技能。整齐、美观的文档阅读起来会非常舒服、清晰，更适合办公的需要。本周学习Word 2003办公文档处理的方法和Excel 2003报表、公式以及函数在办公中应用的方法与技巧。

（视频 **72** 分钟）

今日探讨

今日主要探讨文档基础的相关操作，包括如何新建文档、文档页面设置、编辑文本以及视图操作等。

今日目标

通过第6天的学习，读者能根据自我需求独自完成文档的基础操作。

快速要点导读

- ⇥ 掌握新建文档的方法
- ⇥ 了解文档的页面设置方法
- ⇥ 掌握编辑文本的方法
- ⇥ 了解视图操作的方法
- ⇥ 掌握保存和打印文档的方法

学习时间与学习进度

420分钟 | 17%

6.1 新建文档

在使用Word 2003对文档进行处理之前，必须新建文档来保存要编辑的内容。新建文档的方法有以下几种。

6.1.1 新建空白文档

启动Word 2003，进入程序主界面，Word会自动创建一个名称为"文档1"的空白文档。如果要新建空白文档，具体的操作步骤如下。

Step 01 选择【文件】→【新建】菜单命令，打开【新建文档】任务窗格。

Step 02 选择【新建】标题下的【空白文档】选项，Word就会自动创建一个名称为【文档2】的空白文档。

6.1.2 使用现有文件新建文档

使用现有文件新建文档，可以创建一个和原始文档内容完全一致的新文档，具体步骤如下。

Step 01 选择【文件】→【新建】菜单命令，打开【新建文档】任务窗格。

Step 02 单击【新建】标题下的【根据现有文档...】，打开【根据现有文档新建】对话框，在【根据现有文档新建】对话框中定位到所要参照的原始文档所在的文件夹，然后选择新建文档所基于的文档。

Step 03 单击【创建】按钮后，就可以创建一个和原始文档内容完全一致的新文档。

6.1.3 使用本机上的模板新建文档

Word 2003提供了很多不同类型的模板供用户选择。使用本机上的模板新建文档的具体操作步骤如下。

Step 01 选择【文件】→【新建】菜单命令，打开【新建文档】任务窗格。

Step 02 在【模板】标题下有【本机上的模板...】超级链接，单击打开【模板】对话框，可以根据需要单击打开【常用】、【报告】、【备忘录】等9种选项卡选择模板。

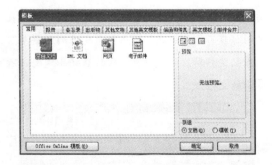

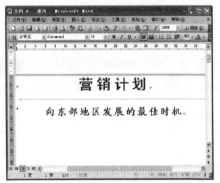

> **提示** 如果不能满足要求，还可以选用【Office Online模板】或【网站上的模板】，在【最近所用模板】列出了最近使用过的模板类型，直接单击就可以根据该模板创建新文档。

Step 03 选择一种具体的模板类型，单击【确定】按钮（或直接双击所需模板的图标），即可以创建此类文档。

6.2 页面设置

页面设置是指对文档页面布局的设置，主要包括纸张大小、页边距等。Word 2003有其默认的页面设置，但默认的设置并不一定适合所有用户。在Word 2003【页面设置】对话框中可以完成页面的设置，该对话框中有4个选项卡：页边距、纸张、版式和文档网格。

6.2.1 设置页边距

页边距有两个作用：一是出于装订和美观的需要，留下一部分空白；二是可以把页眉和页脚放到空白区域中，形成更加美观的文档。设置页边距的具体步骤如下。

Step 01 打开任意一个需要进行页面设置的文档。

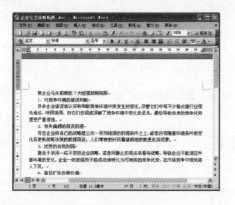

Step 02 选择【文件】→【页面设置】菜单命令，打开【页面设置】对话框。

Step 03 选择【页边距】选项卡，在【页边距】项中设置【上】为2.15厘米、【下】为2.65厘米、【左】为0厘米、【右】为2.1厘米。

Step 04 单击【确定】按钮，弹出提示框。

Step 05 单击【调整】按钮，将自动调整页边距。单击【忽略】按钮，页面将按照设置的数据进行设置。

Step 06 设置【页边距】项中的【左】为"2.1厘米"，并在【方向】项中设置页面的方向为【纵向】。

Step 07 单击【确定】按钮，即可完成页边距的设置。

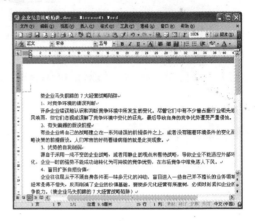

6.2.2 设置纸张大小

文档重新设置页面，会导致排好的版面发生错乱。因此，在使用Word 2003开始工作之前，首先要有一个周全的考虑，先要设置好纸张类型、页面方向和页边距等。设置纸张大小的具体操作步骤如下。

Step 01 打开任意一篇Word文档。

Step 02 选择【文件】→【页面设置】菜单命令，打开【页面设置】对话框。

Step 03 选择【纸张】选项卡，在【纸张大小】下拉列表中选择【自定义大小】选项，然后设置【高度】为19.1厘米，【宽度】为26.6厘米。

Step 04 单击【确定】按钮，即可更改纸张的大小。

6.2.3 设置版式

文档的排版方式还包括是否使用行号、设置页面边框和页面的"垂直对齐方式"等。

（1）使用行号

行号一般显示在左面正文与页边之间，也就是左侧页边距内的空白区域。如果是分栏的文档，则行号显示在各栏的左侧。

Step 01 打开任意一个Word文档。

Step 02 选择【文件】→【页面设置】菜单命令，在打开的【页面设置】对话框中选择【版式】选项卡。

Step 03 单击【行号】按钮，打开【行号】对话框。

Step 04 勾选【添加行号】复选框，设置【起始编号】为【1】，【距正文】为【自动】，【行号间隔】为【1】，设置【编号方式】为【每页重新编号】。

主要参数含义如下。

①【起始编号】是指初始的行号设置为多少。

②【距正文】的含义是行号与正文间的距离。

③【行号间隔】是指行与行之间的行号差值是多少。

④【每页重新编号】是指不论这一页的行号编到了多少，到下一页的时候重新进行编号。

⑤【每节重新编号】是指以每节为单位进行编号。

⑥【连续编号】是指以整个文档为单位，统一进行编号。

Step 05 依次单击【确定】按钮，即可为文本添加行号。

（2）设置页面边框

Word 2003的页面边框有两种形式：一种是用线条制作的页面边框，这与为段落设置边框类似；另一种是艺术页面边框。

下面以设置艺术页面边框为例，具体的操作步骤如下。

Step 01 打开任意一个Word文档，选择【文件】→【页面设置】菜单命令，在打开的【页面设置】对话框中选择【版式】选项卡，然后单击【边框】按钮。

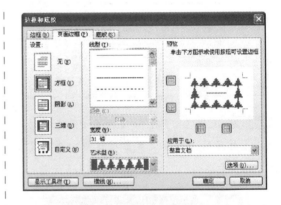

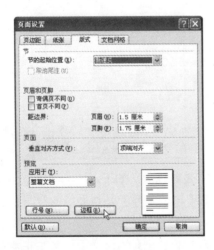

Step 02 打开【边框和底纹】对话框，选择【页面边框】选项卡，设置【应用于】为【整篇文档】，然后在【艺术型】下拉列表中选择添加的艺术效果。

📶 **提示** 选择【格式】→【边框和底纹】菜单命令，也可以打开【边框和底纹】对话框。

Step 03 单击【应用于】下方的【选项】按钮，在打开的【边框和底纹选项】对话框中设置【度量依据】为【文字】。

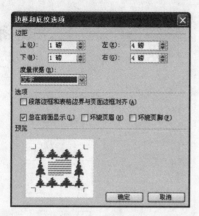

即可为文档添加艺术边框。

Step 04 设置完成，依次单击【确定】按钮，

（3）页面的垂直对齐方式

页面的【垂直对齐方式】有4种：顶端对齐、居中、两端对齐和底端对齐。设置段落的垂直对齐方式可以快速地定位段落的位置。具体的操作步骤如下。

Step 01 打开任意一个Word文档。

Step 02 选择【文件】→【页面设置】菜单命令，在打开的【页面设置】对话中选择【版式】选项卡。

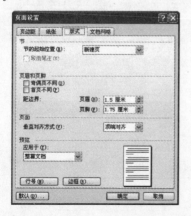

Step 03 在【页面】设置区设置【垂直对齐方式】为【居中】。

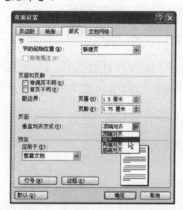

Step 04 单击【确定】按钮，即可设置文本为居中对齐。

（4）页眉页脚的显示方式

在【版式】选项卡的【页眉和页脚】设置区中，勾选【奇偶页不同】复选框，则可分别设置奇数页、偶数页的页眉和页脚；勾选【首页不同】复选框，可以单独设置首页的页眉和页脚。

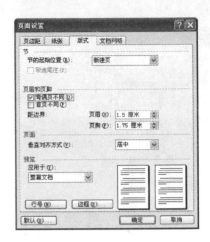

6.3　编辑文本

对文档的编辑主要包括选定文本、删除文本、移动文本和复制文本等。

6.3.1　选定文本

对编辑区的内容进行任何一种编辑操作，都必须先选定文本，被选定的文本呈反显状态。在Word 2003中对文本的选定包括两种方式，分别是使用鼠标选定文本和使用键盘选定文本。

（1）使用鼠标选定文本

Step 01 打开任意一个需要编辑的文档。

Step 02 按鼠标左键从起始位置拖动到终止位置，鼠标拖过的文本即被选中。

Step 03 单击文档的空白区域，即可取消文本的选择。用鼠标在起始位置单击一下，然后按住【Shift】键的同时单击文本的终止位置。此时可以看到起始位置与终止位置之间的文本已被选中。

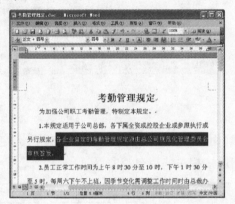

Step 04 取消文本的选择，然后将鼠标移至页面左边的空白区域，鼠标指针变成向右的箭头时单击，即可选定所在的一行。

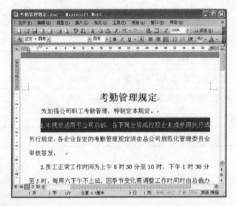

Step 05 取消文本的选择，接下来按住【Ctrl】键的同时，可以选择不连续的文本。

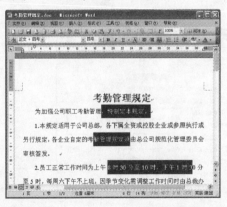

Step 06 取消文本的选择，然后将鼠标移至页面左边的空白区域，当鼠标指针变成向右的箭头时双击，即可选定所在的一段。

提示 在段落内的任意一个位置快速单击三下，就可以选定所在的段落。

Step 07 取消文本的选择，然后将鼠标移至页面左边的空白区域，快速单击三下，即可选定整篇文档。

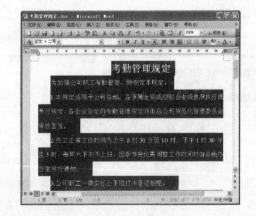

提示 鼠标拖至页面左边的空白区域，按【Ctrl】键的同时单击鼠标，或者按【Ctrl+A】组合键，都可以选定整篇文档。

Step 08 取消文本的选择，接下来按【Alt】键的同时，按下鼠标左键不放向下拖动，即可纵向选定矩形块文本。

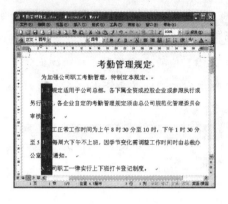

（2）使用键盘选定文本

除了使用鼠标选择文档外，还可以通过键盘利用组合键来选择文本。使用键盘选定文本时，需先将插入点移到将选文本的开始位置，然后按相关的组合键即可。

组合键	功能
Shift+ ←	选择光标左边的一个字符
Shift+ →	选择光标右边的一个字符
Shift+ ↑	选择至光标上一行同一位置之间的所有字符
Shift+ ↓	选择至光标下一行同一位置之间的所有字符
Shift+Home	选择至当前行的开始位置
Shift+End	选择至当前行的结束位置
Ctrl+A Ctrl+5 （数字小键盘上的数字键5）	选择全部文档
Ctrl+Shift+ ↑	选择至当前段落的开始位置
Ctrl+Shift+ ↓	选择至当前段落的结束位置
Ctrl+Shift+Home	选择至文档的开始位置
Ctrl+Shift+End	选择至文档的结束位置

6.3.2 删除文本

当文档中的一些字段不再需要时，就可以将其删除掉。删除文本的方法有以下几种。

①按【BackSpace】键，可删除光标前面的字符。

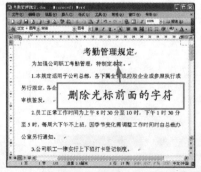

②按【Delete】键，可删除光标后面的字符。

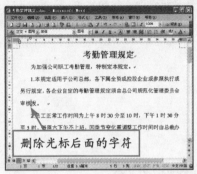

如果要删除文档中的大块文本，方法如下。

①选定文本后，按【Delete】键或选择【编辑】→【清除】→【内容】菜单命令。

②选定文本后，单击【常用】工具栏中的【剪切】按钮 ；或者单击鼠标右键，在弹出的快捷菜单中选择【剪切】菜单命令；还可以按【Ctrl+X】组合键。

6.3.3　移动文本

在编辑文档的过程中，经常需要将整块文本移动到其他位置，用来组织和调整文档的结构。常用的移动文本的方法主要有以下两种。

（1）使用鼠标拖放移动文本

具体操作步骤如下。

Step 01 打开需要移动文本的文档，然后选定要移动的文本。

Step 02 将鼠标指针移到选定的文本上，鼠标指针变成向左的箭头，按住鼠标左键，鼠标指针尾部会出现虚线方框 。

Step 03 拖动鼠标到目标位置，即虚线指向的位置，然后松开鼠标，即可移动文本。

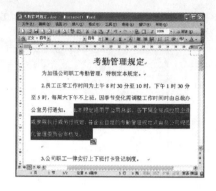

（2）使用剪贴板移动文本

具体操作步骤如下。

Step 01 打开需要移动文本的文档，然后选定要移动的文本。

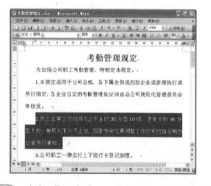

Step 02 选择【编辑】→【Office 剪贴板】菜单项，打开【剪贴板】任务窗格，然后按【Ctrl + X】组合键。

Step 03 选定的文本会被移动到剪贴板上，然后将鼠标指针定位到目标位置。

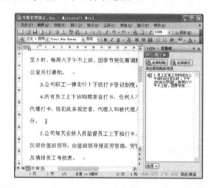

Step 04 单击【剪贴板】任务窗格中的文字，即可将文本插入到文档中。

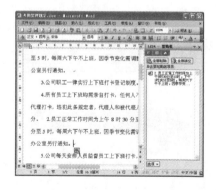

6.3.4 复制文本

在编辑文档的过程中，经常需要进行复制操作，以简化文本的输入。常用的复制文本的方法主要有以下两种。

（1）用鼠标拖放复制文本

具体操作步骤如下。

Step 01 打开复制文本的文档，选定需要复制的文本。

Step 02 将鼠标指针放到选中的文本上，鼠标指针变成向左的箭头，按住【Ctrl】键的同时，按住鼠标左键，鼠标指针尾部会出现虚线方框和一个"+"号。

Step 03 拖动鼠标到目标位置，然后松开鼠标，即可复制选中的文本。

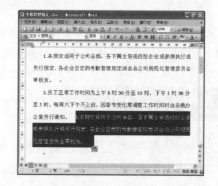

（2）使用剪贴板复制文本

具体操作步骤如下。

Step 01 打开需要复制文本的文档，选定需要复制的文本。

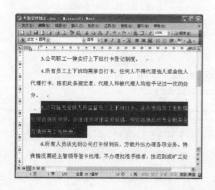

Step 02 选择【编辑】→【Office 剪贴板】菜单命令，打开【剪贴板】任务窗格，然后按【Ctrl＋C】组合键，即可将选定的文本复制到剪贴板上。

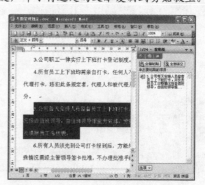

Step 03 将鼠标指针定位到目标位置，然后单击剪贴板上的文本，即可复制文本到目标位置。

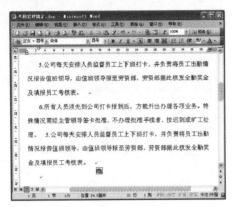

> **提示** 选择【编辑】→【粘贴】菜单命令，单击【常用】工具栏中的【粘贴】按钮，或者按【Ctrl +V】组合键，都可以复制文本。

6.4 视图操作

Word提供有几种不同的文档显示方式，称为"视图"。Word 2003为用户提供有5种视图方式：普通视图、页面视图、Web版式视图、大纲视图和阅读版式视图。

6.4.1 普通视图

在普通视图方式下浏览速度较快，适于文字录入、编辑、格式编排等操作。选择【视图】→【普通】菜单命令，或者在视图切换按钮上单击【普通视图】按钮▤，即可进入到普通视图。

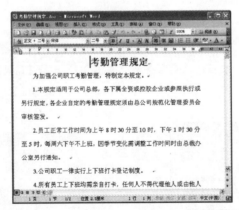

> **提示** 普通视图用于显示基本格式化的效果，而对于比较复杂的格式内容（如大的图片、文本框、分栏符等），就显示不出来了。

6.4.2 页面视图

页面视图是Word默认的视图方式，在此方式下，各种格式化的文本、页眉页脚、图片、分栏排版等格式化操作的结果，都会出现在相应的位置上，且屏幕显示的效果与实际打印效果基本一致，能真正做到"所见即所得"，因而它是排版时的首选视图方式。

选择【视图】→【页面】菜单命令，或者在视图切换按钮上单击【页面视图】按钮，即可进入到页面视图。

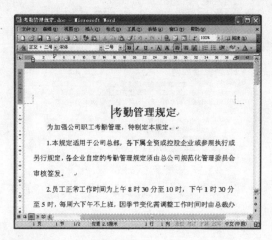

6.4.3 Web版式视图

Web版式视图用于显示文档在Web浏览器中的外观。在此方式下，可以创建能在屏幕上显示的Web页或文档。除此之外，Web版式视图还能显示文档下面文字的背景和图形对象。

选择【视图】→【Web版式】菜单命令，或者在视图切换按钮上单击【Web版式视图】按钮 都可以进入到Web版式视图。

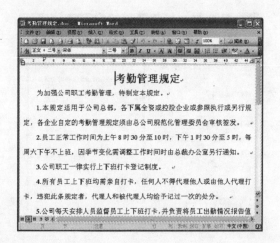

6.4.4 大纲视图

通常在编辑一个较长的文档时，首先需要建立大纲或标题，组织好文档的逻辑结构，然后再在每个标题下插入具体的内容。不过，大纲视图中不显示页边距、页眉和页脚、图片和背景等。

选择【视图】→【大纲】菜单命令，或者在视图切换按钮上单击【大纲视图】按钮，即可进入到大纲视图。

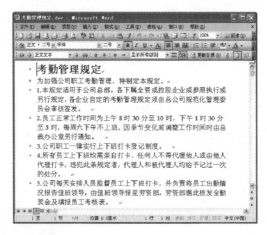

6.4.5 阅读版式视图

在阅读版式视图中，文档中的字号变大了，文档窗口被纵向分为了左右两个小窗口，看起来像是一本打开的书，显示左右两页。这样每一行变得短些，阅读起来比较贴近于自然习惯。不过在"阅读版式"下，所有的排版格式都会被打乱，并且不显示页眉和页脚。

选择【视图】→【阅读版式】菜单命令，或者在视图切换按钮上单击【阅读版式】按钮，即可进入到阅读版式视图。

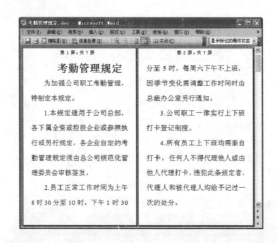

6.5　保存文档

文档建立或修改好后，需要将其保存到磁盘上。目前的存储设备很多，如硬盘、优盘、移动硬盘等。

6.5.1　保存新建的文档

保存新建文档的具体步骤如下。

Step 01 在新建文档中输入文本。

Step 02 选择【文件】→【保存】菜单命令，打开【另存为】对话框，选择文档的【保存位置】，在【文件名】下拉列表文本框中Word会自动以文档开头的第一句话作为文件名，用户也可以自己输入要保存文档的文件名，如将文档命名为【我的文档】，然后在【保存类型】下拉列表中选择【Word文档（*.doc）】。

Step 03 单击【保存】按钮，即可完成保存文档的操作。此时用户可以看到，文档的标题名已经由【文档2.doc】变为【我的文档.doc】了。

6.5.2　保存修改的旧文档

第一次保存文档后文档就有了名称。如果对这个文档进行了修改，再保存时就不会打开【另存为】对话框，而只是在当前文档状态下覆盖原有的文档，从而实现文档的更新。具体操作步骤如下。

Step 01 打开保存的"我的文档.doc"。

Step 02 根据需要对文档进行修改，然后单击

【常用】工具栏中的【保存】按钮 🔲，即可实现文档的更新。

6.5.3 另存为文档

Word 2003允许将打开的文件保存到其他位置，而原来位置的文件则不受影响。具体操作步骤如下。

Step 01 打开任意一个已经保存过的文档。

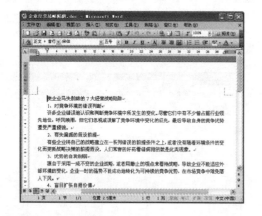

Step 02 选择【文件】→【另存为】菜单命令，打开【另存为】对话框。

Step 03 重新设定【保存位置】及【文件名】，然后单击【保存】按钮，即可保存文档到其他位置。

6.6 打印文档

输入完毕，通常需要将输入的内容打印出来。在Word中如果打印文档内容，还会将文档的相关联文件（如文档属性、批注、隐藏文字等）一起打印出来。

6.6.1　预览文档

在打印文档前，用户需要对打印的内容进行预览，对文档进行整体观察，以免打印后出现错误。具体的操作步骤如下。

Step 01　打开需要打印的Word文档。

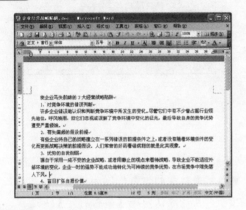

Step 02　选择【文件】→【打印预览】菜单命令，进入预览状态。

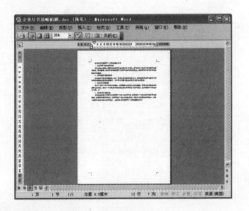

Step 03　单击【多页】按钮，在弹出的列表中可以选择显示的样式。

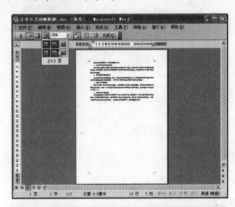

Step 04　单击 关闭 按钮，即可关闭预览状态。

6.6.2　打印文档

对文档进行了页面设置，并对打印预览效果感到满意，就可以打印了。可以单击工具栏中的【打印】按钮，从文件首页开始打印。若要进行比较复杂的打印设置，则必须使用菜单命令来完成。

（1）选择打印机

打印文件时，如果用户的计算机中连接了多个打印机，则需要在打印文档之前选择打印机。具体操作步骤如下。

Step 01 打开任意一个需要打印的文件，选择【文件】→【打印】菜单命令，打开【打印】对话框。

Step 02 在【打印机】下的【名称】下拉列表中选择相关的打印机即可。

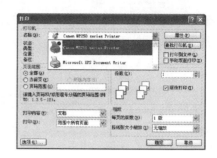

（2）设置打印文档的份数

具体操作步骤如下。

Step 01 打开任意一个需要打印的文档，选择【文件】→【打印】菜单命令，打开【打印】对话框。

中输入需要打印的份数，例如设置打印的份数为"20"，系统默认勾选【逐份打印】复选框，然后单击【确定】按钮，即可打印出所需要的文档份数。

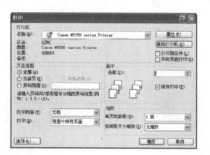

Step 02 在【副本】设置区的【份数】微调框

（3）缩放打印

具体操作步骤如下。

Step 01 打开任意一个需要打印的文档，选择【文件】→【打印】菜单命令，打开【打印】对话框。

Step 02 在【缩放】设置区中的【按纸张大小缩放】下拉列表中设置缩放用纸的类型。

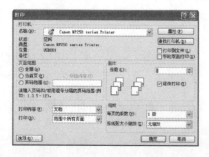

Step 03 设置完成单击【确定】按钮，即可开始打印文档。

6.7　职场技能训练

本实例介绍如何使用Word的模板来创建日历文件。使用向导新建文档的具体操作步骤如下。

Step 01 启动Word 2003，进入程序主界面后，选择【文件】→【新建】菜单命令，显示【新建文档】任务窗格。

Step 02 单击任务窗格【模板】区的【本机上的模板…】选项，打开【模板】对话框，选择【其他文档】选项卡，并选中【日历向导】模板。

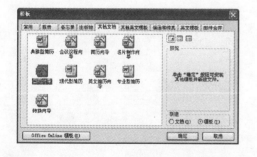

Step 03 单击【确定】按钮，打开【日历向导】对话框，提示用户该向导将帮助用户创建美观大方的日历。

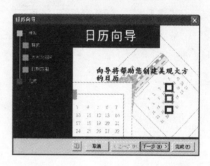

Step 04 单击【下一步】按钮，打开【样式】对话框，在其中选择日历的样式，这里点选【标准】单选钮。

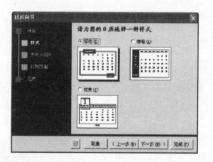

Step 05 单击【下一步】按钮，打开【方向及图片】对话框，在其中指定日历的打印方向，这里点选【横向】单选钮。

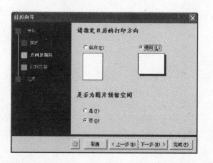

Step 06 单击【下一步】按钮，打开【日期范围】对话框，在其中设置起始和终止年月。

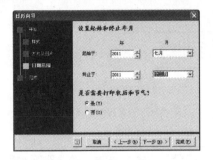

Step 07 单击【下一步】按钮，打开【完成】对话框，提示用户以上向导是创建日历所需的全部信息。

Step 08 单击【完成】按钮，以向导方式创建的文档就完成了，如下图所示就是以向导方式创建的日历。

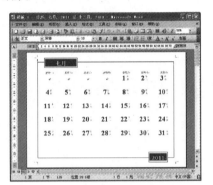

第 **7** 天　星期二

让文档脱颖而出——排版和美化文档

（视频 **88** 分钟）

今日探讨

今日主要探讨如何让自己的文档脱颖而出，即排版美化文档，包括设置字符格式、设置段落格式、插入页眉与页脚、插入页面、添加图片及艺术字以及插入、创建和编辑表格等内容。

今日目标

通过第7天的学习，读者能根据自我需求独自完成对Word文档的美化操作。

快速要点导读

- 掌握设置字符和段落格式的方法
- 掌握插入页眉与页脚的方法
- 掌握插入页码的方法
- 掌握添加图片、艺术字等美化元素的方法
- 掌握插入、创建和编辑表格的方法

学习时间与学习进度

420分钟　　　21%

7.1 设置字符格式

对于一篇好的文档来说，不同的内容应该使用不同的字体格式，只有这样，才能使文档的层次清晰分明，重点和要点突出。字符格式化是指对文档中的字符进行字体、字形、字号、颜色、效果等方面的设置，还可以设置字符间距、文字的动态效果等。

7.1.1 使用【字体】对话框格式化

在【字体】对话框中可以设置字符的格式，具体的操作步骤如下。

Step 01 打开任意一篇Word文档，选中需要设置的文本。

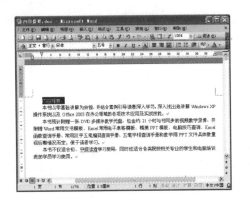

Step 02 选择【格式】→【字体】菜单命令，在打开的【字体】对话框中选择【字体】选项卡。

【字体】选项卡中主要参数的含义如下。

① 【中文字体】列表，可为选定的文本设置中文字体，如"宋体"、"楷体"、"黑体"等。

② 【西文字体】列表，可为选定的文本设置西文字体，如"Times New Roman"、"Arial"等。

③ 【字形】列表，可为选定的文本设置字形，如"倾斜"、"加粗"等。

④ 【字号】列表，可为选定的文本设置字符大小。如【字号】列表中的字符大小不能满足需要，还可在其文本框中以"磅"为单位输入需要的数字，自定义大小。

⑤ 【字体颜色】列表，可设置字符的颜色。

⑥ 【下划线线型】列表，可为选定的字符设置下划线，如"波浪线"、"单实线"等。

⑦ 【下划线颜色】列表，设置下划线后，可设置下划线的颜色。

⑧ 【着重号】列表，可为选定的字符设置着重符号。

⑨ 【效果】选项组中，勾选某个复选框，可为选定的文本设置文字效果，如"空心"、"阴影"、"上标"、"下标"等。

Step 03 设置【中文字体】为【华文行楷】，【西文字体】为【Times New Roman】，【字形】为【加粗】，【字号】为【四号】，并设置【字体颜色】和【下划线线型】，然后勾选【效果】选项组中的【阴影】复选框。

提示　在进行字符格式化的设置时，设置的效果将显示在对话框的【预览】区域中。

Step 04 单击【确定】按钮，即可更改文字的设置。

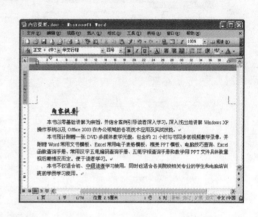

7.1.2　使用【格式】工具栏格式化

在编辑文本时，除了可以使用【字体】对话框设置字符格式外，还可以通过【格式】工具栏对字符格式进行设置。具体的操作步骤如下。

Step 01 打开任意一篇Word文档，选中需要设置的文本。

Step 02 单击【格式】工具栏中的【字体】下拉按钮，在弹出的下拉列表框中选择【华文隶书】选项。

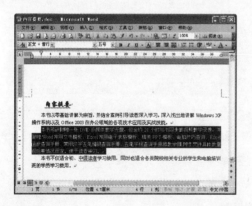

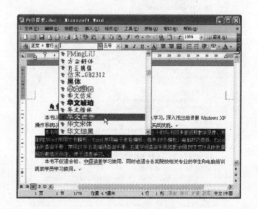

Step 03 单击【字号】下拉按钮，在弹出的下拉列表中选择【四号】。

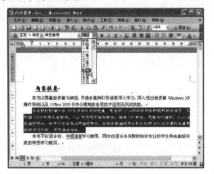

提示 字号大小有两种表达方式，分别用"号"和"磅"为单位。以"号"为单位的字号中，初号字最大，八号字最小；以"磅"为单位的字体中，72磅最大，5磅最小。当然还可以输入比初号字和72磅字更大的特大字。根据页面的大小，文字的磅值最大可以达到1638磅。

Step 04 单击【加粗】按钮B和【倾斜】按钮I，然后再单击【下划线】按钮U·右侧的下三角箭头，在弹出的列表中设置下划线的线型。

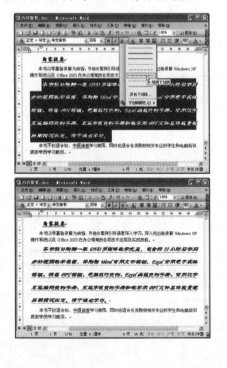

Step 05 单击加框的【字符边框】按钮A，可设置字符边框。

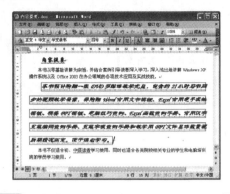

Step 06 单击带阴影的【字符底纹】按钮A，可设置字符底纹。

Step 07 单击带红色下划线的【字体颜色】按钮A·，可设置字体颜色。

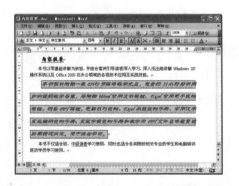

提示 如果用户想使某一部分文本更加醒目，还可以单击【字符边框】按钮 和【字符底纹】按钮，为文本添加字符边框和底纹。

7.2 设置段落格式

段落是Word的重要组成部分，设置不同的段落格式，可以使文档布局合理、层次分明。段落格式主要是指段落中行距的大小、段落的缩进、换行和分页、对齐方式等。那么，对段落格式的设置主要包括对段落的缩进方式、对齐方式、行距以及段落之间的间距等进行设置。

7.2.1 设置段落的对齐方式

段落的对齐方式主要包括左对齐、居中对齐、右对齐、两端对齐、分散对齐五种。用户可以根据需要单击【格式】工具栏中的按钮，设置文本的对齐方式。具体的操作步骤如下。

Step 01 新建一个空白文档。

Step 02 在光标闪烁的位置处输入相应的文本信息，如这里输入"下雨天留客天"，该对齐方式为左对齐。

Step 03 单击【工具栏】中的【居中】按钮，则该段文字以居中对齐方式显示。

Step 04 单击【工具栏】中的【右对齐】按钮，则该段文字以右对齐方式显示。

Step 05 单击【工具栏】中的【分散对齐】按钮，则该段文字以分散对齐方式显示。

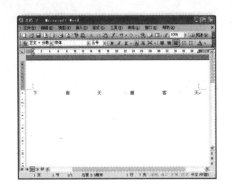

钮 ，将文字两端同时对齐，并根据需要增加字间距。

Step 06 单击【工具栏】中的【两端对齐】按

7.2.2　设置段落缩进

缩进是指段落到左右页边距的距离。根据中文的书写形式，通常情况下，正文中的每个段落都会首行缩进2个字符。

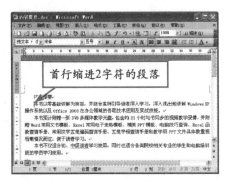

选择【格式】→【段落】菜单命令，打开【段落】对话框，选择【缩进和间距】选项卡，在【缩进】选项组中可以设置缩进量。

【段落】对话框中的【缩进和间距】选项卡的主要参数含义如下。

（1）对齐方式

段落的水平对齐方式一般包括左对齐、居中、右对齐、两端对齐和分散对齐。

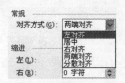

①左对齐：表示文字从页面左边开始进行排列。

②居中：表示文字位于页面的水平中间位置。

③右对齐：表示文字以页面的右边为基准进行排列。

④分散对齐：表示文字以整个页面的宽度为基准进行排列，如果文字少，则会自动放大文字间的距离。

⑤两端对齐：与左对齐的功能基本相同但稍有区别：如果一个段落只占一行，则二者的效果一样；如果一个段落占多行，则效果不同。因为最后输入了英文单词而被迫换行，第一行的文字不足以占满整个页宽，此时，如果使用两端对齐，文字的距离将被拉开来自动填满页面，如果使用左对齐则文字会仍然按照不满页宽的方式进行排列。

（2）缩进

可以将选定的段落左、右边距缩进一定的量。

（3）特殊格式

特殊格式中有无、首行缩进和悬挂缩进三种形式。

①无：无缩进形式。

②首行缩进：段落中的第一行缩进一定值，其余行不缩进。

③悬挂缩进：是指段落中除了第一行之外，其余所有行缩进一定值。

（4）间距

段间距分两种，即段前间距和段后间距。段前间距是指本段与上一段之间的距离，段后间距是指本段与下一段之间的距离。如果相邻的两个段落段前与段后间距不同，以数值大的为准，通常以"行"或"磅"为单位。

（5）行距

行距指行与行之间的距离。行距有以下几种类型。

①单倍行距：将行距设置为该行最大字体的高度加上一小段额外间距，额外间距的大小取决于所用的字体，在默认情况下，5号字的行距为15.6磅。

②2倍行距：为单倍行距的2倍。

③1.5倍行距：为单倍行距的1.5倍。

④最小值：最小行距应该与所在行的最大字体或图形相适应。

⑤固定值：固定的行间距，Word不进行调节指定的间距数值。

⑥多倍行距：行距按指定百分比增大或减小。例如，设置行距为1.2，将会在单倍行距的基础上增加20%；设置行距为3，则会在单倍行距的基础上增加3倍的行距。

7.2.3　设置行间距和段间距

行间距是指行与行之间的距离，段间距是指文档中段落与段落之间的距离。

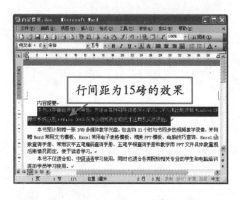

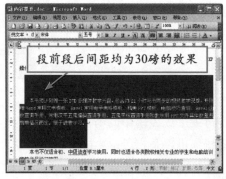

（1）设置行间距

单击【格式】工具栏中的【行距】按钮，在其下拉列表中选择【2.0】，即可将本段行距更改为2.0倍行距。

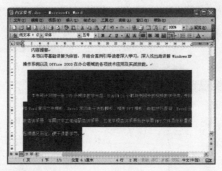

同时，还可以在【段落】对话框中选择【缩进和间距】选项卡，在【间距】项中的【行距】下拉列表中选择相应的行距大小。

（2）设置段间距

选择【段落】对话框中的【缩进和间距】选项卡，在【间距】项中的【段前】、【段后】微调框中输入相应的数字，如输入【0.5】，即可更改段前、段后的间距。

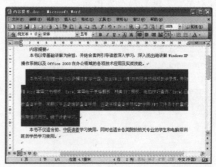

7.3　插入页眉和页脚

页眉和页脚是指那些出现在文档顶端和底端的小标识符，它们提供了关于文档的重要背景信息。页眉和页脚可以包括页码、标题、作者姓名、章节编号以及日期等。在文档中插入页眉和页脚的具体操作步骤如下。

Step 01 打开一个需要插入页眉与页脚的文档。

Step 02 选择【文件】→【页面设置】菜单命令，在打开的【页面设置】对话框中选择【版式】选项卡。

Step 03 在【页眉和页脚】选项组中勾选【奇偶页不同】和【首页不同】两个复选框。

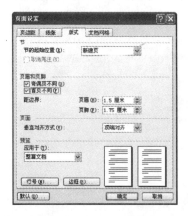

提示 勾选【首页不同】复选框，可以单独设置首页页眉和页脚的样式。勾选【奇偶页不同】复选框，可以单独设置奇数页和偶数页的页眉和页脚。

Step 04 单击【确定】按钮，即可设置页眉和页脚的显示方式。然后选择【视图】→【页眉和页脚】菜单命令，弹出【页眉和页脚】工具栏，此时文档中会出现页眉和页脚的编辑区。

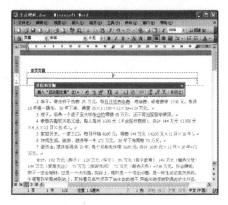

Step 05 将光标定位到首页的页眉编辑区，然后在【插入"自动图文集"】下拉列表中选择【文件名】选项，则文件的名称将自动添加到页眉编辑区之中。

Step 06 单击右侧的滚动条，将页面定位到偶数页，在其中的页眉编辑区输入文本，并设置文本为两端对齐。

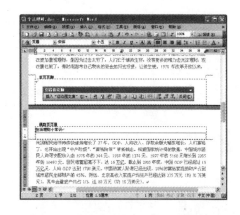

Step 07　在偶数页的页脚编辑区，在【插入"自动图文集"】下拉列表中选择【第X页 共Y页】选项。

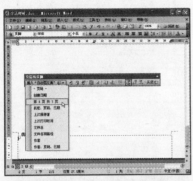

Step 08　在奇数页的页眉编辑区输入文本，并设置文本为右对齐。

Step 09　在奇数页的页脚编辑区，在【插入"自动图文集"】下拉列表中选择【第X页 共Y页】选项，并设置其对齐方式为右对齐。

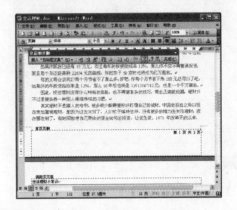

Step 10　单击【页眉和页脚】工具栏中的【关闭】按钮（或双击文档区域），文档则返回原来的视图模式。

Step 11　双击页眉或页脚区域，再次进入页眉和页脚编辑状态，可以继续修改页眉和页脚。

7.4　插入页码

如果文档的页数较多，为了便于阅读和查找，就需要给文档设置页码。具体的操作步骤如下。

Step 01 打开一个需要插入页码的文件。

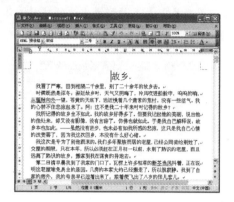

Step 02 选择【插入】→【页码】菜单命令，打开【页码】对话框。

Step 03 设置【对齐方式】为【居中】，取消对【首页显示页码】复选框的勾选，然后单击【格式】按钮。

📶 **提示** 如果勾选【首页显示页码】复选框，则文档的第1页也会显示页码，否则第1页不显示页码。

Step 04 打开【页码格式】对话框，在【数字格式】下拉列表中选择【－1－,－2－,－】样式，在【页码编排】选项组中点选【起始页码】单选钮，并设置其值为"1"。

📶 **提示** 可以根据需要勾选或取消对【包含章节号】复选框的勾选。在【页码编排】选项组中可以选择页码的起始数字。如果点选【续前节】单选钮，表示页码与上一节相接续；如果点选【起始页码】单选钮并在后面的微调框中进行设置，则可设置起始页码。

Step 05 依次单击【确定】按钮，即可为文档插入页码。

插入的页码

📶 **提示** 可以在【页码】对话框的【对齐方式】下拉列表中选择页码的对齐方式，有【左侧】、【居中】、【右侧】、【内侧】和【外侧】5种，其中【内侧】和【外侧】用于双面打印。【内侧】是指把奇数页码放到右侧、偶数页码放到左侧，而【外侧】则是指把奇数页码放到左侧、偶数页码放到右侧。

7.5　添加图片、艺术字等元素

一篇好的文档应该内容丰富多彩，不能只有文字和表格，图文并茂的文档更能引人入胜。和以前的版本比较，Word 2003的图形处理功能更加强大，图表生成更加方便，绘图工具更加丰富。

7.5.1　插入图片和剪贴画

在Word中插入图片不仅可以增加文档的可读性，而且能够使设计的文件更加美观。在Word文档中插入的图片主要包括剪贴画和电脑中的图片。

（1）插入图片

如果需要将其他文件中的图片插入文档中，具体的操作步骤如下。

Step 01 将光标移到需要插入图像的位置。

Step 03 在下面的列表框中双击要插入的图片，选取的图片便可插入到插入点位置。

Step 02 选择【插入】→【图片】→【来自文件】菜单命令，在打开的【插入图片】对话框中的【查找范围】下拉列表中搜索图片的位置。

（2）插入剪贴画

从剪辑库中插入剪贴画的具体步骤如下。

Step 01 将光标放在需要插入剪贴画的位置。

Step 02 选择【插入】→【图片】→【剪贴画】菜单命令，打开【剪贴画】任务窗格。

Step 03 在【搜索文字】文本框中输入图片的关键字，然后单击【搜索】按钮。

Step 04 在列表框中单击选定需要插入的剪贴画，即可将剪贴画插入文档中。

7.5.2 插入艺术字

艺术字可以有各种颜色和各种字体，可以带阴影，可以倾斜、旋转和延伸，还可以变成特殊的形状。在文档中插入艺术字的具体操作步骤如下。

Step 01 新建一个空白文档。

Step 02 选择【视图】→【工具栏】→【绘图】菜单命令，打开【绘图】工具栏，接着将光标定位到需要插入艺术字的位置。

Step 03 选择【插入】→【图片】→【艺术字】菜单命令，或单击【绘图】工具栏中的【艺术字】按钮，打开【艺术字库】对话框。

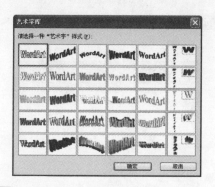

Step 04 在【艺术字库】对话框中选择要使用的艺术字样式，然后单击【确定】按钮，打开【编辑"艺术字"文字】对话框。

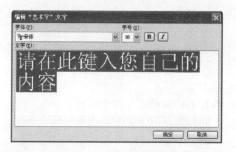

Step 05 在【文字】文本框中输入"走进舟山"，然后在【字体】下拉列表中选择字体为"隶书"，在【字号】下拉列表中选择字号为"44"，单击【加粗】按钮 **B**，使输入的文字加粗显示。

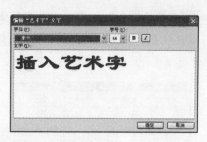

Step 06 单击【确定】按钮，即可在文档中插入设置的艺术字。

> **提示** 通过单击【艺术字】工具栏中的按钮，可以对艺术字进行移动、复制、删除、叠放次序、旋转和翻转，以及对齐和排列等各种操作。

7.5.3　插入特殊符号

在Word 2003中，使用键盘只能输入文字、数字、字母和一些简单的符号等。有些特殊的符号使用键盘是无法输入的，例如"々"、"｜"和"√"等，此时需要使用插入特殊符号功能。具体的操作步骤如下。

Step 01 将光标移至需要插入特殊符号的位置。

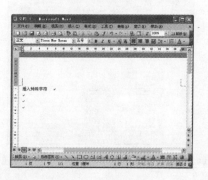

Step 02 选择【插入】→【特殊符号】菜单命令，在打开的【插入特殊符号】对话框中选择【特殊符号】选项卡，然后选择需要的特殊符号。

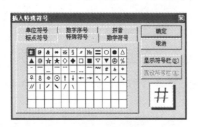

Step 03 单击【确定】按钮，即可完成特殊符号的插入。

7.5.4 插入自选图形

通过【绘图】工具栏中的图形，可以在文档中绘制基本图形，如直线、箭头、方框和椭圆等。具体的操作步骤如下。

Step 01 新建一个文档，移动鼠标指针到要绘制图形的位置，然后选择【视图】→【工具栏】→【绘图】菜单命令，打开【绘图】工具栏。

Step 02 单击【绘图】工具栏中的【自选图形】按钮，在弹出的列表中可以选择图形，这里选择【基本形状】下的"笑脸"图形。

Step 03 选择图形后，编辑窗口中会自动创建画布，此时鼠标指针变为十字形状。

> **提示** 如果用户不想让Word自动创建画布，则可选择【工具】→【选项】菜单命令，在打开的【选项】对话框中选择【常规】选项卡，然后取消对【插入"自选图形"时自动创建绘图画布】复选框的勾选，接着关闭【选项】对话框，当再次绘制图形时，就不会自动创建绘图画布。

Step 04 在"在此处创建图形。"的画布中按下鼠标左键不放，拖曳鼠标到一定的位置后放开，在绘图画布上就会显示绘制的笑脸。

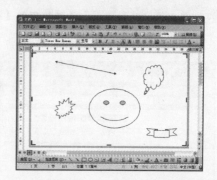

注意 绘制图形应在页面视图或者 Web 视图下进行，在普通视图或大纲视图下，绘制的图形不可见。

Step 05 同样，也可以在绘图画布上绘制其他图形。

7.6 插入、创建和编辑表格

表格是由一行或多行单元格组成，用于显示数字和其他数据。在日常生活和工作中，表格的使用非常广泛，如学生表、工资表、成绩表等。表格具有条理清楚、说明性强、直观等优点。使用表格，用户可以更好地对数据进行分门别类的展示。

7.6.1 插入和绘制表格

表格是一种简明、概要的表达方式。其结构严谨，效果直观，往往一张表格可以代替许多说明文字。因此，在文档编辑的过程中，常常要用到表格。

（1）手动创建表格

Word 2003提供了强大的绘制表格功能，可以像用铅笔一样随意地绘制复杂的或不是固定格式的表格。具体的操作步骤如下。

Step 01 新建一个空白文档，选择【表格】→【绘制表格】菜单命令，弹出【表格和边框】工具栏。

Step 02 单击【表格和边框】工具栏中的【绘制表格】按钮，鼠标指针变为笔形。

Step 03 移动笔形鼠标指针到文本区域，然后按鼠标左键拖曳到适当的位置释放，绘制一个矩形，即为表格的外围边框。

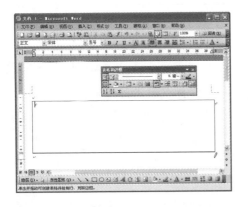

Step 04 移动笔形鼠标指针到需要绘制表格的行的位置，按下鼠标左键，然后横向拖曳鼠标，即可绘制表格的行。

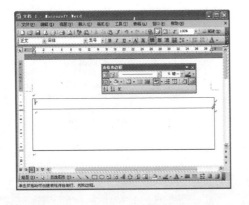

Step 05 重复Step 04，完成表格的行的绘制。

Step 06 同样，移动笔形鼠标指针到需要绘制表格的列的地方，按下鼠标左键，然后纵向拖曳鼠标，即可绘制表格的列。

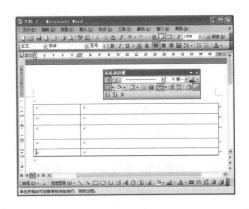

Step 07 如果在绘制的过程中绘制了不必要的框线，例如多绘制了一列，则可单击【表格和边框】工具栏中的【擦除】按钮，此时鼠标指针变为橡皮的形状。

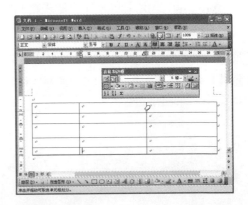

Step 08　将橡皮形状的鼠标指针移动到要擦除的框线的一端，然后按鼠标左键，拖曳鼠标到框线的另一端再释放，即可删除该条框线。

（2）自动创建表格

在Word 2003中除了可以手动绘制表格外，还可以自动创建表格。自动创建表格的方法有两种：一种是使用菜单创建表格，一种是使用工具栏创建表格。

1）使用菜单创建表格

具体的操作步骤如下。

Step 01　新建一个空白文档，移动鼠标到确定插入表格的位置，然后选择【表格】→【插入】→【表格】菜单命令，打开【插入表格】对话框。

Step 02　用户可以在【表格尺寸】选项组中设置表格的【列数】和【行数】，这里设置【列数】为【2】、【行数】为【5】。

提示　对话框中的【"自动调整"操作】选项组用于设置表格每列的宽度，包括【固定列宽】、【根据内容调整表格】和【根据窗口调整表格】3个单选钮。其中，【固定列宽】的默认值为【自动】是指以文本区的总宽度除以列数作为每列的宽度。

Step 03　单击【确定】按钮，即可在文本中插入表格。

2）使用工具栏创建表格

具体的操作步骤如下。

Step 01 新建一个空白文档，然后单击【常用】工具栏中的【插入表格】按钮，弹出一个网格显示框，其中每个网格代表一个单元格。

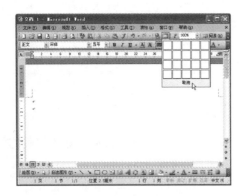

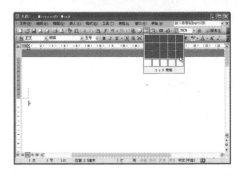

Step 02 将鼠标指针指向网格，向右下方移动，鼠标指针所掠过的单元格就会被全部选中，并以高亮显示，同时在网格底部的提示栏中会显示被选定的表格的行数和列数。

Step 03 达到预定所需的行数和列数后单击，Word 2003就会在文档中插入一个表格，如选择3×5表格，它的行数和列数与用户在示意网格中所选择的行数和列数相同。

7.6.2 编辑表格

对表格的编辑主要包括对表格本身的编辑和对表格内容的编辑。表格的编辑包括行列的插入、删除、合并、拆分、高度/宽度的调整等。经过编辑的表格会更符合实际的需要，也会更加美观。

（1）选定表格

在对表格进行编辑时，首先要选定表格，被选定的部分呈反显状态。

单元格的选定：将鼠标移到单元格内部的左侧，鼠标指针变成向右的黑色箭头，单击可以选定一个单元格，按住鼠标左键拖曳可以选定多个单元格。

行的选定：鼠标移到页面的左边，鼠标指针变成向右的箭头 ⟋，单击可以选定一行，按住鼠标左键继续向上或向下拖曳，则可选定多行。

列的选定：将鼠标移至表格的顶端，鼠标指针变成向下的黑色箭头 ↓，在某列上单击可以选定一列，按住鼠标向左或向右拖曳，则可选定多列。

整表选定：当鼠标指针移向表格内时，在表格外的左上角会出现一个全选按钮 ⊞，单击即可选中整个表格。

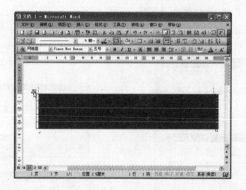

提示 在数字小键盘区被锁定的情况下，按【Alt+5（数字小键盘上的5键）】组合键，也可以选中整个表格。

（2）插入单元格、行、列

制作完一个表格后，经常会根据需要增加一些内容，这就需要在表格中插入整行、整列或单元格等。

1）插入单元格

在Word 2003中，可以很方便地向已建立的表格中插入单元格。具体的操作步骤如下。

Step 01 新建一个空白文档，在文档中插入表格。然后在要插入新单元格的位置选定一个或多个单元格（与要插入的单元格的数目一致），要包括单元格结束符。

选【活动单元格右移】单选钮。

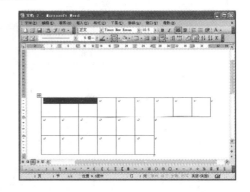

Step 02 选择【表格】→【插入】→【单元格】菜单命令，在打开的【插入单元格】对话框中点

Step 03 单击【确定】按钮，即可插入单元格。

2）插入行或列

如果创建的表格的行数或列数不够，则可插入新行或新列。具体的操作步骤如下。

Step 01 在要插入新行的位置选定一行或多行，所选的行数要与插入的行数一致。

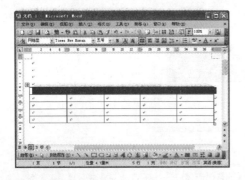

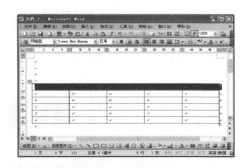

Step 02 选择【表格】→【插入】→【行（在上方）】菜单命令，即可在选择行的上方添加新行。

> 📶 **提示** 如果想在表尾添加一行，也可以将插入点移到表格最后一行的最后一个单元格中，然后按【Tab】键，就可以在表格底部插入一行。

Step 03 在要插入新列的位置选定一列或多列，所选的列数要与插入的列数一致。

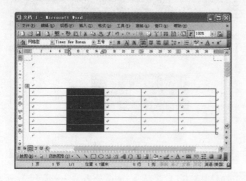

Step 04 选择【表格】→【插入】→【列（在左侧）】菜单命令，即可在选择列的左侧添加新列。

（3）删除单元格、行、列

在对表格操作的过程中，和"插入"操作相对应，不仅可以删除表格中的一个单元格，而且可以删除表格中的整行或整列。

1）删除单元格

具体的操作步骤如下。

Step 01 选定要删除的一个或多个单元格。

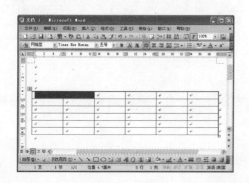

Step 02 选择【表格】→【删除】→【单元格】菜单命令，在打开的【删除单元格】对话框中点选【右侧单元格左移】单选钮。

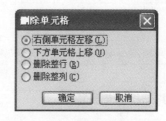

Step 03 单击【确定】按钮，即可删除选中的单元格。

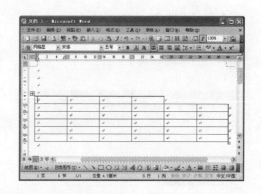

2）删除行或列

具体的操作步骤如下。

Step 01 选中要删除的一行或多行。

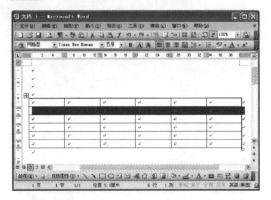

Step 03 选中要删除的一列或多列。

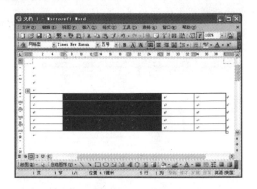

Step 02 选择【表格】→【删除】→【行】菜单命令，即可删除选中的行。

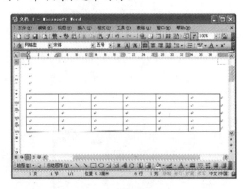

Step 04 选择【表格】→【删除】→【列】菜单命令，即可删除选中的列。

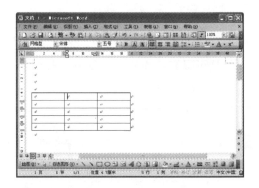

（4）合并与拆分单元格

在对表格进行编辑时，有时需要把多个单元格合并成一个，有时需要把一个单元格拆分成多个单元格，从而适应文件的需要。

1）合并单元格

具体的操作步骤如下。

Step 01 选中要合并的单元格。

Step 02 选择【表格】→【合并单元格】菜单命令，即可合并选择的单元格。

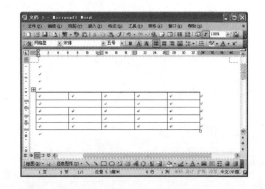

Step 03 再次选择需要合并的单元格，然后在选中的单元格上右击，在弹出的快捷菜单中选择【合并单元格】菜单命令，也可以合并选择的单元格。

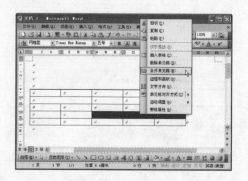

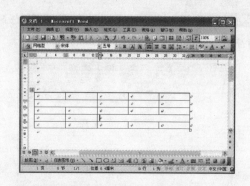

提示 单击【表格和边框】工具栏中的【合并单元格】按钮，也可以合并选中的单元格。

2）拆分单元格

具体的操作步骤如下。

Step 01 选中要拆分的一个或多个单元格。

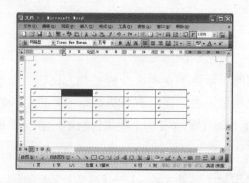

提示 如果勾选【拆分前合并单元格】复选框，整个选定的区域就会被分成输入的【列数】和【行数】，否则所选中的每个单元格被分成输入的【列数】和【行数】。

Step 02 选择【表格】→【拆分单元格】菜单命令，在弹出的【拆分单元格】对话框中，设置【列数】为"4"、【行数】为"2"。

拆分单元格

| 列数(C): | 4 |
| 行数(R): | 2 |

☑ 拆分前合并单元格(M)

确定　　取消

Step 03 单击【确定】按钮，即可根据设置拆分单元格。

3）表格的拆分和合并

具体的操作步骤如下。

Step 01 将插入点移到要作为新表格第1行的行中。

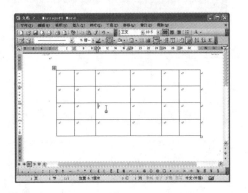

Step 02 选择【表格】→【拆分表格】菜单命令，即可将表格一分为二，其间插入了空行。

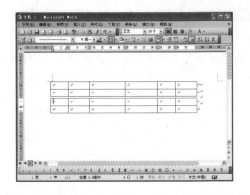

> **提示** 要在表格之前插入空行，只要把插入点放在第1行的单元格中，然后选择【表格】→【拆分表格】菜单命令后，就可以在表格前插入一个空行。表格的合并是表格拆分的逆操作，只要把两个表格间的段落标记删除，就可以合并表格。

7.6.3 插入图表

图表是以图形的方式来显示数字，以使数据的表示更加直观，分析更为方便。由于显示数字的图形是以数据表格为基础生成的，所以叫做图表。在已有表格数据的基础上，在Word 2003中能够很方便地导入图表，使用图表能更加直观地表示一些统计数字。在文档中插入图表的具体步骤如下。

Step 01 打开一个"工资表.doc"文件，在文档中选中需要用图表示的数据表格。

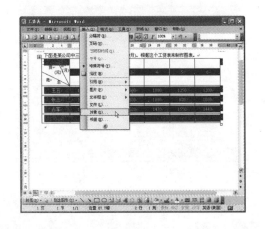

Step 02 选择【插入】→【对象】菜单命令，打开【对象】对话框。

Step 03 在【新建】选项卡的【对象类型】列表框中选择【Microsoft Graph图表】选项。

Step 04 单击【确定】按钮，即可在选定表格的下方导入图表，并在屏幕上显示一个数据表。

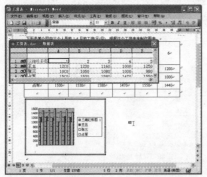

> **提示** 选择【插入】→【图片】→【图表】菜单命令，也可以直接在文档中插入图表，同时显示一个数据表。

Step 05 单击数据表中的第1个表格，将其中的"三维柱形图1"修改为"月份（1-6）"。

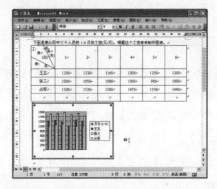

Step 06 单击数据表右侧的【关闭】按钮，即可更新图表中的内容。

Step 07 在文档的任意一个空白处单击，即可在文档中创建一个图表。

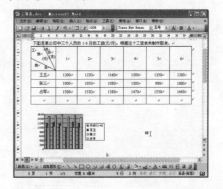

7.7 职场技能训练

　　本实例介绍如何制作工资报表。工资报表是单位合法工资的依据，也是单位财务部门需要重点保存的档案之一。一般的工资报表包括职务、姓名以及工资等内容。具体的操作步骤如下。

Step 01 新建一个空白文档，选择【文件】→【页面设置】菜单命令，打开【页面设置】对话框。

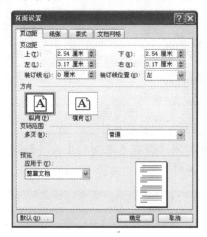

Step 02 选择【页边距】选项卡，在【方向】选项组中选择【横向】图标；在【页边距】选项组中分别设置【上】为【2厘米】、【下】为【2厘米】，【左】为【3厘米】，【右】为【3厘米】。单击【确定】按钮，即可完成页面的设置。

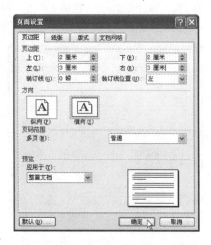

Step 03 在文档的第1行输入"×××有限公司"，在第2行输入"工资报表"。选中第1行文本，在【格式】工具栏中的【字体】下拉列表中选择"黑体"，在【字号】下拉列表中选择"小初"，然后单击【加粗】按钮и和【居中】按钮，完成对该行字体的设置。

Step 04 使用同样的方法，设置第2行的文本。

Step 05 移动光标到要插入表格的位置，然后选择【表格】→【插入】→【表格】菜单命令，打开【插入表格】对话框。

Step 06 在【表格尺寸】选项组中设置【列数】为"12"，【行数】为"12"。

Step 07　单击【确定】按钮，即可按照设置在文档中插入表格。

Step 08　选中第1列的第1行和第2行单元格，右击，然后在弹出的快捷菜单中选择【合并单元格】菜单命令，即可将这两个单元格合并为一个单元格。

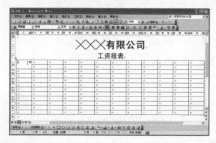

Step 09　使用同样的方法，分别合并第2列的第1行和第2行单元格，第3列的第1行和第2行单元格，第1行的第4列到第6列单元格，第1行的第7列到第10列单元格，第11列的第1行和第2行单元格，以及第12列的第1行和第2行单元格。

Step 10　在第1行表格中分别输入：序号，发款日期，姓名，应发的部分（包括基本工资、奖金以及全勤奖），应扣的部分（包括房屋补贴、三险、扣款以及个人所得税），实发工资以及签字。然后，从第1列的第3行到第12行分别输入从1~10的数字。

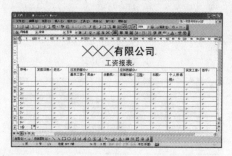

Step 11　右击选中的第1行第1列的文本"序号"，然后在弹出的快捷菜单中选择【文字方向】菜单命令，打开【文字方向-表格单元格】对话框。

Step 12　在【方向】选项组中选择正中间的方向类型。

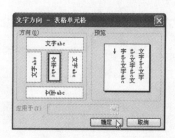

Step 13　单击【确定】按钮，即可在文档中看到设置的结果。

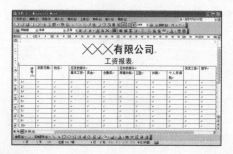

Step 14　右击选中整个表格，在弹出的快捷菜单中选择【单元格对齐方式】菜单命令，然后在打开的对齐方式列表中选择【居中】方式。

149

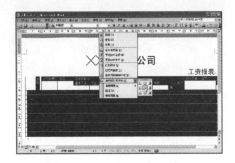

Step 15 拖曳鼠标调节单元格的宽度。

Step 16 右击选中的第1列单元格，在弹出的快捷菜单中选择【边框和底纹】菜单命令，打开【边框和底纹】对话框。

Step 17 选择【底纹】选项卡，在【填充】选项组中选择"灰色-25%"，然后单击【确定】按钮，即可在文档中查看设置的结果

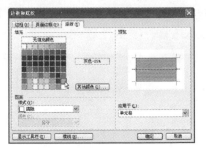

Step 18 在表格下方的第1行输入"负责人签名"，在第2行输入"年 月 日"。选中输入的文本，然后单击【格式】工具栏中的【右对齐】按钮。

Step 19 设置完成后选择【文件】→【保存】菜单命令，打开【另存为】对话框，在【保存位置】下拉列表中选择文档要保存的位置，在【文件名】文本框中输入文档的名称为"工资报表"，单击【保存】按钮，即可将文档保存到指定的位置。

第**8**天 星期三

复杂的事情交给电脑——文档自动化处理

（视频 **83** 分钟）

今日探讨

今日主要探讨如何设置文档的自动化处理功能，包括快速设置样式与格式、自动添加符号和编号、审阅文档、引用文档、处理文档中的错误、查找与替换文档中的内容等。

今日目标

通过第8天的学习，读者能根据自我需求独自完成文档自动化处理的设置。

快速要点导读

- 掌握快速设置样式与格式的方法
- 了解添加项目符号与编号的方法
- 掌握使用格式刷统一格式的方法
- 掌握定位文档审阅文档的方法
- 了解引用文档的方法
- 掌握处理文档错误的方法
- 掌握查找与替换文档的方法

学习时间与学习进度

420分钟　　20%

8.1 快速设置样式与格式

样式是特定文本中所有格式的集合，通常用于设置文档的标题、目录等内容。利用样式可以保持整篇文档的一致性。

8.1.1 内置样式

Word 2003提供了很多内置样式，用户可以直接使用。使用内置样式的方法有两种，分别是使用样式下拉列表和使用【样式和格式】任务窗格。

（1）使用样式下拉列表

具体的操作步骤如下。

Step 01 打开一个Word文档，选中需要应用样式的文本，或者将插入符移至需要应用样式的段落内任意位置。

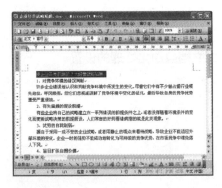

Step 02 在【格式】工具栏中的【样式】下拉列表中选择【标题1】样式。

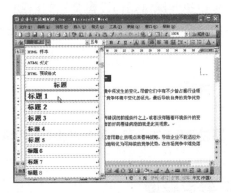

Step 03 在【标题1】样式上单击，即可更改选中文本的样式。

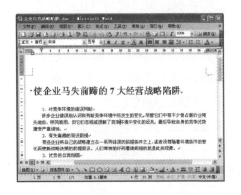

（2）使用【样式和格式】任务窗格

具体的操作步骤如下。

Step 01 选中需要应用样式的文本，或者将插入符移至需要应用样式的段落内的任意位置。

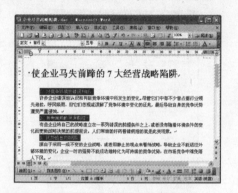

Step 02 选择【格式】→【样式和格式】菜单命令，打开【样式和格式】任务窗格。

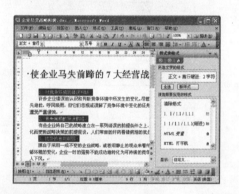

Step 03 用户可以在【请选择要应用的格式】列表中选择要设置的样式，然后在选择的样式上单击，即可更改选中文本的样式。

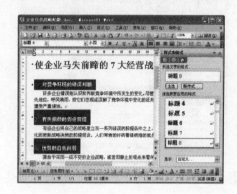

8.1.2　自定义样式

如果系统内置的样式不能满足需求时，用户还可以添加自定义样式。

（1）自定义新样式

具体的操作步骤如下。

Step 01 打开一个Word文档，选中需要应用样式的文本，或者将插入符移至需要应用样式的段落内的任意位置。

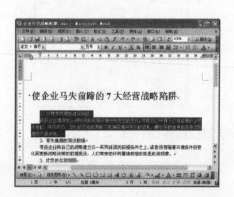

Step 02 选择【格式】→【样式和格式】菜单命令，打开【样式和格式】任务窗格。

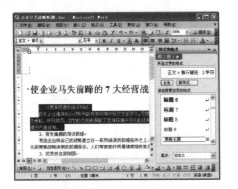

Step 03 单击【新样式】按钮，打开【新建样式】对话框。

Step 04 在【名称】文本框中输入新建样式的名称，例如"正文1"。

Step 05 分别在【样式类型】、【样式基于】和【后续段落样式】等下拉列表中选择。

Step 06 设置文字的样式。

Step 07 设置完成后单击【确定】按钮，在【样式和格式】任务窗格中可以看到创建的新样式。

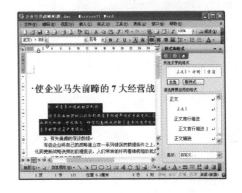

（2）修改或删除样式

当样式不能满足编辑需求时，还可以修改或删除样式。具体的操作步骤如下。

Step 01 在【样式和格式】任务窗格中选择要修改的样式，然后单击其右侧的下三角箭头，在弹出的列表中选择【修改】选项。

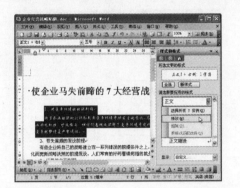

Step 02 在打开的【修改样式】对话框中修改样式，单击【确定】按钮，即可完成样式的修改。

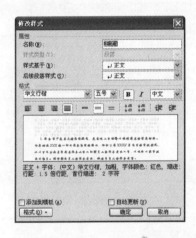

Step 03 在【样式和格式】任务窗格中选择要删除的样式，然后单击其右侧的下三角箭头，在弹出的列表中选择【删除】选项。

Step 04 在弹出的提示框中单击【是】按钮，即可将选择的样式删除。

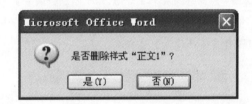

8.2　添加项目符号和编号

为了使文档看起来更加有条理性，可以对文档的部分内容添加项目符号或编号。Word 2003提供了丰富的项目符号和编号。

8.2.1　为文档添加项目符号

项目符号的应用对象是段落，也就是说项目符号只添加在段落的第1行的最左侧。Word 2003提供了项目符号库和自定义项目符号两种添加项目符号的方法。

（1）使用项目符号库

使用项目符号库添加项目符号的具体操作步骤如下。

Step 01 打开一个需要添加项目符号的文件，选择需要添加项目符号的段落。

Step 02 选择【格式】→【项目符号和编号】菜单命令，打开【项目符号和编号】对话框，在其中选择【项目符号】选项卡。

Step 03 选择所需的项目符号的类型。

Step 04 单击【确定】按钮，即可为选择的文本添加项目符号。

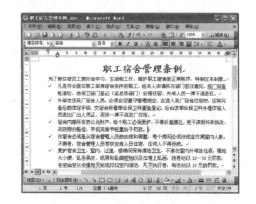

提示 用户还可以在需要添加项目符号的段落中右击，在弹出的快捷菜单中选择【项目符号和编号】菜单项，打开【项目符号和编号】对话框。

（2）添加自定义项目符号

当【项目符号和编号】对话框中没有满意的项目符号时，还可以添加自定义项目符号。具体的操作步骤如下。

Step 01 打开【项目符号和编号】对话框，在【项目符号】选项卡下选择任意一个项目符号，激活【自定义】按钮。

Step 02 单击【自定义】按钮，打开【自定义项目符号列表】对话框，在【项目符号字符】选项组中选择项目符号。

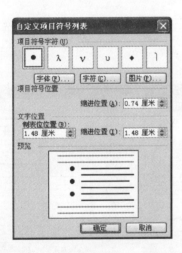

Step 03 单击【字符】按钮，打开【符号】对话框，在其中可以选择任意一个符号来当作自定义的项目符号，然后单击【确定】按钮。

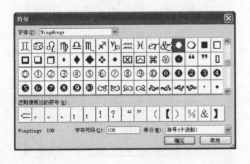

Step 04 单击【图片】按钮，打开【图片项目符号】对话框，单击其中的【搜索】按钮，可以将Word 2003自带的图片项目符号搜索出来。

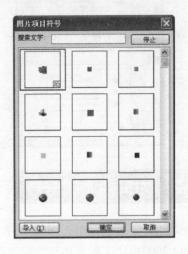

Step 05 选择任意一个图片项目符号，单击【确定】按钮，返回到【自定义项目符号列表】对话框中，在【预览】区域中可以看到添加的图片项目符号。

Step 06 在【自定义项目符号列表】对话框中还可以设置项目符号的位置以及文字的位置。

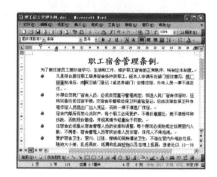

Step 07 单击【确定】按钮，即可看到添加的自定义项目符号。

8.2.2 为文档添加编号

编号和项目符号应用的对象一样，都是段落，编号也同样只添加在段落的第1行的左侧。Word 2003提供了编号库和自定义编号两种添加编号的方法。

（1）使用编号库添加编号

使用编号库添加编号的具体操作步骤如下。

Step 01 打开任意一个需要添加编号的文件，选择需要添加编号的段落。

Step 02 选择【格式】→【项目符号和编号】菜单命令，在打开的【项目符号和编号】对话框中选择【编号】选项卡，然后选择任意一个编号。

Step 03 单击【确定】按钮，即可为选中的文本添加编号。

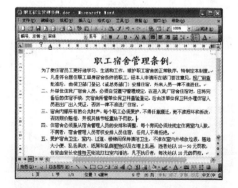

（2）添加自定义编号

当【项目符号和编号】对话框中没有满意的编号时，还可以添加自定义编号。具体的操作步骤如下。

Step 01 打开【项目符号和编号】对话框，在【编号】选项卡中选择任意一个编号，激活【自定义】按钮。

Step 02 单击【自定义】按钮，打开【自定义编号列表】对话框，在其中自定义编号。

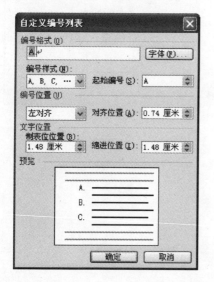

【自定义编号列表】对话框的主要参数含义如下。

① 在【编号格式】中可以选择编号的具体格式，如在编号后面加三个右括号，也可以直接把"1"改成其他编号样式。

② 单击【字体】按钮可以选择编号的字体及其大小。

③ 在【编号样式】中可以选择编号的具体样式。

④ 在【起始编号】中输入起始的编号。

⑤ 在【编号位置】中选择编号是右对齐还是左对齐或者居中，并在后面的文本框中输入对齐的具体位置。

⑥ 在【文字位置】中输入文字缩进的位置。

Step 03 单击【确定】按钮，即可应用自定义的编号。

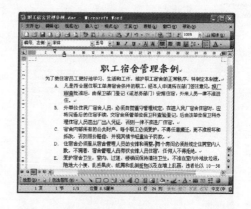

8.3　使用格式刷统一格式

简单地说，格式刷就是"刷"格式的，也就是复制格式。使用格式刷可以快速地将指定段落或文本的格式沿用到其他段落或文本上。具体的操作步骤如下。

Step 01 打开一个Word文档，选中要引用格式的文本。

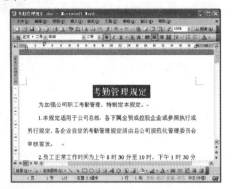

Step 02 单击【常用】工具栏中的【格式刷】按钮 。

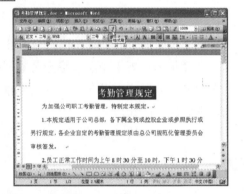

Step 03 当鼠标指针变为 形状时，单击或者拖选需要应用新格式的文本或段落即可。

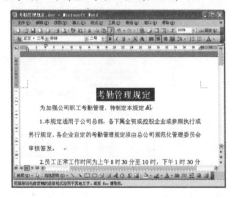

提示 当需要多次应用同一个格式的时候，可以双击【格式刷】按钮 ，然后单击或者拖选需要应用新格式的文本或段落即可。使用完毕再次单击【格式刷】按钮 或按【Esc】键，即可恢复编辑状态。用户还可以选中复制格式原文后，按【Ctrl+Shift+C】组合键复制格式，然后选择需要应用新格式的文本，按【Ctrl+Shift+V】组合键应用新格式。

Step 04 按照同样的方法，刷新其他文本格式，最终效果如图所示。

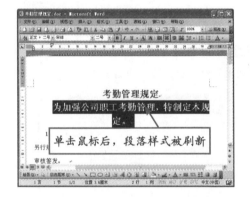

8.4 定位文档

使用Word的定位功能，能够快速地把光标移动到当前文档指定的位置，通常用于大幅度地跨越或寻找文档中特殊的对象。

（1）使用鼠标定位文本

使用鼠标定位的方法很多，其中最简单、最快捷的方法是使用滚动条。在窗口的最右端是垂直滚动条，它由上方的正三角滚动按钮、中间的滚动滑块、下方的下三角滚动按钮、【前一页】按钮、【选择浏览对象】按钮和【下一页】按钮等组成。单击相应的按钮，即可将文档定位在相应的位置。

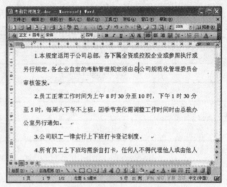

> 📶 **提示**　使用鼠标拖曳滚动滑块，可使文档滚动到所需的位置。在拖曳滚动滑块时，Word 2003会显示当前所在的页码。
>
> 页码：28

单击【选择浏览对象】按钮弹出列表框，用户从中可以根据自己的需要选择浏览文件是以什么对象为标准。

（2）使用快捷键定位文档

使用快捷键在文档中定位文档同样非常方便，如下表所示。

快捷键	操作功能
←	左移一个字符
→	右移一个字符
Ctrl+←	左移一个单词
Ctrl+→	右移一个单词
↑	上移一行
↓	下移一行
Ctrl+↑	上移一段
Ctrl+↓	下移一段
End	移至行尾
Home	移至行首
Alt+Ctrl+Page Up	移至窗口顶端
Alt+Ctrl+Page Down	移至窗口结尾
Page Up	从现在所在屏上移一屏
Page Down	从现在所在屏下移一屏

续表

快捷键	操作功能
Ctrl+Page Down	移至下页顶端
Ctrl+Page Up	移至上页顶端
Ctrl+End	移至文档结尾
Ctrl+Home	移至文档开始
Shift+F5	移至前一修订处

（3）使用【定位】菜单项定位文档

使用【定位】菜单项可以直接跳到所需的特定位置，而不用逐行或逐屏地移动。具体的操作步骤如下。

Step 01 打开一个Word文档。

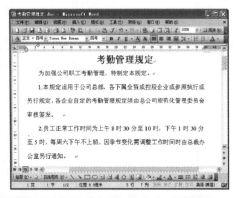

Step 02 选择【编辑】→【定位】菜单命令，打开的【查找和替换】对话框会自动选择【定位】选项卡，在其中可以看到定位的目标有页、书签、脚注等。

Step 03 在【定位目标】列表框中选择【页】选项，然后在【输入页号】文本框中输入"2"。

Step 04 单击【定位】按钮，即可将光标定位到第2页。

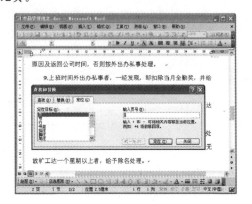

8.5　审阅文档

当需要对文档中的内容添加某些注释或修改意见时，就需要添加一些批注。批注不影响文档的内容，而且文字是隐藏的，同时，系统还会为批注自动赋予不重复的编号和名称。这就是审阅文档的主要内容。

8.5.1 批注

对批注的操作主要有插入、查看、快速查看、修改批注格式与批注者以及删除文档中的批注等。

（1）插入批注

具体的操作步骤如下。

Step 01 打开一个需要审阅的文档，选中需要添加批注的文本。

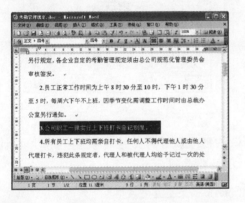

Step 02 选择【插入】→【批注】菜单命令，在选中的文本上会添加一个批注的编辑框，同时弹出【审阅】工具栏。

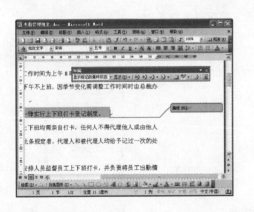

Step 03 在编辑框中可以输入需要批注的内容。

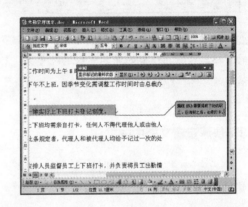

Step 04 若要继续修订其他内容，只需单击【审阅】工具栏中的【插入批注】按钮即可。接下来按照相同的方法对文档中的其他内容添加批注。

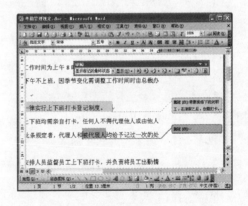

（2）隐藏批注

在插入Word批注的同时会自动打开【审阅】工具栏，利用该工具栏可以隐藏或显示批注。具体的操作步骤如下。

Step 01 打开任意一篇文档，在文档中插入批注。

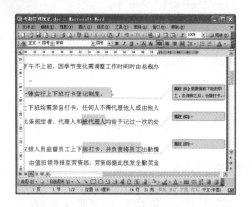

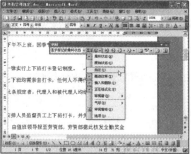

Step 02 单击【审阅】工具栏中【显示】按钮右侧的下拉三角，在弹出的菜单中取消对【批注】菜单项的勾选，即可隐藏批注。

（3）快速查看文档中的批注

当文档中批注者较多时，要想查看某个人所做的批注就显得比较麻烦了，此时可以隐藏其他人所做的批注，只显示某个人的批注。具体的操作步骤如下。

Step 01 打开一个带有批注的文档。

Step 02 当要查看文档中哪个地方插入了批注时，可以单击【审阅】工具栏中的【后一处修订和批注】按钮和【前一处修订和批注】按钮。

Step 03 如果要查看某个人所做的批注，则可单击【审阅】工具栏中的【显示】按钮，在弹出的下拉列表中选择【审阅者】选项，然后在其子菜单中取消对其他审阅者的勾选状态，只保留想要查看的审阅者即可。

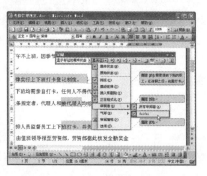

Step 04 若想要显示所有的批注，可以单击【显示】按钮，在弹出的下拉列表中选择【审阅者】→【所有审阅者】选项即可。

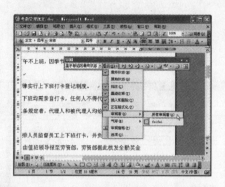

Step 05 为了显示批注的所有内容，可以单击【审阅】工具栏中的【审阅窗格】按钮，此时在窗口的下方会出现一个审阅窗格，当在此窗格中修

改某一批注时，在文档中就会快速地切换至此批注，再次单击【审阅窗格】按钮，即可关闭审阅窗格。

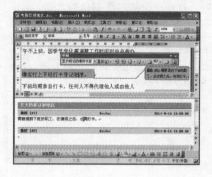

（4）修改批注格式和批注者

除了可以在文档中添加批注外，用户还可以对批注框、批注连接线以及被选中文本的突显颜色等自行设置。具体的操作步骤如下。

Step 01 修改批注格式。单击【审阅】工具栏中的【显示】按钮，在打开的下拉列表中选择【选项】选项。

Step 02 打开【修订】对话框，在【标记】选项组中可以对批注的颜色进行设置。在【批注颜色】下拉列表中选择批注的颜色。

Step 03 单击【确定】按钮，即可看到设置的批注颜色效果。

Step 04 修改批注者。选择【工具】→【选项】菜单命令，打开【选项】对话框，切换到【用户信息】选项卡，在【用户信息】选项组中可以修改批注者的相关信息。

（5）删除文档中的批注

具体的操作步骤如下。

Step 01 打开一个插入有批注的文档。

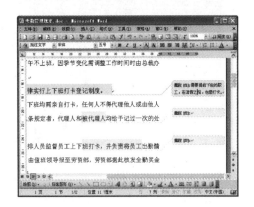

Step 02 在第1个批注上单击以选择批注，然后单击【审阅】工具栏中的【拒绝所选修订】按钮，即可删除第1个批注。

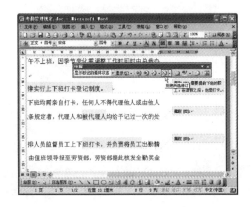

Step 03 单击【审阅】工具栏中的【拒绝所选修订】按钮右侧的下三角箭头，在弹出的菜单中选择【删除文档中的所有批注】菜单命令，即可删除文档中的所有批注。

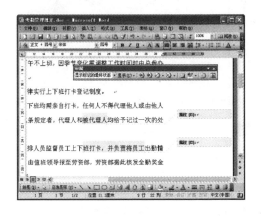

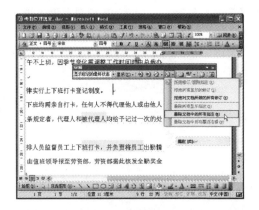

提示 选中要删除的批注，然后右击，在弹出的快捷菜单中选择【删除批注】菜单命令，也可以删除Word批注。

8.5.2 修订

修订能够让作者跟踪多位审阅者对文档所做的修改，这样作者可以一个接一个地复审这些修改，并用约定的原则来接受或者拒绝所做的修订。

（1）使用修订标记

使用修订标记，即是对文档进行插入、删除、替换以及移动等编辑操作时，使用一种特殊的标记来记录所做的修改，以便于其他用户或者原作者知道文档所做的修改，这样作者还可以根据实际情况决定是否接受这些修订。使用修订标记的具体操作步骤如下。

Step 01 打开一个需要修订的文档，选择【工具】→【修订】菜单命令，弹出【审阅】工具栏。

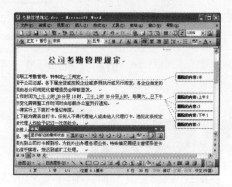

Step 02 在文档中开始修订文档。

（2）接受或者拒绝修订

对文档修订后，用户可以决定是否接受这些修订。具体的操作步骤如下。

Step 01 将光标定位到需要接受修订的地方，然后单击【审阅】工具栏中的【接受所选修订】按钮。

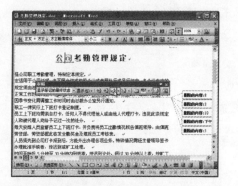

Step 02 如果拒绝修订，则可单击【审阅】工具栏中的【拒绝所选修订】按钮。

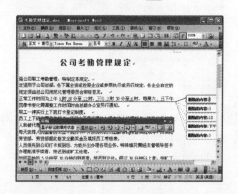

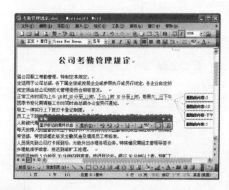

Step 03 如果要接受当前的修订，则可单击【接受所选修订】按钮右侧的下三角箭头，在弹出的列表中选择【接受对文档所做的所有修订】选项。

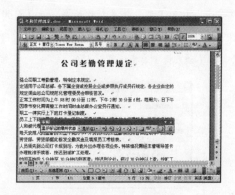

> **提示** 如果要删除当前的修订，则可单击【拒绝所选修订】按钮 右侧的下三角箭头，在弹出的列表中选择【拒绝对文档所做的所有修订】选项。

8.6 引用文档

在Word 2003中，引用文档包括交叉引用、索引以及目录，引用文档能给文档的浏览与查看带来较大的方便。

8.6.1 交叉引用

在编辑Word长文档时，由于文档内容非常庞大，因此如果能在文档中建立一些直接返回目录的链接，对于文档的浏览与查看是非常方便的。

（1）创建交叉引用（以引用题注为例）

具体的操作步骤如下。

Step 01 打开一个需要创建交叉引用的文件，将光标定位到需要插入交叉引用的位置。

Step 02 选择【插入】→【引用】→【交叉引用】菜单命令，打开【交叉引用】对话框。在【引用类型】下拉列表中选择【标题】选项，然后在【引用哪一个标题】列表框中选择标题。

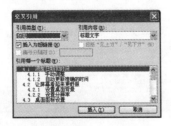

> **提示** 在Word中可以为标题、脚注、尾注、书签、题注和编号段落等创建交叉引用。

Step 03 单击【插入】按钮，即可将选择的标题插入到光标的定位处。

插入的标题

Step 04 在添加的标题上按住【Ctrl】键的同时，单击鼠标即可快速切换到原文档处。

（2）更改交叉引用

创建交叉引用后，有时由于内容的改变，可能需要修改其引用对象。具体的操作步骤如下。

Step 01　选定文档中的交叉引用。

Step 02　选择【插入】→【引用】→【交叉引用】菜单命令，打开【交叉引用】对话框，在【引用哪一个标题】列表框中选择要更改的标题。

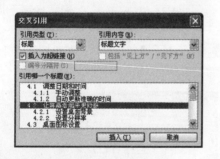

Step 03　单击【插入】按钮，即可更改插入的标题标签。

8.6.2　索引和目录

目录通常是长文档不可缺少的部分，有了目录，用户就能很容易地知道文档中有什么内容，如何查找内容等。

（1）创建目录

Word一般是利用标题或者大纲级别来创建目录的，因此在创建目录之前，应确保希望出现在目录中的标题应用了内置的标题样式（标题1～标题9）。也可以应用包含大纲级别的样式或者自定义的样式。具体的操作步骤如下。

Step 01 打开一个需要创建目录的文件。

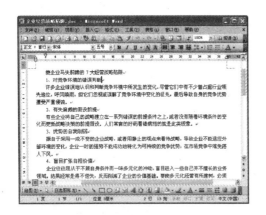

Step 02 选择【格式】→【样式和格式】菜单命令，在打开的【样式和格式】任务窗格中设置标题的样式。

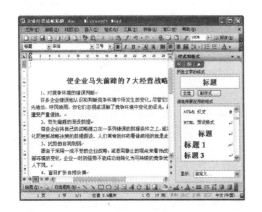

> 📶 **提示** 可以使用内置的标题样式来设置文档中的标题。

Step 03 根据需要可以对标题再进行一些调整，同时关闭【样式和格式】任务窗格。

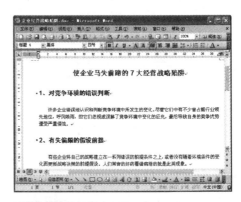

Step 04 把光标移到文章结尾处，然后选择【插入】→【引用】→【索引和目录】菜单命令，在打开的【索引和目录】对话框中选择【目录】选项卡，将【显示级别】设置为"3"。

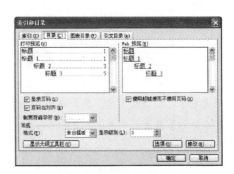

Step 05 单击【确定】按钮，即可提取出以标题为内容的目录。

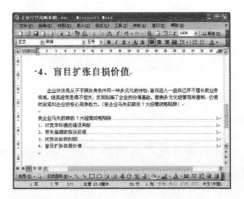

（2）创建图表目录

图表目录也是一种常用的目录，可以在其中列出图片、图表、图形、幻灯片或其他插图的说明，以及它们出现的页码。创建图表目录的具体操作步骤如下。

Step 01　打开一个数据图表文件。

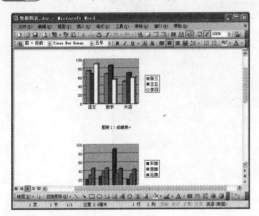

Step 02　将光标定位到文档的结尾处，然后选择【插入】→【引用】→【索引和目录】菜单命令，在打开的【索引和目录】对话框中选择【图表目录】选项卡。

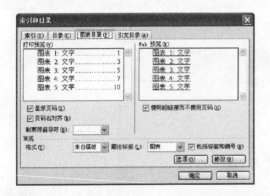

Step 03　单击【选项】按钮，在打开的【图表目录选项】对话框中的【样式】下拉列表中选择【图注】选项。

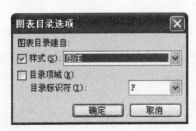

提示　对于图表下面的文字，在这里设置的是图注的样式。用户也可以根据自己的文档来选择。

Step 04　单击【确定】按钮，返回【索引和目录】对话框，然后单击【确定】按钮，即可将图表下面的文字内容以目录的形式提取出来。

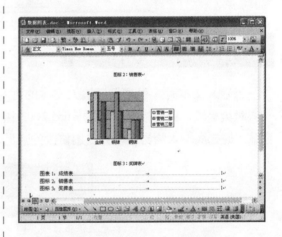

提示　在建立图表目录时，用户可以根据图表的题注或者自定义样式的图表标签，并参考页序按照排序级别排列，最后在文档中显示图表目录。引文目录与其他目录类似，可以根据不同的引文类型，创建不同的引文目录。在创建引文目录之前，应该确保在文档中有相应的引文。

8.7 处理文档错误

Word 2003中提供了处理错误的功能，用于发现文档中的错误并给予修正。如下图所示为某一文档中检查出来的拼写和语法错误。

8.7.1 拼写和语法检查

当输入文本时，很难保证输入文本的拼写和语法都完全正确，要是有一个"助手"在一旁时刻提醒，就会减少错误。Word 2003中的拼写和语法检查功能即是这样的助手，它能在输入时提醒输入的错误，并提出修改的意见，十分方便。

（1）设置自动拼写与语法检查

在输入文本时，如果无意中输入了错误的或者不可识别的单词，Word 2003就会在该单词下用红色波浪线进行标记；如果是语法错误，在出现错误的部分就会用绿色波浪线进行标记。在文档中设置自动拼写与语法检查的具体操作步骤如下。

Step 01 新建一个文档，在文档中输入一些语法不正确的和拼写不正确的内容。

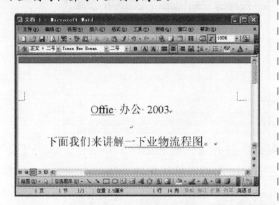

Step 02 选择【工具】→【选项】菜单命令，在打开的【选项】对话框中选择【拼写和语法】选项卡。

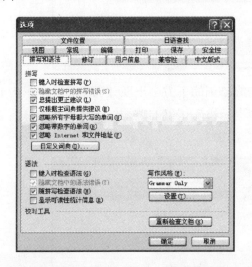

Step 03 在【拼写】和【语法】选项组中勾选【键入时检查拼写】、【键入时检查语法】和【随拼写检查语法】等复选框。

Step 04 单击【确定】按钮，在文档中就可以看到起标示作用的波浪线。

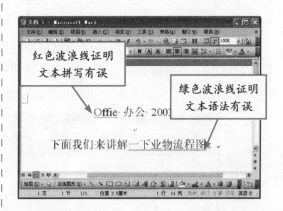

红色波浪线证明文本拼写有误

绿色波浪线证明文本语法有误

> **提示** 在【拼写和语法】选项卡下的【拼写】和【语法】选项组中，可以选择要隐藏拼写错误和语法错误的文档。勾选【隐藏文档中的拼写错误】和【隐藏文档中的语法错误】两个复选框，那么在对文档进行拼写和语法检查后，标示拼写和语法错误的波浪线就不会显示。

（2）自动拼写和语法检查功能的用法

如果输入了一段有语法错误的文字，在出错的单词的下面就会出现绿色波浪线，在其上右击，弹出一个快捷菜单，如果选择【忽略一次】菜单命令，Word 2003就会忽略这个错误，此时错误语句下方的绿色波浪线就会消失。

如果选择【工具】→【拼写和语法】菜单命令，打开【拼写和语法】对话框，单击【全部忽略】按钮，就会忽略所有的这类错误，此时错误语句下方的绿色波浪线就会消失。

如果输入了一个有拼写错误的单词，在出错的单词的下方会出现红色波浪线，在其上右击，弹出一个快捷菜单，在快捷菜单的顶部会提示拼写正确的单词，选择正确的单词替换错误的单词后，错误单词下方的红色波浪线就会消失。

选择【工具】→【拼写和语法】菜单命令，打开【拼写和语法】对话框，在【不在词典中】列表框中列出了Word认为错误的单词，下面的【建议】列表框中则列出了修改建议。

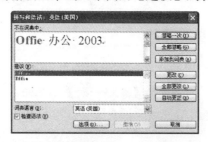

> **注意** 用户可以从【建议】列表框中选择需要替换的单词，然后单击【更改】按钮即可。如果认为没有必要更改，则可单击【忽略一次】或【全部忽略】按钮。

完成所选内容的拼写和语法检查后，会出现信息提示对话框，单击【确定】按钮，即可关闭该对话框。

8.7.2　自动更正功能

在Word 2003中，除了使用拼写和语法检查功能之外，还可以使用自动更正功能来检查和更正错误的输入。例如，输入"teh"和一个空格，则会自动更正为"the"；输入"This is theh ouse"和一个空格，则会自动更正将其替换为"This is the house"。具体的操作步骤如下。

Step 01 选择【工具】→【自动更正选项】菜单命令，打开【自动更正】对话框，在【自动更正】对话框中可以进行【自动更正】、【键入时自动套用格式】、【自动图文集】、【自动套用格式】和【智能标记】等方面的设置。

Step 02 完成设置后单击【确定】按钮，即可返回文档编辑模式。以后再编辑时，就会按照用户所设置的内容自动更正错误。

8.8　查找与替换

查找与替换是一项非常有用的功能，用于快速定位文档的修改位置，快速修改文档中的相同文本，这也是Word用户必须掌握的一项功能。

8.8.1 查找功能

使用查找文本功能，用户可以快速找到指定的文本以及这个文本所在的位置，也能帮助核对文档中究竟有没有要查找的文本。具体的操作步骤如下。

Step 01 打开一个Word文件，选择【编辑】→【查找】菜单命令，打开【查找和替换】对话框。

Step 02 在【查找内容】文本框中输入要查找的文本，这里输入"战略"。

Step 03 单击【查找下一处】按钮，Word就会开始查找文本。找到第1处要查找的文本就会停下来，并会把找到的文本以高亮的形式显示出来。

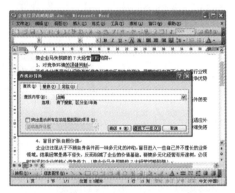

提示 按【Esc】键或单击【取消】按钮，则可取消正在进行的查找，并关闭【查找和替换】对话框。

Step 04 若要继续查找，只需再单击【查找下一处】按钮即可。

8.8.2 替换功能

使用替换功能，可以用新的文本替换文档中指定的文本。具体的操作步骤如下。

Step 01 打开一个Word文档，选择【编辑】→【替换】菜单命令，弹出【查找和替换】对话框。

Step 02 在【查找内容】文本框中输入"企业"，在【替换为】文本框中输入"公司"。

Step 03 单击【查找下一处】按钮，Word 2003开始查找要替换的文本，找到后会选中该文本并高亮显示。

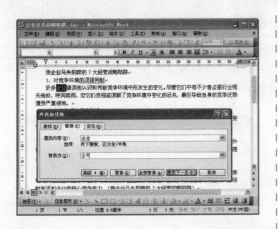

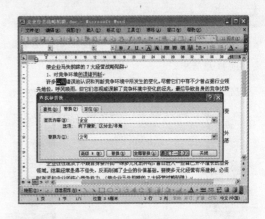

Step 04 单击【替换】按钮，即可替换查找到的内容，并查找到下一处要替换的内容。

> **提示** 如果不想替换，可以单击【查找下一处】按钮继续查找。如果单击【全部替换】按钮，Word 2003不再等待用户确认，而会自动替换掉所有需要替换的文本。

8.9 职场技能训练

本实例介绍如何制作公司岗位责任书。岗位责任书在现代商务办公中经常使用，每一个岗位都有它自己的职责，因此制作一个规范的岗位责任书对于公司来说非常重要。具体的操作步骤如下。

Step 01 启动Word 2003，进入程序主界面，选择【文件】→【新建】菜单命令，打开【新建文档】任务窗格，单击【新建】区的【空白文档】项。

Step 02 在工作区内输入文本。

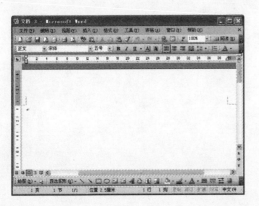

Step 03 选中第1行文字，单击【格式】工具栏中的【加粗】按钮 **B** 和【居中】按钮 ，使第1行文字加粗并居中。

Step 04 选中第4行到最后一行文字，单击【格式】工具栏中的【编号】按钮 ，给所选中的文字加上编号。

Step 05 单击【常用】工具栏中的【保存】按钮 ，在弹出的【另存为】对话框中设置【文件名】为"公司岗位责任书.doc"，然后单击【保存】按钮保存文件。

Step 06 单击【常用】工具栏中的【预览】按钮 ，进行打印前的预览。

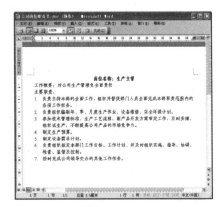

第**9**天 星期四

为报表化妆——报表制作和美化

（视频 **100** 分钟）

今日探讨

今日主要探讨如何制作报表与美化报表。包括使用工作簿与工作表、输入数据、设置单元格格式与调整单元格、修改单元格等。

今日目标

通过第9天的学习，读者能根据自我需求独自完成报表的制作与美化。

快速要点导读

- 掌握工作簿与工作表的使用方法
- 掌握向工作表中输入数据的方法
- 掌握设置、调整、修改单元格的方法
- 掌握添加批注、插入图表与图形的方法

学习时间与学习进度

420分钟 23%

9.1　使用工作簿

与Word 2003中对文档的操作一样，Excel 2003对工作簿的操作主要有新建、保存、打开、切换以及关闭等。

9.1.1　新建工作簿

通常情况下，在启动Excel 2003后，系统会自动创建一个默认名称为【Book1.xls】的空白工作簿，这是一种创建工作簿的方法。本节再来介绍一些其他创建工作簿的方法。

（1）新建空白工作簿

具体的操作步骤如下。

Step 01 选择【文件】→【新建】菜单命令。

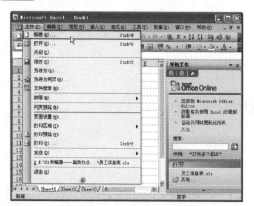

Step 02 在打开的【新建工作簿】任务窗格中的【新建】选项下单击【空白工作簿】链接，即可创建一个新的空白工作簿。

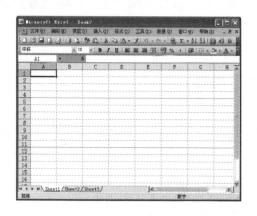

提示 按【Ctrl＋N】组合键，即可创建一个工作簿。单击【常用】工具栏中的【新建】按钮，也可以新建一个工作簿。

（2）基于现有工作簿创建工作簿

如果要创建的工作簿的格式和现有的某个工作簿相同或类似，可基于该工作簿创建，然后在其基础上修改即可。具体的操作步骤如下。

Step 01 选择【文件】→【新建】菜单命令，在打开的【新建工作簿】任务窗格中，在【新建】选项下单击【根据现有工作簿】链接。

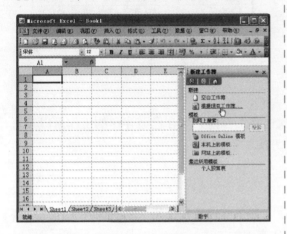

Step 03 单击【创建】按钮，即可建立一个与"员工信息表"结构完全相同的工作表【员工信息表1.xls】，此文件名为默认文件名。

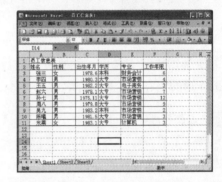

Step 02 在打开的【根据现有工作簿新建】对话框中选择文件（这里选择"员工信息表"）。

（3）使用模板快速创建工作簿

Excel 2003提供有很多默认的工作簿模板，使用模板可以快速地创建同类别的工作簿。具体的操作步骤如下。

Step 01 选择【文件】→【新建】菜单命令，在打开的【新建工作簿】任务窗格中，在【模板】选项下单击【本机上的模板】链接。

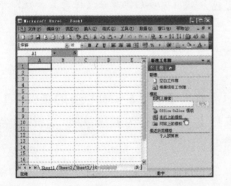

Step 02 在打开的【模板】对话框中选择【电子方案表格】选项卡。

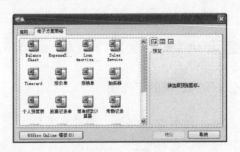

Step 03 从中选择需要的模板。

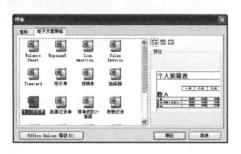

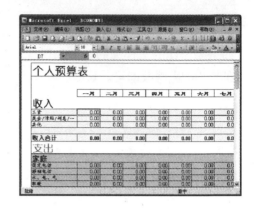

Step 04 单击【确定】按钮,即可根据选择的模板新建一个工作簿。

9.1.2 保存工作簿

保存工作簿的方法有多种,常见的有初次保存工作簿、保存已经存在的工作簿以及自动保存工作簿等。本节就来介绍保存工作簿的方法。

(1)初次保存工作簿

工作簿创建完毕之后,就要将其进行保存以备今后查看和使用。初次保存工作簿需要指定工作簿的保存路径和保存名称。具体的操作步骤如下。

Step 01 在新创建的Excel工作界面中,选择【文件】→【保存】菜单项,或按下【Ctrl+S】组合键,也可以单击【常用】工具栏中的【保存】按钮,打开【另存为】对话框。

Step 02 在【保存位置】下拉列表中选择工作簿

的保存位置,在【文件名】文本框中输入工作簿的保存名称,在【保存类型】下拉列表中选择文件保存的类型。

Step 03 设置完毕后,单击【保存】按钮即可。

(2)保存已有的工作簿

对于已有的工作簿,当打开并修改完毕后,只需单击【常用】工具栏上的【保存】按钮,就可以保存已经修改的内容,还可以选择【文件】→【另存为】菜单项,以其他名称保存或保存到其他位置。

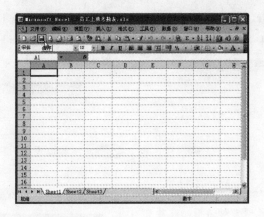

（3）工作簿的特殊保存

为了防止由于停电或死机等意外情况造成工作簿中的数据丢失，用户可以设置工作簿的特殊保存功能。常见的有自动保存工作簿、保存备份工作簿和保存为工作区等。

1）自动保存工作簿

具体的操作步骤如下。

Step 01 选择【工具】→【选项】菜单命令。

Step 02 打开【选项】对话框，在其中选择【保存】选项卡，并勾选【保存自动恢复信息，每隔】复选项，然后设定自动保存的时间和保存位置。

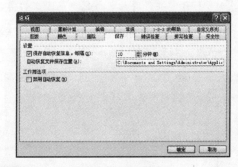

Step 03 单击【确定】按钮即可。

2）保存备份工作簿

具体的操作步骤如下。

Step 01 修改工作簿中的内容后，选择【文件】→【另存为】菜单命令，打开【另存为】对话框。

Step 02 单击【工具】按钮，并在弹出的下拉菜单中选择【常规选项】菜单命令。

Step 03 随即打开【保存选项】对话框，在其中勾选【生成备份文件】复选框。

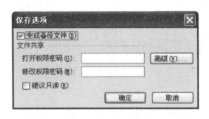

3）保存为工作区

具体的操作步骤如下。

Step 01 打开需要保存为工作区的多个工作簿，这里打开名称为【员工上班考勤表.xls】和【员工上班考勤表的备份.xls】的工作簿。

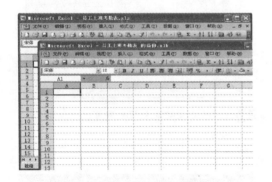

Step 02 选择【文件】→【保存为工作区】菜单命令，打开【保存工作区】对话框。

Step 04 单击【确定】按钮，返回到【另存为】对话框当中。然后单击【保存】按钮，系统将自动弹出一个信息提示框。

Step 05 单击【是】按钮，即可完成保存备份工作簿的操作，此时在保存位置可以看到一个名称为【员工上班考勤表备份.xlk】的工作簿。

Step 03 在【保存位置】下拉列表中选择工作区要保存的位置，在【文件名】文本框中输入工作区的保存名称。

Step 04 单击【保存】按钮，即可完成工作区的保存操作，在保存位置文件夹中可以看到保存后的工作区文件，此后用户打开该工作区时便可以同时打开名称为【员工上班考勤表.xls】和【员工上班考勤表的备份.xls】的工作簿。

9.1.3 打开和关闭工作簿

当需要使用Excel文件时，用户需要打开工作簿。而当用户不需要时，则需要关闭工作簿。

（1）打开工作簿

这里以打开随书光盘中的【素材\员工信息表.xls】文件为例，打开工作簿的具体步骤如下。

Step 01 在文件上双击，即可使用Excel 2003打开此文件。

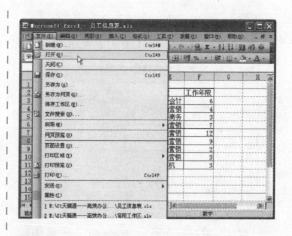

Step 02 还可以选择【文件】→【打开】菜单命令，单击【常用】工具栏中的【打开】按钮 。

Step 03 打开【打开】对话框，在【查找范围】下拉列表中选择文件所在的位置，在其下方的列表框中列出了该驱动器中所有的文件和子文件夹。双击文件所在的文件夹，找到并选中打开的文件，然后单击【打开】按钮即可。

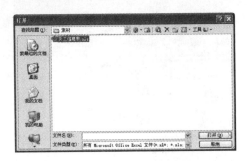

> **提示** 也可以使用快捷键【Ctrl＋O】打开【打开】对话框，在其中选择要打开的文件，进而打开需要的工作簿。

（2）关闭工作簿

可以使用以下两种方式关闭工作簿。

① 单击窗口右上角的【关闭】按钮 ![x]。

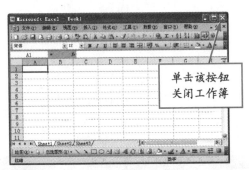

单击该按钮关闭工作簿

②选择【文件】→【关闭】菜单命令。

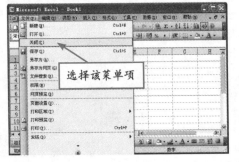

选择该菜单项

在关闭Excel 2003文件之前，如果所编辑的表格没有保存，系统会弹出保存提示对话框。

单击【是】按钮，将保存对表格所做的修改，并关闭Excel 2003文件；单击【否】按钮，则不保存表格的修改，并关闭Excel 2003文件；单击【取消】按钮，不关闭Excel 2003文件，返回Excel 2003界面继续编辑表格。

如果用户打开多个工作簿后，单击窗口右上角的 ![x] 按钮，则可关闭所有的Excel工作簿。若工作簿未保存，则会弹出如图所示的对话框。

9.2 使用工作表

工作表是工作簿的组成部分，默认情况下，每个工作簿都包含有3个工作表，分别为Sheet1、Sheet2和Sheet3。使用工作表可以组织和分析数据，用户可以对工作表进行重命名、插入、删除、显示、隐藏等操作。

9.2.1 重命名工作表

每个工作表都有自己的名称，默认情况下以Sheet1、Sheet2、Sheet3……命名工作表。这种命名方式不便于管理工作表，为此用户可以对工作表进行重命名操作，以便更好地管理工作表。

重命名工作表的方法有两种，分别是在标签上直接重命名和使用快捷菜单重命名。

（1）在标签上直接重命名

具体的操作步骤如下。

Step 01 新建一个工作簿，双击要重命名的工作表的标签Sheet1（此时该标签以高亮显示），进入可编辑状态。

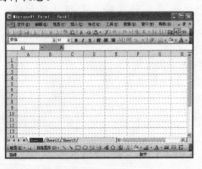

Step 02 输入新的标签名，即可完成对该工作表标签进行的重命名操作。

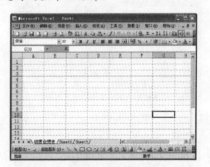

（2）使用快捷菜单重命名

具体的操作步骤如下。

Step 01 在要重命名的工作表标签上右击，在弹出的快捷菜单中选择【重命名】菜单。

Step 02 此时工作表标签以高亮显示，然后在标签上输入新的标签名，即可完成工作表的重命名。

9.2.2 插入工作表

插入工作表也被称为添加工作表，在工作簿中插入一个新工作表的具体步骤如下。

Step 01 打开随书光盘中的"素材\员工信息表.xls"文件，在文档窗口中单击工作表Sheet1的标签，然后选择【插入】→【工作表】菜单命令。

Step 02 可插入新的工作表。

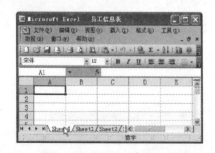

Step 03 另外，用户也可以使用快捷菜单插入工作表，在工作表Sheet2的标签上右击，在弹出的快捷菜单中选择【插入】菜单项。

Step 04 在弹出的【插入】对话框中选择【常用】选项卡中的【工作表】图标。

Step 05 单击【确定】按钮，即可插入新的工作表。

> **注意** 在每一个Excel表格中，最多可以插入255个工作表。但在实际操作中，插入的工作表数要受所使用的计算机内存的限制。

9.2.3 删除工作表

为了便于管理Excel表格，应当将无用的Excel表格删除，以节省存储空间。删除Excel表格的方法有以下两种。

①选择要删除的工作表，然后选择【编辑】→【删除工作表】菜单命令，即可将选择的工作表删除。

弹出的快捷菜单中选择【删除】菜单项，也可以将工作表删除，该删除操作不能撤销，即工作表被永久删除。

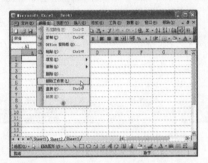

②在要删除的工作表的标签上右击，在

9.2.4 隐藏或显示工作表

为了防止他人查看工作表中的数据，可以设置工作表的隐藏功能，将包含非常重要的数据的工作表隐藏起来，当想要再查看隐藏后的工作表，则可取消工作表的隐藏状态。隐藏和显示工作表的具体操作步骤如下。

Step 01 选择要隐藏的工作表，然后选择【格式】→【工作表】→【隐藏】菜单命令，即可隐藏工作表。

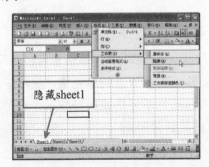

隐藏sheet1

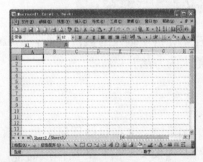

> **注意** Excel不允许隐藏一个工作簿中的所有工作表。

Step 02 选择【格式】→【工作表】→【取消隐藏】菜单命令。

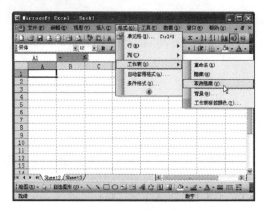

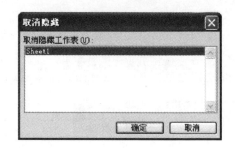

Step 04 单击【确定】按钮，即可取消工作表的隐藏状态。

Step 03 在弹出的【取消隐藏】对话框中选择要显示的工作表。

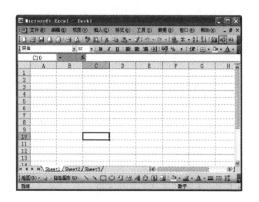

9.3 输入数据

向工作表中输入数据是创建工作表的第一步，工作表中可以输入的数据类型有多种，主要包括文本、数值、小数和分数等。由于数值类型的不同，其采用的输入方法也不尽相同。

9.3.1 输入数据

在单元格中输入的数值主要包括4种，分别是文本、数字、逻辑值和出错值，下面分别介绍输入的方法。

（1）文本

单元格中的文本包括任何字母、数字和键盘符号的组合，每个单元格最多可包含32000个字符。输入文本信息的操作很简单，只需选中需要输入文本信息的单元格，然后输入即可。如果单元格的列宽容不下文本字符串，则可占用相邻的单元格或换行显示，此时单元格的列高均被加长。如果相邻的单元格中已有数据，就截断显示。

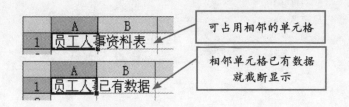

（2）数字

在Excel中输入数字是最常见的操作了，而且进行数字计算也是Excel最基本的功能。在Excel 2003的单元格中，数字可用逗号、科学计数法等表示。当单元格容不下一个格式化的数字时，可用科学计数法显示该数据，如下图所示。

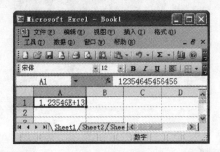

另外，日期和时间也是数字，它们有特定的格式。输入日期的方法是：在年、月、日之间用"/"或者"-"隔开，如在单元格B2中输入"2011/9/15"，按下【Enter】键后就会自动显示为"2011-9-15"。

在输入时间时，由于系统默认的是按24小时制输入，如果要按照12小时制输入，就需要在输入的时间后面先加上一个空格，然后再输入"a"或者"p"（这是用来表示上午或下午的）。例如在单元D3中输入"9:30p"，按下【Enter】键后就会自动显示为"09:30PM"。

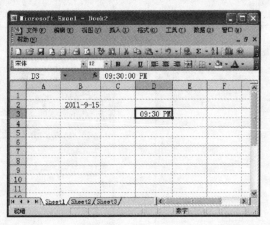

（3）逻辑值

在单元格中可以输入逻辑值TRUE和FALSE。逻辑值常用于书写条件公式，一些公式也返回逻辑值，如下图所示。

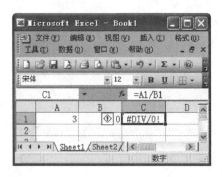

（4）出错值

在使用公式时，单元格中可显示出错的结果。例如在公式中让一个数除以0，单元格中就会显示出错值"#DIV/0!"，如下图所示。

9.3.2 自动填充数据

在Excel表格中可以使用自动填充的方法来输入不同的数据。如果手动输入1001、1002、1003这样的数据是比较麻烦的，Excel 2003具有自动填充功能，可以在多个单元格中填充相同的数据，也可以根据已有的数据按照一定的序列自动填充其他的数据，从而加快输入数据的速度。具体的操作步骤如下。

Step 01 新建一个空白Excel工作簿。

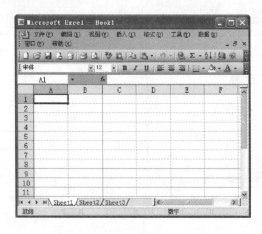

Step 02 在A1、A2单元格中分别输入"1001"和"1002"。

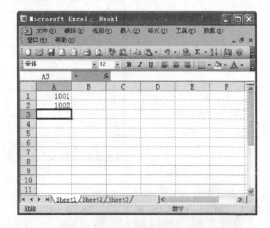

Step 03 选择单元格A3、A4，将鼠标移至右下角的填充句柄（即为黑点）上，此时箭头变成黑十字状 **✚**。

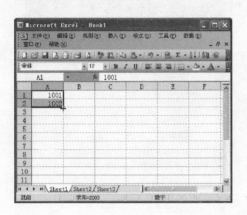

Step 04 直接向下拖动至目标单元格，松手即可根据已有的数据按照一定的序列自动填充其他的数据。

假如输入0001、0002……效果又会怎样？具体的操作步骤如下。

Step 01 在新建的工作簿中的Sheet1工作表中的B1单元格中输入"0001"。

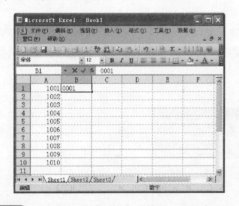

Step 02 按【Enter】键确认输入，此时可以看到，"0001"变成了"1"。

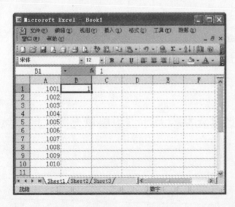

Step 03 选择B1单元格，然后选择【格式】→【单元格】菜单命令，在打开的【单元格格式】对话框中选择【数字】选项卡，在【分类】列表框中选择【文本】选项。

Step 04 单击【确定】按钮，在B1单元格中再次输入"0001"，然后按【Enter】键，即可实现预想的效果。

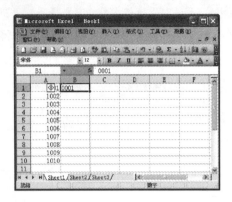

Step 05 选择【编辑】→【填充】→【序列】菜单命令，也可以自动填充数据。

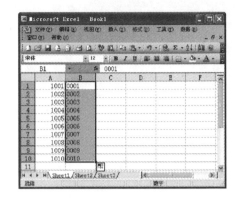

9.3.3 填充相同数据

在Excel 2003中，可以使用自动填充的方法在多个单元格中输入相同的数据。

（1）利用鼠标拖动填充

在C1单元格中输入数据"姓名"，将鼠标移至该单元格右下角的填充句柄（即为黑点）上，此时箭头变成黑十字状+，直接向下拖动至目标单元格（C10）后松手，即可输入相同的数据。

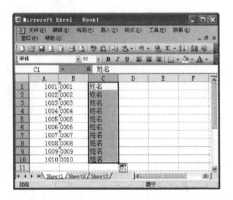

（2）利用菜单填充

在D1单元格中输入数据"年龄"，首先选中该单元格以及下方需要填充的区域，然后选择【编辑】→【填充】→【向下填充】菜单命令即可。

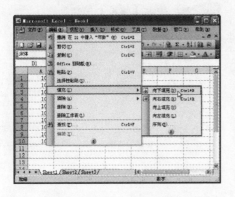

> **注意** 向下填充时，必须是选中已填充的单元格的同时选中要填充的区域，不然就会出现操作失误。

9.4 设置单元格格式

单元格是工作表的基本组成单位，也是用户可以进行操作的最小单位。在Excel 2003中，用户可以根据需要设置各个单元格的格式，包括字体格式、对齐方式以及添加边框等。

9.4.1 设置数字格式

在Excel中可以通过设置数字格式，使数字以不同的样式显示。设置数字格式常用的方法主要包括利用菜单命令、利用格式刷、利用复制粘贴以及利用条件格式等。设置数字格式的具体操作步骤如下。

Step 01 打开随书光盘中的【素材\产品统计表.xls】文件，选择需要设置格式的数字。

	A	B	C	D
1	产品统计表			
2	产品名称	2009年产量	2010年产量	比去年增长（%）
3	夏粮	2520.98	2610.55	3.431077742
4	秋粮	2499.96	2589.12	3.443641083
5	蔬菜	5237.52	5964.53	12.18888999
6	水果	507.07	522.11	2.830619027
7	肉类	543	621	12.56038647
8	禽蛋	347.4	360.2	3.553581344
9	水产品	42.2	45.36	6.9664903
10				

Step 02 选择【格式】→【单元格】菜单命令，在打开的【单元格格式】对话框中选择【数字】

选项卡。

Step 03 在【分类】列表框中选择【数值】选项，设置【小数位数】为【2】。

Step 04 单击【确定】按钮，即可完成数字格式的设置。

9.4.2 设置对齐格式

默认情况下单元格中的文字是左对齐，数字是右对齐。为了使工作表美观，用户可以设置对齐方式。具体的操作步骤如下。

Step 01 打开随书光盘中的【素材\公司日常费用开支表.xls】文件。

Step 02 选择要设置格式的单元格。

Step 03 选择【格式】→【单元格】菜单命令，在打开的【单元格格式】对话框中选择【对齐】选项卡。

Step 04 设置【水平对齐】为【居中】，【垂直对齐】为【居中】。

Step 05 单击【确定】按钮，即可查看设置后的效果，即每个单元格的数据都居中显示。

提示 在【格式】工具栏中提供有常用的对齐按钮，用户可以单击相应的按钮来设置单元格的对齐方式。

9.4.3 设置边框和底纹

工作表中显示的灰色网格线不是实际的表格线，打印时是不显示的。为了使工作表看起来更清晰，重点更突出，结构更分明，可以为表格设置边框和底纹。

Step 01 打开随书光盘中的【素材\公司日常费用开支表.xls】文件，选择要设置的单元格区域。

Step 02 选择【格式】→【单元格】菜单命令，在打开的【单元格格式】对话框中选择【边框】选项卡。

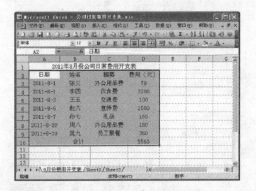

Step 03 在【样式】列表中选择线条的样式，然后单击【外边框】按钮。

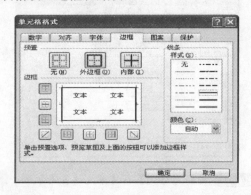

Step 04 在【样式】列表中再次选择线条的样式，然后单击【内部】按钮。

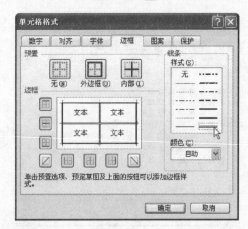

Step 05 单击【确定】按钮，完成边框的添加。

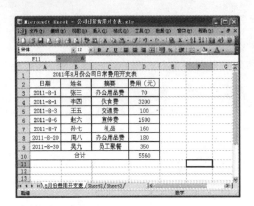

Step 06 选择要设置底纹的单元格。

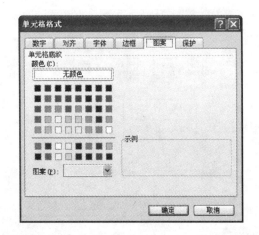

Step 07 选择【格式】→【单元格】菜单命令，在打开的【单元格格式】对话框中选择【图案】选项卡。

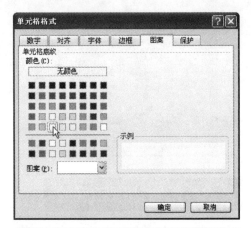

Step 09 单击【确定】按钮，即可完成单元格底纹的设置。

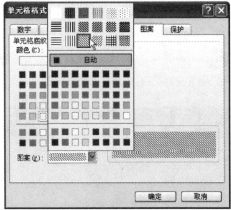

Step 08 在【颜色】下选择颜色，然后在【图案】下拉列表中选择图案的样式。

> 📶 **提示** 选择要设置的单元格区域，单击【格式】工具栏中的【边框】按钮 右边的下三角箭头，在弹出的列表中选择边框的样式，也可以为单元格快速设置边框。

9.5 调整单元格

在创建完成的工作表中，如果发现某些单元格的位置不合理或者单元格的大小不合适，可以灵活地调整单元格的大小，以使工作表更合理、更美观。用户可以用自动和手动两种方式来改变单元格大小。

9.5.1 自动调整单元格大小

用户输入数据时，Excel能根据输入字体的大小自动调整单元格，使其能容纳最大的字体。用户还可以根据自己的需要来调整单元格的大小。具体的操作步骤如下。

Step 01 打开随书光盘中的【素材\公司日常费用开支表.xls】文件，选择要调整行高的行。

Step 02 选择【格式】→【行】→【行高】菜单命令，或在选择的行上右击，在弹出的快捷菜单中选择【行高】菜单命令，也可以打开【行高】对话框。

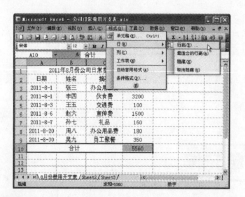

Step 03 打开【行高】对话框，设置【行高】值为【23】。

Step 04 单击【确定】按钮。

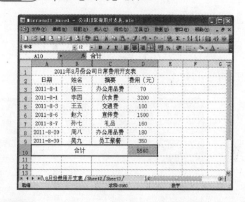

Step 05 使用同样的方法，选择【格式】→【列】→【列宽】菜单项，在弹出的【列宽】对话框中可以设置列宽值。

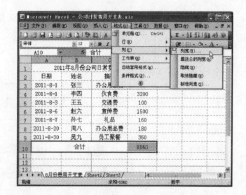

9.5.2 手动调整单元格大小

用户可以使用鼠标拖动来调整单元格的行高和列宽。

（1）调整行高

将鼠标移至行号区所选行号的下边框，当指针变为 ✛ 形状时，按住鼠标左键并拖动，调至满意的位置松手即可。

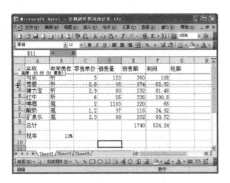

（2）调整列宽

将鼠标移至列标区所选列标的右边框，当指针变为 ✛ 形状时，按住鼠标左键并拖动，调至满意的位置松手即可。

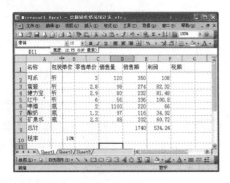
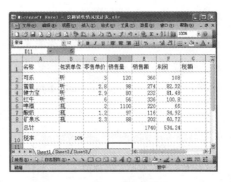

虽然用鼠标拖动的方法简单易行，但很难做到精确化。若想精确调整，建议采用菜单命令进行调整。

9.6 修改单元格

用户向工作表中输入数据后，也经常要对数据进行修改、编辑等基本操作。本节介绍单元格的删除数据、替换数据、编辑数据等基本操作。

9.6.1　删除单元格数据

若只是想清除某个（或某些）单元格中的内容，选中要清除内容的单元格，然后按【Delete】键即可。若想删除单元格，可使用菜单命令删除。删除单元格数据的具体操作步骤如下。

Step 01 打开随书光盘中的【素材\公司日常费用开支表.xls】文件，选择要删除的单元格。

Step 02 选择【编辑】→【删除】菜单命令或在选定的单元格区域上右击，在弹出的快捷菜单中选择【删除】菜单项，打开【删除】对话框。

Step 03 点选【右侧单元格左移】单选钮。

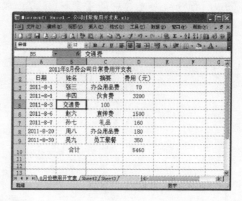

Step 04 单击【确定】按钮，即可将右侧单元格中的数据向左移动一列。

Step 05 将光标移至列标D处，当光标变成↓形状时右击，在弹出的快捷菜单中选择【删除】菜单命令。

Step 06 这样即可删除D列中的数据，同样右侧单元格中的数据也会向左移动一列。

9.6.2 替换单元格数据

使用查找与替换功能,可以在工作表中快速定位要找的信息,并且可以有选择地用其他值代替。替换数据的具体操作步骤如下。

Step 01 打开随书光盘中的【素材\公司日常费用开支表.xls】文件。

Step 02 选择【编辑】→【替换】菜单命令,打开【查找和替换】对话框。

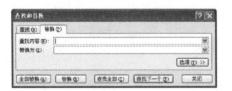

Step 03 在【查找内容】文本框中输入"2011",在【替换为】文本框中输入"2012"。

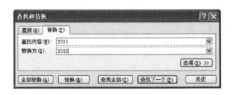

Step 04 单击【全部替换】按钮,弹出提示框,然后单击【确定】按钮即可,原来的"2011"就会全部替换成"2012"。

9.6.3 编辑单元格数据

在工作表中输入数据,需要修改时,可以通过编辑栏修改数据或者在单元格中直接修改。

(1)通过编辑栏修改

选择需要修改的单元格,编辑栏中即显示该单元格的信息。单击编辑栏后即可修改。如将D4单元格中的内容"营销经理"改为"总经理"。

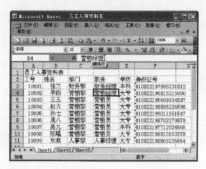 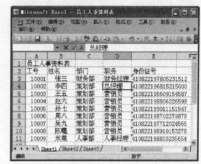

（2）在单元格中直接修改

选择需要修改的单元格，然后直接输入数据，原单元格中的数据将被覆盖。也可以双击单元格或者按【F2】键，单元格中的数据将被激活，然后即可直接修改。

9.6.4 合并单元格

为了使工作表表达的信息更加清楚，经常需要为其添加一个居于首行中央的标题，此时就需要用到单元格的合并功能，而对于合并之后的单元格，用户也可以根据自己的需要进行拆分单元格的操作。具体的操作步骤如下。

Step 01 新建一个空白文本，在A1单元格中输入"大大泡泡糖2011年8月销售统计表"。

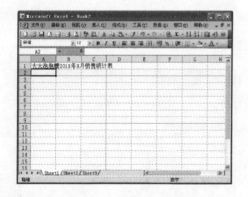

Step 02 选中需要合并的多个单元格，这里选中A1:D1单元格。

Step 03 选择【格式】→【单元格】菜单命令，在打开的【单元格格式】对话框中选择【对齐】选项卡。

Step 04 勾选【文本控制】区域中的【合并单元格】复选框。

Step 05 单击【确定】按钮，即可合并选中的单元格。对于合并之后的单元格，要想取消合并，

只需选中该单元格，然后选择【格式】→【单元格】菜单命令，在打开的【设置单元格格式】对话框中的【对齐】选项卡中取消【合并单元格】复选框即可。

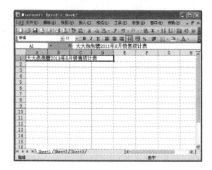

9.7 添加批注

批注是单元格的附加信息，不仅可以对单元格的数据起到说明的作用，而且还可以让用户更加轻松地了解单元格实际表达的意思，使单元格中的信息更加容易记忆。

9.7.1 添加批注

给单元格添加批注的具体步骤如下。

Step 01 打开随书光盘中的"素材\公司日常费用开支表.xls"文件，选定需要添加批注的单元格。

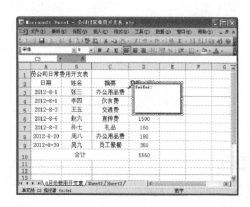

Step 02 选择【插入】→【批注】菜单命令或在需要添加批注的位置右击，在弹出的快捷菜单中选择【插入批注】菜单命令，弹出【批

注】文本框。

Step 03 在其文本框中输入注释文本，然后单击【保存】按钮，即可保存插入的批注。

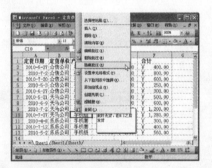

就会显示批注内容。

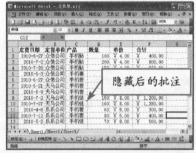

Step 04 在添加了批注的单元格的右上角有一个红色的三角符号，当鼠标指针移到该单元格时，

9.7.2 显示/隐藏批注

在查看表格数据时，可以根据需要显示或者隐藏批注。

选择要隐藏批注的单元格并右击，在弹出的快捷菜单中选择【隐藏批注】菜单命令，即可隐藏批注。

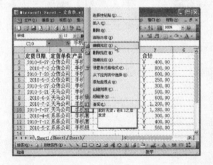

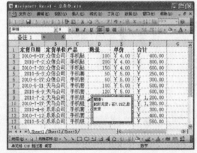

在需要显示批注的位置上右击，在弹出的快捷菜单中选择【显示/隐藏批注】菜单命令，即可显示批注。

9.7.3 编辑批注

输入批注之后，有时还需要对添加的批注进行编辑。在需要编辑批注的单元格上右击，在弹出的快捷菜单中选择【编辑批注】菜单命令，在出现的批注文本框中可修改批注。

9.8 插入图表和图形

图表和图形在一定程度上可以使表格中的数据更加直观且吸引人，具有较好的视觉效果。通过插入图表和图形，用户可以更加容易地分析数据的走向和差异，以便于预测趋势。

9.8.1 图表类型及创建

Excel 2003提供有14种内部的图表类型，每一种图表类型还有好几种子类型，另外用户还可以自定义图表，所以图表类型是十分丰富的。

（1）创建图表

创建图表的方法有两种，分别是使用图表向导创建图表和使用【图表】工具栏创建图表。

1）使用图表向导创建图表

具体操作步骤如下。

Step 01 打开随书光盘中的【素材\各部门第一季度费用表.xls】文件，然后选择数据区域，这里选择A2:D6单元格区域。

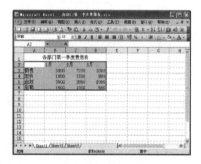

Step 02 选择【插入】→【图表】菜单命令，在打开的【图表向导-4步骤之1-图表类型】对话框中选择【柱形图】中的【簇状柱形图】。

Step 03 单击【下一步】按钮，在打开的【图表向导-4步骤之2-图表源数据】对话框中可以重新设置数据区域。

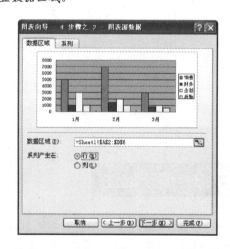

Step 04 选择【系列】选项卡，在弹出的设置界面中可以设置系列数据，包括增加和删除系统等。

Step 05 单击【下一步】按钮，在打开的【图表向导-4-步骤之3-图表选项】对话框中的【图表标题】文本框中输入"各部门第一季度费用表"。

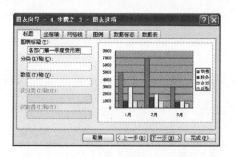

2）使用【图表】工具栏创建图表

具体的操作步骤如下。

Step 01 选择【视图】→【工具栏】→【图表】菜单命令，打开【图表】工具栏。

Step 02 按下【Ctrl】键在工作表中选择要创建图表的单元格区域。

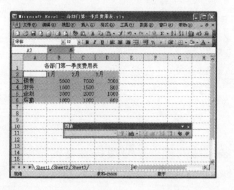

Step 06 单击【下一步】按钮，在打开的【图表向导-4-步骤之4-图表位置】对话框中可以设置图表插入的位置，这里使用默认值。

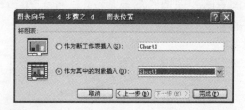

Step 07 单击【完成】按钮，即可完成图表的插入。

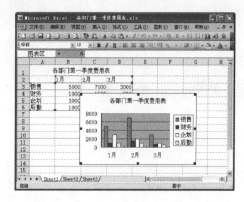

Step 03 单击【图表】工具栏中【图表类型】按钮右侧的下拉箭头按钮，在弹出的下拉列表中单击【柱形图】按钮即可直接创建一个柱形图表。

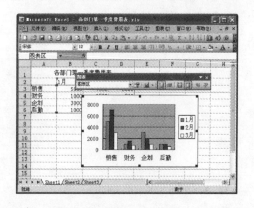

（2）认识图表各项

图表主要由绘图区、图表区、数据系列、网格线、图例、分类轴和数值轴等组成，其中图表区和绘图区是最基本的，通过单击图表区即可选中整个图表。当将鼠标指针移至图表的各个不同组成部分时，系统就会自动地弹出与该部分对应的名称。

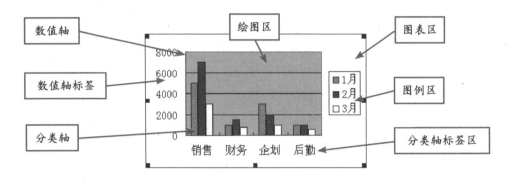

（3）常用的标准图表类型

1）柱形图

柱形图通常用来比较离散的项目，可以描绘系列中的项目，或是多个系列间的项目。Excel提供有7种柱形图子类型。如下图所示为三维簇状柱形图。

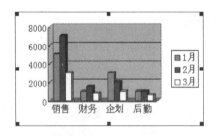

2）折线图

折线图通常用来描绘连续的数据，这对标识趋势很有用。通常，折线图的分类轴显示相等的间隔，是一种最适合反映数据之间量的变化快慢的一种图表类型。Excel支持7种折线图子类型。如下图所示为数据点折线图。

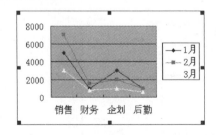

3）条形图

条形图实际上是顺时针旋转90°的柱形图。条形图的优点是分类标签更便于阅读，在这里分类项垂直组织、数据值水平组织。Excel支持6种条形图子类型。如下图所示为三维百分比堆积条形图。

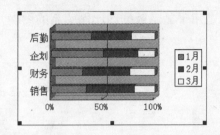

4）饼图

饼图主要用于显示数据系列中各个项目与项目总和之间的比例关系。如下图所示为三维饼图。由于饼图智能显示一个系列的比例关系，所以当选中多个系列时也只能显示其中的一个系列。

5）XY散点图

XY散点图也称作散布图或散开图。XY散点图不同于大多数其他图表类型的地方就是所有的轴线都显示数值（在XY散点图中没有分类轴线）。该图表通常用来显示两个变量之间的关系。

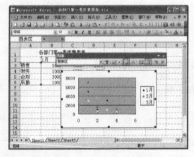

6）面积图

面积图主要用来显示每个数据的变化量，它强调的是数据随时间变化的幅度，通过显示数据的总和值直观地表达出整体和部分的关系。

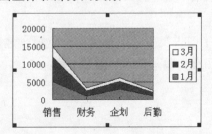

7）圆环图

圆环图与饼图类似，也是用于显示数据间比例关系的图表，所不同的是圆环图可以包含多个数据系列。它有圆环图和分离型圆环图两种子图表类型。

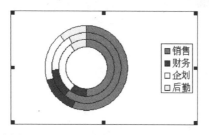 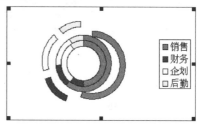

8）雷达图

雷达图主要用于显示数据系列相对于中心点以及相对于彼此数据类别间的变化，其中每一个分类都有自己的坐标轴，这些坐标轴由中心向外辐射，并用折线将同一系列中的数据值链接起来。

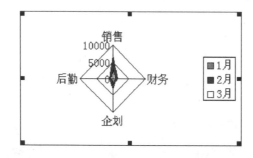

Excel 2003提供有14种标准的图表类型，除了上述8种类型之外，还有曲面图、气泡图、股价图、圆柱图、圆锥图和棱锥图6种。用户可以根据自己的需要来选择不同的图表类型。

9.8.2 编辑和美化图表

使用图表，可以使数据更加有趣、直观，易于阅读和进行评价，也有助于用户比较和分析数据。

（1）编辑图表

对于创建好的图表，若效果不太理想，可以进行编辑，以达到满意的效果。

1）更改图表类型

在建立图表时已经选择了图表类型，但如果用户觉得创建后的图表不能直观地表达工作表中的数据，还可以更改图表类型。具体的操作步骤如下。

Step 01 打开随书光盘中的"素材\数据表.xls"文件。

型】列表框中选择【条形图】选项，然后在【子图表类型】列表框中选择【三维百分比堆积条形图】选项。

Step 02 选择需要更改类型的图表，然后选择【图表】→【图表类型】菜单命令，打开【图表类型】对话框。

Step 04 单击【确定】按钮，即可更改图表的类型。

Step 03 选择【标准类型】选项卡，在【图表类

2）调整图表大小和移动图表位置

单击图表，图表的边和角上会出现黑色的小方块■，拖曳8个控制点中的任意一个，即可改变图表大小。

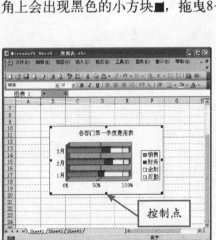

控制点

选择要移动的图表，按下鼠标左键拖曳至满意的位置，然后松开鼠标，即可移动图表的位置。

 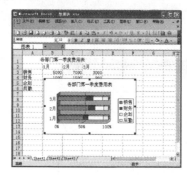

（2）增加图表功能

若用户已经创建了图表工作表，又需要添加一些数据，并在图表工作表中显示出来。具体的操作步骤如下。

Step 01 打开随书光盘中的【素材\数据表.xls】文件，在工作表中添加名称为"4月"的数据系列。

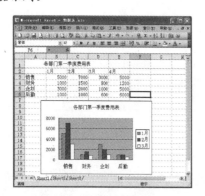

Step 02 选择要添加数据的图表，选择【图表】→【源数据】菜单命令，在打开的【源数据】对话框中选择【系列】选项卡。

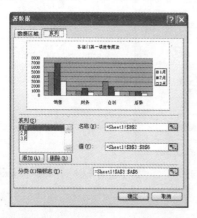

Step 03 在【系列】列表框下单击【添加】按钮，在【名称】文本框中输入"4月"。

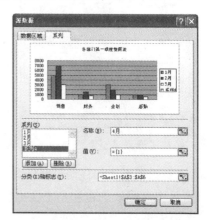

Step 04 单击【值】文本框右边的 按钮，在工作表中选择要添加的数据系列（如E3:E6单元格区域），然后单击 按钮，返回【数据源】对话框的【系列】选项卡。

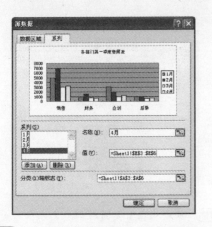

Step 05 单击【确定】按钮，即可将数据添加到图表中。

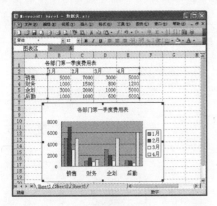

如果要删除图表中的数据系列，则可选择图表中要删除的数据系列，然后按【Delete】键，即可删除数据表中的系列。

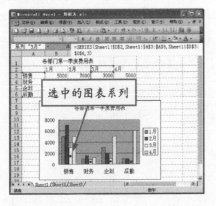

选中的图表系列

如果希望工作表中的某个数据系列与图表中的数据系列一起删除，则需要选中工作表中的数据系列所在的单元格区域，然后按【Delete】键即可。

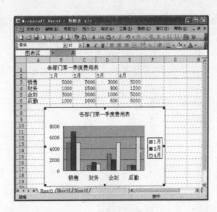

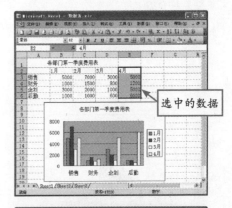

选中的数据

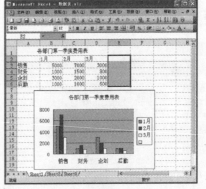

（3）美化图表

为了使图表更加漂亮、直观，可以在图表中添加横排或竖排文本框，使图表含有更多的信息。具体的操作步骤如下。

Step 01 打开随书光盘中的"素材\数据表1.xls"文件，然后单击要添加文本的图表。

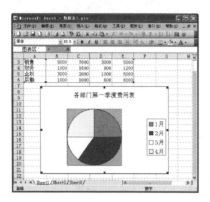

Step 02 选择【视图】→【工具栏】→【绘图】菜单命令，在打开的【绘图】工具栏中，单击【文本框】按钮 。

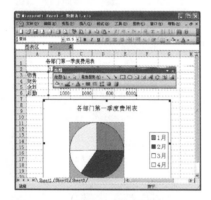

Step 03 在图表中单击并拖曳鼠标，画出文本框区域。

Step 04 在文本框中键入文字"三月费用最低"，然后在文本框外单击鼠标，即可结束输入。

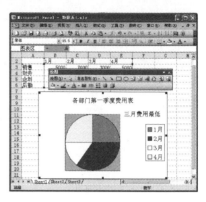

Step 05 可以根据需要随时调整文本框的大小和位置。将鼠标指针移近文本框，当鼠标指针变为十字箭头 形状时按下左键拖曳，可以调整文本框的位置，当鼠标指针变为双箭头 形状时拖曳，可以改变文本框的大小。

Step 06 双击文本框，在打开的【设置文本框格式】对话框中选择【字体】选项卡，然后设置【字体】为【隶书】，【字形】为【加粗】，【字号】为【10】，【颜色】为【红色】。

Step 07 单击【确定】按钮，即可设置文本框中的文字。

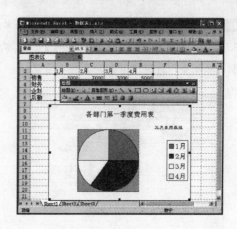

（4）显示和打印图表

图表创建好之后，用户可以在打印预览下查看最终效果图，然后对满意的图表进行打印。

Step 01 打开一个创建好的图表文件，然后选择需要打印的图表。

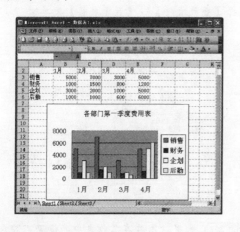

Step 02 选择【文件】→【打印预览】菜单命令，即可查看打印效果。如果符合要求，单击【打印】按钮，即可开始打印图表。

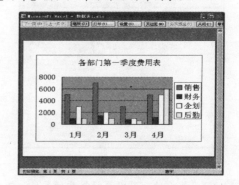

9.8.3 插入图形

Excel具有十分强大的绘图功能。除了可以在工作表中绘制图表外，还可以在工作表中绘制各种漂亮的图形，或添加图形文件、艺术字等，以使工作表更加美观、有趣。

（1）插入剪贴画

剪辑管理器是Office套件的一个共享程序，可以从其他的Microsoft Office应用程序中访问它，它又被称做剪贴画图库。插入剪贴画的具体步骤如下。

Step 01 选择剪贴画插入的位置（如默认的单元格A1），然后选择【插入】→【图片】→【剪贴画】菜单命令，打开【剪贴画】任务窗格。

Step 02 在【搜索文字】文本框中输入"图"，然后单击【搜索】按钮。

Step 03 在搜索的结果中选择满意的图像，直接单击该图像即可插入到工作表。

> **提示** 也可以单击该缩略图右边悬浮的下拉按钮，在弹出的下拉列表中选择【插入】选项，即可插入所选的剪贴画。
>
>

Step 04 根据需要，可以选择剪贴画的叠放层次。选择该剪贴画并右击，在弹出的快捷菜单中选择【叠放次序】→【置于底层】菜单项。

Step 05 如果对图片在工作表中的位置不满意，还可以移动图片。选中图片，然后按住鼠标左键拖至满意的位置后释放即可。

Step 06 如果对图片的大小不满意，可以调整图片的大小。选中该图片，将鼠标移至图片四角的空心圆上，光标变成斜向的双向箭头 形状，拖动至满意的位置后松手即可。

（2）插入图形文件

若对系统提供的剪贴画不满意，还可以将电脑磁盘中储存的文件导入到工作表中。具体的操作步骤如下。

Step 01 选择图片插入位置，然后选择【插入】→【图片】→【来自文件】菜单命令。

Step 02 在打开的【插入图片】对话框中找到所需图片的路径，然后选择图片。

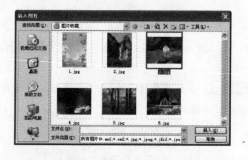

Step 03 单击【插入】按钮，即可将选择的图片插入到Excel表格中。

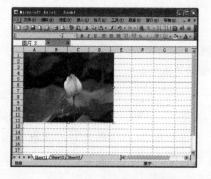

（3）插入自选图形

在【绘图】工具栏的【自选图形】菜单中有各种图形，用户可以根据需要将自选图形插入到Excel表格中。具体的操作步骤如下。

Step 01 选择【视图】→【工具栏】→【绘图】
菜单命令，打开【绘图】工具栏。

Step 02 单击【自选图形】按钮，在弹出的菜单
中选择需要的图形（这里选择【基本形状】下的
"笑脸"图形）。

Step 03 鼠标变为+形状，然后在Excel表格中按
住鼠标左键拖曳。

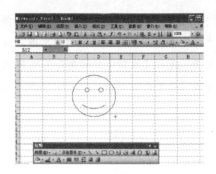

Step 04 拖曳到合适的位置后松开鼠标，即可绘
制出选择的图形。

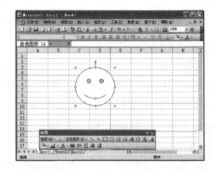

另外，一些自选图形需要使用不同的方法创建。例如，添加"任意多边形"自选图形
时（自选图形中的线条类），需要重复单击来完成线条的创建，或者单击并拖曳鼠标来创
建非线性的图形，双击鼠标结束绘制并创建图形；当绘制曲线图形时，也需要多次点击才
能绘制。

（4）插入艺术字

在Word中可以插入艺术字，同样在Excel中也可以插入艺术字。具体的操作步骤如下。

Step 01 选择【插入】→【图片】→【艺术字】
菜单命令。

Step 02 在打开的【艺术字库】对话框中选择一
种艺术字样式。

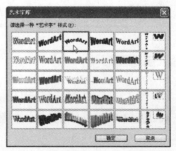

Step 03　单击【确定】按钮，打开【编辑"艺术字"文字】对话框。用户也可以根据需要设置【字体】和【字号】等。

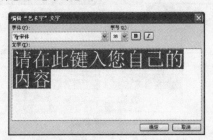

Step 04　在【文字】文本框中输入"插入艺术字"，单击【确定】按钮，即可插入艺术字。

（5）插入组织结构图

组织结构图是指结构上有一定从属关系的图形。组织结构图关系清晰、一目了然，在日常工作中经常使用。插入组织结构图的具体步骤如下。

Step 01　选择【插入】→【图片】→【组织结构图】菜单命令，即可在工作表中插入默认的组织结构图，并弹出【组织结构图】工具栏。

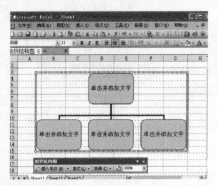

Step 02　选中组织结构图中的根结点，然后在【组织结构图】工具栏中选择【插入形状】→【助手】选项。

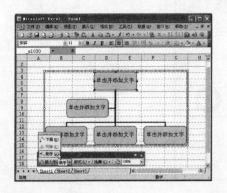

Step 03　这样即可为组织最上层结点添加一个助手结点。

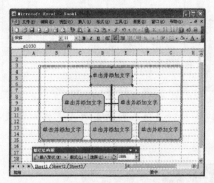

Step 04　选中组织结构图中的最底层中间结点，然后选择【插入形状】→【同事】选项。

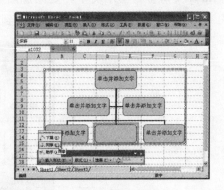

Step 05　这样即可为其添加一个同事结点。

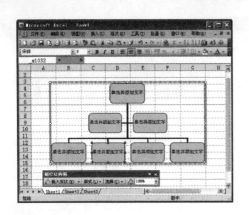

Step 06 选择【插入形状】→【下属】选项，即可为其添加一个下属结点。

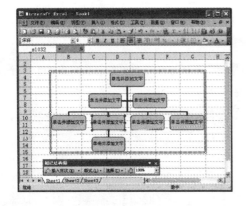

Step 07 选择【插入形状】→【下属】选项，再

为其添加一个下属结点。

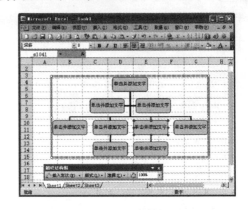

Step 08 分别在组织结构图的文本框中填入相应的职位，即可完成组织结构图。

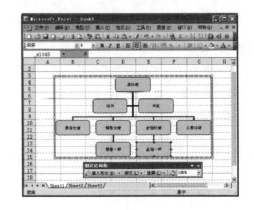

9.8.4 插入图示

Excel支持多种图示类型。要添加图示，可以选择【插入】→【图示】菜单命令，从打开的【图示库】对话框中选择图示插入到Excel表格中。具体的操作步骤如下。

Step 01 选择【插入】→【图示】菜单项，在打开的【图示库】对话框中选择【循环图】图示。

Step 02 单击【确定】按钮，即可将【循环图】图示插入Excel表格中，同时打开【图示】工具栏。

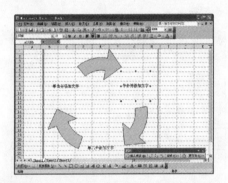

Step 03 单击【图示】工具栏中的【插入形状】按钮，即可插入一个形状。

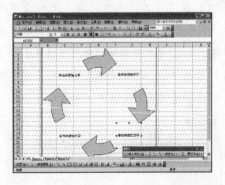

Step 04 在"单击并添加文字"处输入相应的文字。

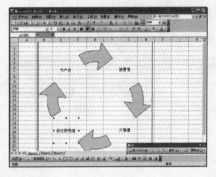

Step 05 在循环图示的中间插入一个自选图形（这里插入一个箭头样式的自选图形），并调整自选图形的大小和方向。

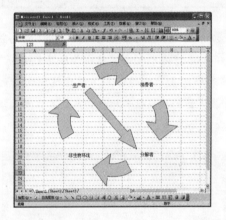

9.9　职场技能训练

本实例介绍如何制作员工信息登记表。通常情况下，员工信息登记表中的内容会根据企业的不同要求来添加相应的内容。

下面就具体介绍一下创建员工信息登记表的具体操作步骤。

Step 01 创建一个空白工作簿，并删除多余的工作表Sheet2和Sheet3，同时对Sheet1进行重命名，然后将该工作簿保存为"员工信息登记表"。

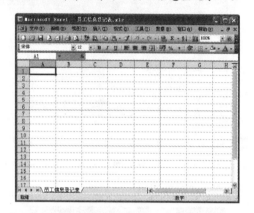

Step 02 输入表格文字信息。在"员工信息登记表"工作表中选中A1单元格，并在其中输入"员工信息登记表"标题信息，然后按照相同的方法，在表格的相应位置根据企业的具体要求输入相应的文字信息。

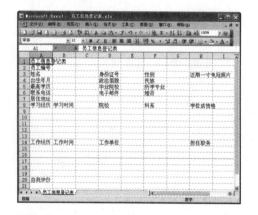

Step 03 加粗表格的边框。在"员工信息登记表"工作表中选中A3:H24单元格区域，按下【Ctrl+1】组合键，打开【设置单元格格式】对话框，在其中选择"边框"选项卡，然后单击【内部】按钮，再将线条样式设置为"————"，并在预览草图中依次单击表格的4条外边线使之加粗。

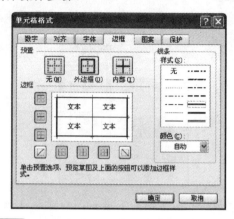

Step 04 设置完毕后，单击【确定】按钮，即可将"员工信息登记表"的边框以"————"的线条样式显示出来。

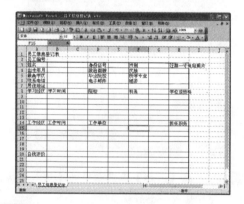

Step 05 在"员工信息登记表"工作表中选中A1:H1单元格区域，在"培训需求调查表"工作表中选中A1:I1单元格区域，选择【格式】→【单元格】菜单命令，打开【单元格格式】对话框，在其中选择【对齐】选项卡，并勾选【合并单元格】复选框。

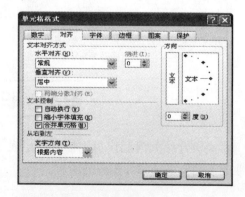

Step 06 单击【确定】按钮，即可合并选中的单元格区域为一个单元格，然后按照相同的方式合并表格中其他的单元格区域为一个单元格，最终的显示效果如下图所示。

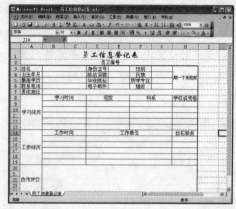

所示。

Step 09 设置文字自动换行。在"员工信息登记表"工作表中选中H3、A8、A14和A20单元格，然后按下【Ctrl+1】组合键打开【单元格格式】对话框，在其中选择"对齐"选项卡，并勾选【自动换行】复选框。

Step 07 设置字体和字号。在"员工信息登记表"工作表中选中A1单元格，在【常用】格式工具条中将标题文字的设置为"华文新魏"，将字号设置为"20"，然后将"近期一寸免冠照片"文字的字号设置为10。

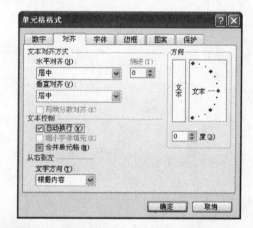

Step 08 设置文本的对齐方式。在"员工信息登记表"工作表中选中A1单元格，在常用工具栏中单击【居中】按钮，即可将表格的标题文字居中显示。参照同样的方式，将A2:A7单元格区域中的文本以"靠左（缩进）"的方式显示；将A8:D19单元格区域的文本以"居中"的方式显示；将A20、H3、H8和H14单元格的文本以"居中"的方式显示，设置完毕后的显示效果如下图

Step 10 设置完毕后，单击【确定】按钮，即可将H3、A8、A14和A20单元格中的文本自动换行显示。

Step 11 调整表格的行高和列宽。在"员工信息登记表"工作表中移动光标到A列和B列中间，当光标变成╫形状时，单击鼠标左键并向右拖动鼠标到合适的位置，以调整A列表格的列宽，然后按照相同的方式，调整其他列的列宽到合适的位置。

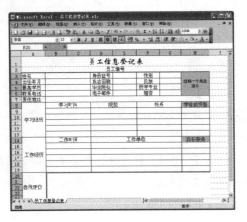

Step 12 设置表格的行高。在"员工信息登记表"工作表中移动光标到1行和2行中间，当光标变成╪形状时，单击鼠标左键并向下拖动鼠标到合适的位置，以调整1行表格的行高，然后按照相同的方式，调整其他行的行高到合适的位置，将表格的列宽和行高都调整完毕后的显示效果如下图所示。

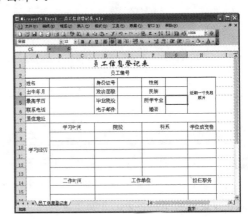

第 **10** 天 星期五

自动化运算——公式和函数

（视频 **78** 分钟）

今日探讨

今日主要探讨公式和函数的使用，如何输入公式、输入函数、数据的排序、筛选数据、合并计算数据以及如何使用数据透视表与数据透视图。

今日目标

通过第10天的学习，读者能根据自我需求独自完成公式和相关函数的使用。

快速要点导读

- ➔ 掌握公式的使用方法
- ➔ 了解函数的使用方法
- ➔ 掌握数据的排序方法
- ➔ 掌握筛选数据的方法
- ➔ 掌握数据透视表与数据透视图的使用方法

学习时间与学习进度

420分钟　　　　　19%

10.1 公式

公式是由一系列单元格的值、函数以及运算符组成的，使用公式可以对数值进行加、减、乘、除等运算。

10.1.1 输入公式

输入公式时不仅可以在单元格中直接输入，而且还可以在公式编辑栏中输入。在单元格中输入公式的方法包括一般输入和数值输入等。

（1）一般输入

在Excel中输入公式时首先应该选中要输入公式的单元格，然后在其中输入"="，系统就会认为正在输入一个公式，输入完毕后按下【Enter】键即可。例如在选定的单元格中输入"=TODAY（）"，然后按下【Enter】键，则该单元格中将自动填充上当天的日期。

另外，如果在选定的单元格中输入数字公式，也可以计算出相应的结果。如在选中的单元格中输入"=3+5"，输入时字符会同时出现在单元格和编辑栏中，这时再按下【Enter】键，该单元格就会显示计算的结果"8"。

 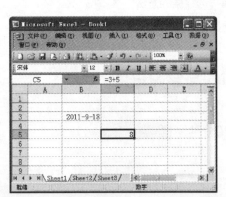

（2）数值输入

当需要输入的公式的首项为数值时，可以使用数值输入方法。具体的操作步骤如下。

Step 01　打开Excel工作界面，选择【工具】→【选项】菜单命令，打开【选项】对话框。

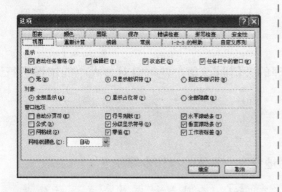

Step 02　选择【1-2-3的帮助】选项卡，在其中的【工作表选项】组合框中勾选【转换Lotus 1-2-3公式】复选框。

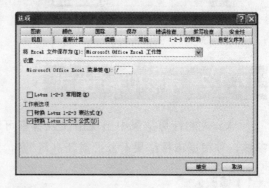

Step 03　单击【确定】按钮，此后直接在单元格中输入首项为数值的公式，然后按下【Enter】键便可以得到公式的计算结果。

（3）单击输入

单击输入更加简捷，不容易出错。例如在单元格C1中输入公式"=A1+B1"也可以单击输入。具体的操作步骤如下。

Step 01　在A1和B1单元格中分别输入3和5，然后单击单元格C1，输入"="。

Step 03　输入"加号"（+），单元格A1的虚线边框会变为实线边框。

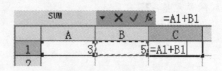

Step 04　单击单元格B1。

Step 02　单击单元格A1，单元格周围会显示一个活动虚框，同时单元格引用会出现在单元格C1和编辑栏中。

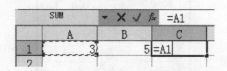

Step 05　设置完成，按【Enter】键，即可得到相应的结果。

> **提示** 编辑栏中显示的3个工具按钮分别是 ✕（取消）、✓（输入）和 *fx*（插入函数）。

10.1.2 审核和编辑公式

当公式的计算结果中出现错误或者不可理的数值时，用户就可以对公式中的错误进行审核，并根据审核结果对公式重新进行编辑。

（1）修改公式

如果发现输入的公式有错误，可以很容易地修改。具体的操作步骤如下。

Step 01 在表格中输入数据和公式，单击包含要修改公式的单元格A7。

Step 02 在编辑栏中对公式进行修改，如将"=SUM（A1:A6）/6"改为"=SUM（A1:A6）"。按【Enter】键完成修改。

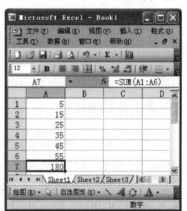

（2）复制公式

下面举例说明如何复制单元格中的公式，具体的操作步骤如下。

Step 01 在表格中输入数据和公式，然后单击包含公式的单元格A7。

Step 02 选择【编辑】→【复制】菜单命令，或者在单元格上右击，然后在弹出的快捷菜单中选择【复制】菜单命令。

Step 03 单击B7单元格，然后选择【编辑】→【选择性粘贴】菜单命令，在打开的【选择性粘贴】对话框中点选【公式】单选钮。

Step 04 单击【确定】按钮，B7中显示1800，这样就把A7中的公式复制到B7单元格中了。

> 📶 **提示** 单击B7单元格，在编辑栏中会发现B7中的公式是"=SUM（B1:B6）"，而A7中的公式是"=SUM（A1:A6）"。这是因为在复制后的公式中，单元格的引用会自动改变。

（3）移动公式

移动单元格中的公式的具体步骤如下。

Step 01 在表格中输入数据和公式，然后选择包含公式的单元格B7。

Step 02 将鼠标移到B7单元格的边框上，当指针变为形状时按下左键。

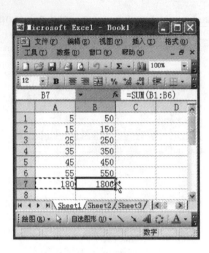

Step 03 拖曳鼠标到C7单元格，然后释放，即可移动B7单元格中的公式到C7单元格中。

10.1.3 显示公式

默认情况下，Excel 2003在单元格中只显示公式的计算结果，而不显示公式本身。要显示公式，需选定单元格，在编辑栏中可以看到公式。设置显示公式的具体操作步骤如下。

Step 01 打开随书光盘中的【素材\年龄平均表.xls】文件。

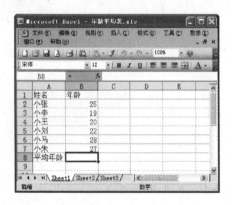

Step 02 在确认B8单元格选定的情况下，选择【插入】→【函数】菜单命令，打开【插入函数】对话框，在【选择函数】列表框中选择【AVERAGE】函数。

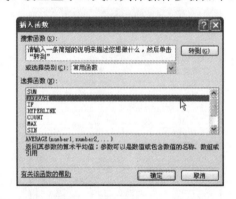

Step 03 单击【确定】按钮，在打开的【函数参数】对话框中的【Number1】文本框中设置区域，这里使用默认区域。

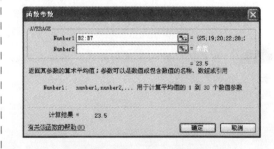

Step 04 设置完成单击【确定】按钮，即可在编辑栏中看到公式"=AVERAGE（B2:B7）"。

10.2 函数

函数其实就是已经定义好的公式，它不仅可以将复杂的数学表达式简单化，而且还可以获得一些特殊的数据。常见的函数有逻辑函数、统计函数、文本函数等。

10.2.1 函数类型

Excel 2003中的函数一共有11类，分别是数据库函数、日期与时间函数、工程函数、信息函数、财务函数、逻辑函数、统计函数、查找和引用函数、文本函数、数学和三角函数。下表给出了这些函数按照功能的分类。

分类	功能简介
数据库函数	分析数据清单中的数值是否符合特定条件
日期与时间函数	在公式中分析、处理日期和时间值
工程函数	用于工程分析
信息函数	确定存储在单元格中数据的类型
财务函数	进行一般的财务计算
逻辑函数	进行逻辑判断或者复合检验
统计函数	对数据区域进行统计分析
查找和引用函数	在数据清单中查找特定数据或者查找一个单元格引用
文本函数	在公式中处理字符串
数学和三角函数	进行数学计算

（1）文本函数

文本函数用于在公式中处理一些文本或字符。文本函数较多，下面以常用的TEXT函数和FIND函数说明。

1）TEXT函数 功能是设置数字格式，并将其转换为文本，可将数值转换为按指定数字格式表示的文本。其格式为TEXT(value,format_text)。参数：value表示数值，也可以是对包含数字的单元格的引用；format_text为用引号括起的文本字符串的数字格式。

下面以将"工作量"转换为"工资收入"为例，讲解TEXT函数的应用。

Step 01 打开随书光盘中的【素材\ch10\员工工资表.xls】文件。

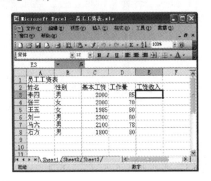

Step 02 选择单元格E3，在其中输入公式"=TEXT(C3+D3*10,"￥#.00")"。

Step 03 按【Enter】键，即可完成"工资收入"的计算。

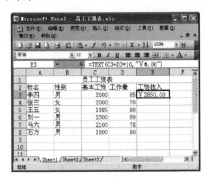

Step 04 利用快速填充功能，完成其他单元格的操作。

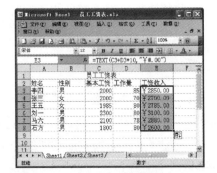

2）FIND函数　查找文本字符串。以字符为单位，查找一个文本字符串在另一个字符串中出现的起始位置编号。该函数的格式与参数如下。

格式：FIND(find_text, within_text, start_num)

参数：find_text表示要查找的文本或文本所在的单元格，输入要查找的文本需用双引号引起来，find_text不允许包含通配符，否则FIND函数返回错误值"#VALUE!"；within_text包含要查找的文本或文本所在的单元格，within_text中没有find_text，FIND函数则返回错误值"#VALUE!"；start_num指定开始搜索的字符，如果省略start_num，其值为1，如果start_num不大于0，FIND函数则返回错误值"#VALUE！"。

下面以查找身份证号码中的数字信息为例，讲解FIND函数的应用。具体操作步骤如下。

Step 01 打开随书光盘中的【素材\ch10\身份证统计表.xls】文件。

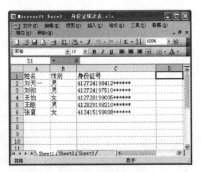

Step 02 选择单元格D2，在其中输入公式 **Step 03** 利用快速填充功能，完成其他单元格的
"=FIND("8",C2,1)"，按【Enter】键，即可显示 操作。
"8"所在的起始位置。

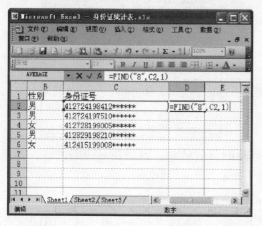

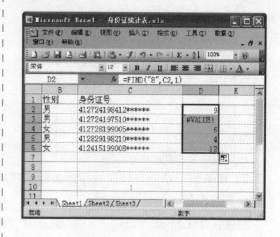

（2）逻辑函数

逻辑函数用来进行逻辑判断或者复合检验，逻辑值包括真（TRUE）和假
（FALSE）。

1）AND函数　功能是返回逻辑值，如果所有的参数值均为逻辑"真（TRUE）"，
则返回逻辑"真（TRUE）"，反之返回逻辑"假（FALSE）"。该函数的格式与参数含
义如下。

格式：AND(logical1,logical2,…)

参数：logical1,logical2,logical3……表示待测试的条件值或表达式，最多为255个。

下面使用AND函数来判断每个人4个季度销售手机的数量是否均大于100台，如果大于
则为完成工作量，否则为没有完成工作量。具体操作步骤如下。

Step 01 打开随书光盘中的【素材\ch10\手机销 **Step 02** 在单元格F2中输入公式"=AND(B2>
售统计表.xls】文件。 100,C2>100,D2>100,E2>100)"。

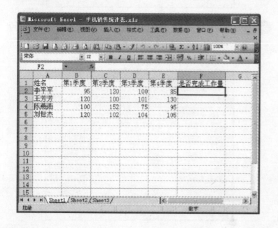

Step 03 按【Enter】键，即可显示完成工作量的信息。

Step 04 利用快速填充功能，判断其他员工工作量的完成情况。

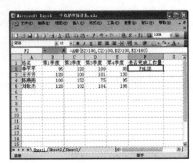

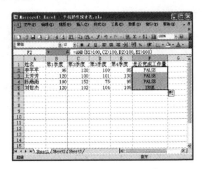

2）IF函数　功能是根据对指定条件的逻辑判断的真假结果，返回相对应的内容。该函数的格式与参数含义如下。

格式：IF(Logical,Value_if_true,Value_if_false)。

参数：Logical代表逻辑判断表达式；Value_if_true表示当判断条件为逻辑"真（TRUE）"时的显示内容，如果忽略此参数，则返回"0"；Value_if_false表示当判断条件为逻辑"假（FALSE）"时的显示内容，如果忽略，则返回"FALSE"。

下面使用IF函数判断学生的总分是否大于等于200，如果总分大于等于200则显示为合格，否则显示为不合格。具体操作步骤如下。

Step 01 打开随书光盘中的【素材\ch10\学生成绩统计表.xls】文件。

Step 03 按【Enter】键，即可显示单元格G2是否为合格。

Step 02 在单元格G2中输入公式"=IF(F2>=200,"合格","不合格")"。

Step 04 利用快速填充功能，完成对其他学生的成绩的判断。

（3）日期与时间函数

日期与时间函数用于分析、处理日期和时间值。本小节以常用的DATE函数、YEAR函数为例说明。

1）DATE函数　功能是返回代表日期的数字。该函数的格式与参数含义如下。

格式：DATE(year,month,day)

参数：year代表年份（小于9999），month代表月份（可以大于12），day代表天数。

下面使用DATE函数计算电影的播放天数。具体的操作步骤如下。

Step 01 打开随书光盘中的【素材\ch10\电影播放时间统计表.xls】文件。

Step 03 按【Enter】键，即可计算出播放的天数。

Step 02 选择单元格G4，在其中输入公式"=DATE(B4，E4，F4）-DATE(B4,C4,D4)"。

Step 04 利用快速填充功能，完成其他单元格的操作。

2）YEAR函数　功能是返回某日对应的年份。显示日期值或日期文本的年份，返回值的范围为1900～9999的整数。该函数的格式与参数含义如下。

格式：YEAR(serial_number)

参数：serial_number为一个日期值，其中包含需要查找年份的日期。可以使用DATE函数输入日期，或者将函数作为其他公式或函数的结果输入，如果参数以非日期形式输入，则返回错误值"#VALUE！"。

下面使用YEAR函数统计员工的"上岗年份"。具体的操作步骤如下。

Step 01 打开随书光盘中的【素材\ch10\员工上岗时间统计表.xls】文件。

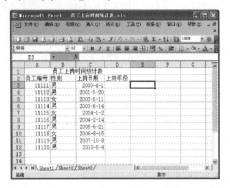

Step 02 选择单元格D3，在其中输入公式"=YEAR(C3)"。

Step 03 按【Enter】键，即可计算出"上岗年份"。

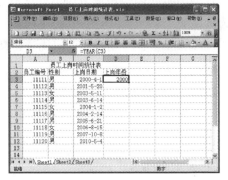

Step 04 利用快速填充功能，完成其他单元格的操作。

10.2.2　输入函数

下面以使用SUM函数计算数据的总和为例，来介绍如何在Excel中输入函数。具体的操作步骤如下。

Step 01 打开随书光盘中的【素材\ch10\学生成绩统计表1.xls】文件，然后选择要计算"总成绩"的单元格F2，单击编辑栏上的【插入函数】按钮。

Step 02 打开【插入函数】对话框，在【选择函数】列表框中选择【SUM】函数，单击【确定】按钮。

Step 03 打开【函数参数】对话框，单击
【Number1】文本框右边的【工作表】按钮。

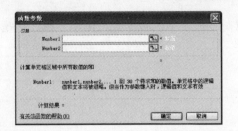

Step 04 在工作表中单击单元格C2，出现活动
选定框，然后按下鼠标左键拖曳至E2，即选中
C2:E2单元格区域，单击按钮。

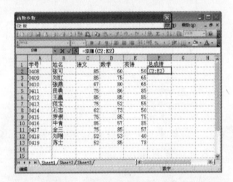

Step 05 返回【函数参数】对话框。

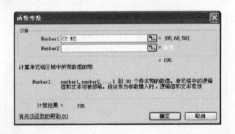

Step 06 单击【确定】按钮，即可在F2单元格中
显示学生"张可"总成绩。

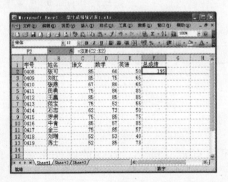

Step 07 单击F2单元格，选择【编辑】→【复
制】菜单命令，然后选择F3:F13单元格区域，选择
【编辑】→【选择性粘贴】菜单命令。

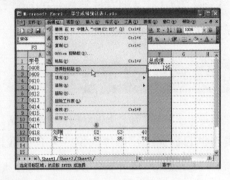

Step 08 打开【选择性粘贴】对话框，在其中点
选【公式】单选钮。

Step 09 单击【确定】按钮，即可将其他学生的
总成绩计算出来。

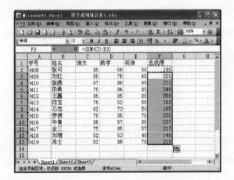

10.3 数据排序

Excel 2003不仅拥有计算数据的功能，还可以对工作表中的数据进行排序，排序的类型主要包括升序、降序等。

10.3.1 升序与降序

按照一列进行升序或降序排列是最常用的排序方法，下面以对【学生成绩统计表1.xls】的表格中的数据进行排序为例，来介绍数据排序的具体操作步骤。

Step 01 打开随书光盘中的【素材\ch10\学生成绩统计表1.xls】文件，单击数据区域中的任意一个单元格，然后选择【数据】→【排序】菜单命令。

Step 02 打开【排序】对话框，在其中的【主要关键字】下拉列表中选择【总成绩】选项，并点选【降序】单选钮。

Step 03 单击【确定】按钮，即可看到"总成绩"从高到低进行排序。

> 📶 **提示** 也可以直接单击"总成绩"列中的任意一个单元格（空单元格除外），然后单击常用工具栏中的【升序】 ![按钮] 按钮即可，此方法更简捷。

10.3.2 自定义排序

除了可以对数据进行升序或降序排列外，还可以自定义排序，具体的操作步骤如下。

Step 01 打开随书光盘中的【素材\ch10\学生成绩统计表1.xls】文件。

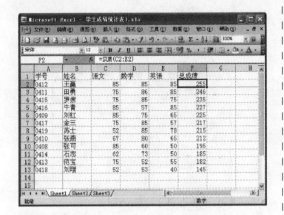

Step 02 选择【工具】→【选项】菜单命令，在打开的【选项】对话框中选择【自定义序列】选项卡，在【输入序列】列表框中输入自定义序列"王赢、田勇、刘红、金三、苏士、罗崇、牛青、张燕、张可、石志、范宝、刘增"。

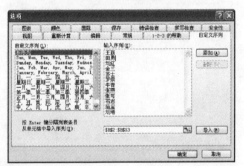

Step 03 单击【添加】按钮，即可将输入的序列添加到【自定义序列】列表框之中，然后单击【确定】按钮即可。

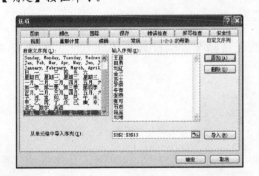

Step 04 单击工作表中的任意一个单元格，选

择【数据】→【排序】菜单命令，在打开的【排序】对话框中的【主要关键字】下拉列表中选择【列A】选项，并点选【降序】单选钮。

Step 05 单击【选项】按钮，在打开的【排序选项】对话框中的【自定义排序次序】下拉列表中选择自定义的序列【王赢、田勇、刘红、金三、苏士、罗崇、牛青、张燕、张可、石志、范宝、刘增】。

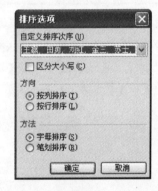

Step 06 单击【确定】按钮，即可看到排序后的结果。

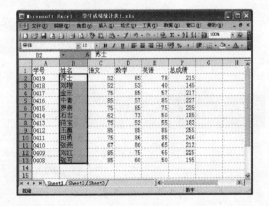

10.3.3　其他排序方式

按一列排序时，经常会遇到同一列中有多条数据相同的情况。若想进一步排序，就可以按多列进行排序，Excel可以对不超过3列的数据进行多列排序。具体的操作步骤如下。

Step 01　打开随书光盘中的【素材\ch10\学生成绩统计表1.xls】文件，单击数据区域中的任意一个单元格。

Step 02　选择【数据】→【排序】菜单命令，在打开的【排序】对话框中的【主要关键字】下拉列表中选择【总成绩】选项，在【次要关键字】下拉列表中选择【语文】，并点选【降序】单选钮。

Step 03　单击【确定】按钮，即可看到排序后的效果。

10.4　筛选数据

通过Excel提供的数据筛选功能，可以使工作表只显示符合条件的数据记录。数据的筛选有自动筛选和高级筛选两种方式，使用自动筛选是筛选数据极其简便的方法，而使用高级筛选则可规定很复杂的筛选条件。

10.4.1　自动筛选数据

通过自动筛选，用户就能够筛选掉那些不想看到或者不想打印的数据，具体的操作步骤如下。

Step 01 打开随书光盘中的【素材\ch10\员工工资统计表.xls】文件，单击任意一个单元格。

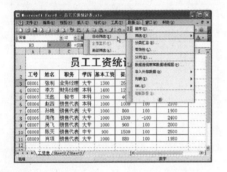

Step 02 选择【数据】→【筛选】→【自动筛选】菜单命令。

Step 03 此时在每个字段名的右边都会有一个下箭头。

Step 04 单击"学历"右边的下箭头，在弹出的下拉列表中选择"本科"选项。

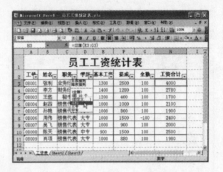

Step 05 筛选后的工作表如下图所示，只显示了"学历"为"本科"的数据信息，其他的数据都被隐藏起来了。

> **提示** 使用自动筛选的字段，其字段名右边的下箭头会变为蓝色。如果单击"学历"右侧的下箭头，在弹出的下拉列表中选择"全部"选项，则可以取消对"学历"的自动筛选。

10.4.2　按所选单元格的值进行筛选

除了可以自动筛选数据外，用户还可以按照所选单元格的值进行筛选，如这里想要筛选出员工工资超过2000并包含2000的数据信息，采用自动筛选就无法实现。此时可以通过自动筛选中的自定义筛选条件来实现。筛选出工资大于等于2000的具体操作步骤如下。

Step 01 打开随书光盘中的【素材\ch10\员工工资统计表.xls】文件，单击任意一个单元格，选择【数据】→【筛选】→【自动筛选】菜单命令，此时在每个字段名的右边都会有一个下箭头。

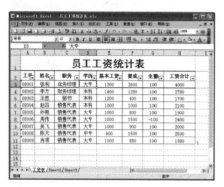

Step 02 打开【工资合计】右边的下箭头，在弹出的下拉列表中选择【（自定义）】选项。

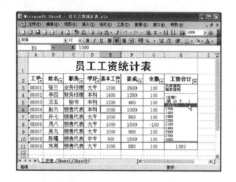

Step 03 打开【自定义自动筛选方式】对话框，在第1行的条件选项中选择【大于或等于】，在其右边输入"2000"。

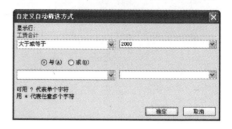

Step 04 单击【确定】按钮，即可筛选出工资大于等于2000的信息。

10.4.3 高级筛选

如果用户想要筛选出条件更为复杂的信息，则可以使用Excel的高级筛选功能。如想要在销售代表中筛选出其中大专生的合计工资超过2000并包含2000的信息，其具体的操作步骤如下。

Step 01 打开随书光盘中的【素材\ch10\员工工资统计表.xls】文件，在第1行之前插入3行，在C1、D1、E1单元格中分别输入"职务"、"学历"、"工资合计"，在C2、D2、E2单元格中输入筛选条件分别为"销售代表"、"大专"、">=2000"。

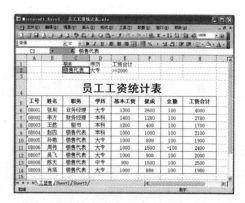

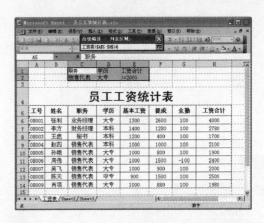

Step 02 单击任意一个单元格，但不能单击条件区域与数据区域之间的空行，选择【数据】→【筛选】→【高级筛选】菜单命令。

Step 03 打开【高级筛选】对话框。

Step 04 单击【列表区域】文本框右边的按钮，用鼠标在工作表中选择要筛选的列表区域范围（如A5:H14）。

Step 05 单击其右侧的按钮，返回【高级筛选】对话框。

Step 06 单击【条件区域】文本框右边的按钮，用鼠标在工作表中选择要筛选的条件区域范围（如C1:E2）。

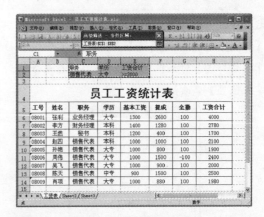

Step 07 单击其右侧的按钮，返回【高级筛选】对话框，单击【确定】按钮。

Step 08 这样即可筛选出符合预设条件的信息。

📶 **注意** 在选择【条件区域】时一定要包含【条件区域】的字段名。

在高级筛选中还可以将筛选结果复制到工作表的其他位置，这样在工作表中既可以显示原始数据，又可以显示筛选后的结果。具体的操作步骤如下。

Step 01 建立条件区域，然后在条件区域中设置筛选条件。

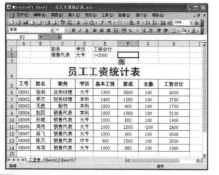

Step 02 单击任意一个单元格。选择【数据】→【筛选】→【高级筛选】菜单命令，在打开的【高级筛选】对话框中点选【将筛选结果复制到其他位置】单选钮。

Step 03 单击【复制到】文本框右边的 按钮，然后在数据区域外单击任意一个单元格（如A16）。

Step 04 单击 按钮返回【高级筛选】对话框。

Step 05 单击【确定】按钮，即可复制筛选的信息。

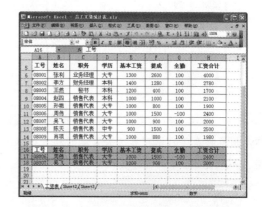

10.5 使用数据透视表和数据透视图

使用数据透视表可以汇总、分析、查询和提供需要的数据，使用数据透视图可以在数据透视表中可视化此需要的数据，并且可以方便地查看比较、模式和趋势。

10.5.1 使用数据透视表

数据透视表是一种可以快速汇总大量数据的交互式方法，使用数据透视表可以深入分析数值数据。

（1）创建数据透视表

创建数据透视表的具体步骤如下。

Step 01 打开随书光盘中的【素材\ch10\产品销售统计表.xls】文件，单击工作表中的任意一个单元格。

Step 02 选择【数据】→【数据透视表和数据透视图】菜单命令。

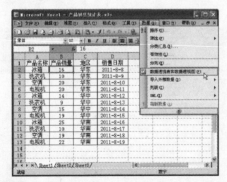

Step 03 打开【数据透视表和数据透视图向导-3步骤之1】对话框，在其中【请指定待分析数据的数

据源类型】中点选【Microsoft Office Excel数据列表或数据库】单选钮，在【所需创建的报表类型】中点选【数据透视表】单选钮，单击【下一步】按钮。

Step 04 打开【数据透视表和数据透视图向导-3步骤之2】对话框，在其中单击【选定区域】文本框右侧的 按钮，用鼠标在工作表中选择要建立数据透视表的数据区域，单击【下一步】按钮。

Step 05 打开【数据透视表和数据透视图向导-3步骤之3】对话框，在其中点选【新建工作表】单选钮，单击【完成】按钮。

Step 06 在新建的工作表中会弹出【数据透视表】工具栏。

Step 07 根据需要用鼠标分别将【数据透视表字段列表】窗格中的字段拖曳到透视表的相应位置，作为页字段、行字段、列字段和数据项。如这里把"销售日期"作为页字段，"产品名称"作为行字段，"地区"作为列字段，"产品销量"作为数据项，而且以"求和"作为汇总方式。至此，就完成了创建数据透视表的操作。

提示 如果A3单元格的数据字段没有显示"求和项：产品销量"，则可双击该单元格，在打开的【数据透视表字段】对话框的【汇总方式】列表框中选择【求和】选项，然后单击【确定】按钮即可。

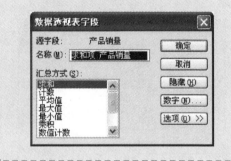

（2）编辑数据透视表

创建数据透视表后，其数据透视表中的数据不是一成不变的，用户可以根据自己的需要对数据透视表的数据进行编辑。

1）修改数据透视表的字段名称

数据透视表是显示数据信息的视图，不能直接修改透视表所显示的数据项，但可以修改表中的字段名。单击表中的字段名称（如产品名称）单元格，然后直接输入要替换的名称（如产品名），即可修改字段名。

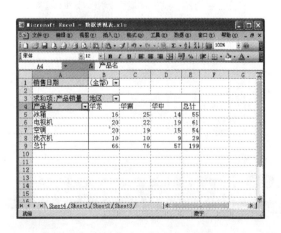

2）修改数据透视表的布局

除了可以修改数据透视表的字段名称外，还可以修改数据透视表的布局，从而重组数据透视表。行、列字段互换的具体步骤如下。

Step 01 打开随书光盘中的【素材\ch10\数据透视表.xls】文件，单击单元格A4（即列字段名"品名"），拖曳至行字段中松手。

Step 03 如果希望在字段内移动个别的项，例如将电视机的记录放到冰箱的前面，那么只需单击C4单元格，然后移动鼠标指针靠近黑色边框。

Step 02 使用同样的方法，将行字段名单元格（"地区"）拖曳至列字段中，这样数据透视表的行、列字段就实现了互换。

Step 04 当鼠标指针变成白色箭头时按下左键，这时整列有一条灰色的线，拖曳鼠标到需要的位置，然后释放即可。

3）添加或者删除记录

用户可以根据需要随时向透视表添加或者删除字段，添加和删除字段的具体步骤如下。

Step 01 打开随书光盘中的【素材\ch10\数据透视表.xls】文件。

Step 02 选择【视图】→【工具栏】→【数据透视表】菜单命令，弹出【数据透视表】工具栏。

Step 03 单击数据透视表数据区中的任意一个单元格，然后单击【数据透视表】工具栏中的▦按钮，显示【数据透视表字段列表】窗格。

Step 04 选择"地区"项，在单击【行区域】右侧的下拉按钮，在弹出的下拉列表中选择【页面区域】选项。

Step 05 单击【添加到】按钮，即可将"地区"字段移至页面区域当中。

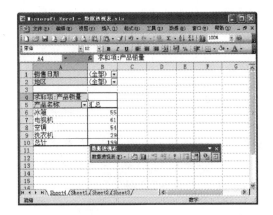

Step 06 在要删除字段的字段名的单元格（如A2）上单击，然后拖曳鼠标指针至透视表数据区域的外面，此时鼠标指针中有一个小叉。

Step 07 释放鼠标就删除了该字段，删除了某字段后，与这个字段相关联的数据将从数据透视表中去掉。

4）设置数据透视表选项

设置数据透视表选项的具体步骤如下。

Step 01 打开随书光盘中的【素材\ch10\数据透视表.xls】文件，单击数据透视表数据区域中的任意一个单元格。

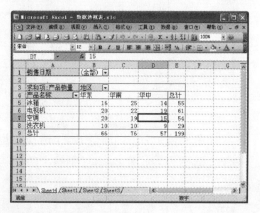

Step 02 单击【数据透视表】工具栏中的【数据透视表】按钮右侧的下三角，在弹出的菜单中选择【表选项】菜单项。

Step 03 打开【数据透视表选项】对话框，在其中勾选【列总计】复选框。

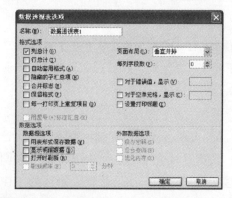

Step 04 单击【确定】按钮，即可查看设置后的数据透视表。

5）格式化数据透视表中的数据

如果用户对数据区域的数据格式不满意，则可以格式化这些数据，具体的操作步骤如下。

Step 01 打开随书光盘中的"素材\ch13\数据透视表.xls"文件，选择需要设置格式的单元格区域（如B5:D9）并右击，在弹出的快捷菜单中选择【字段设置】菜单项。

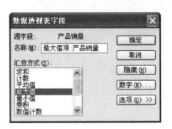

Step 02 打开【数据透视表字段】对话框，在其中的【汇总方式】列表框中选择【最大值】选项。

Step 03 单击【确定】按钮，"总计"栏中即可显示该地区的最高销售量。

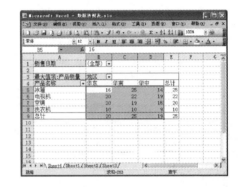

6）数据透视表的复制和删除

数据透视表中的单元格很特别，它们不同于通常的单元格，所以复制和删除透视表也比较特殊。例如，如果希望复制后的工作表也是一个数据透视表，则必须复制整个数据透视表。数据透视表的复制和删除的具体操作步骤如下。

Step 01 打开随书光盘中的【素材\ch10\数据透视表.xls】文件，单击数据透视表中的任意一个单元格，选择【编辑】→【移动或复制工作表】菜单命令。

Step 02 打开【移动或复制工作表】对话框，勾选【建立副本】复选框，选择目的工作簿和工作表的位置（如移至最后）。

Step 03 单击【确定】按钮，就会在所有工作表的后面又创建工作表Sheet4的副本Sheet4(2)工作表。至此，就完成了复制数据透视表的操作。

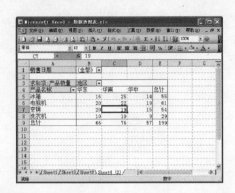

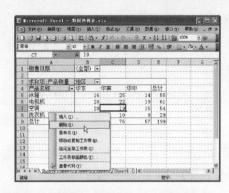

Step 04　如果想要删除数据透视表，则需要在要删除的工作表Sheet4上右击，在弹出的快捷菜单中选择【删除】菜单命令。

Step 05　弹出【Microsoft Excel】提示框，单击【删除】按钮，工作表Sheet4即被删除。至此，就完成了数据透视表的删除操作。

10.5.2　使用数据透视图

数据透视图是以图表的形式表示数据透视表的数据，数据透视图通常有一个相关联的数据透视表，两个报表中的字段相互对立，如果更改了某一报表的某个字段位置，则另一报表中的相应字段位置也会改变。

（1）创建透视图

创建简单的数据透视图的具体步骤如下。

Step 01　打开随书光盘中的"素材\ch10\产品销售统计表.xls"文件，单击工作表中的任意一个单元格，然后选择【数据】→【数据透视表和数据透视图】菜单命令。

Step 02　打开【数据透视表和数据透视图向导-3步骤之1】对话框，在【请指定待分析数据的数据源类型】中点选【Microsoft Office Excel数据列表或数据库】单选钮，在【所需创建的报表类型】中点选【数据透视图（及数据透视表）】单选钮，单击【下一步】按钮。

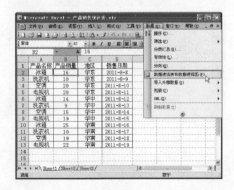

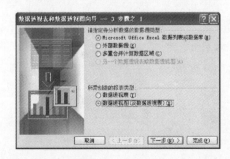

Step 03 打开【数据透视表和数据透视图向导-3步骤之2】对话框，单击【选定区域】文本框右侧的  按钮。

Step 04 在工作表中选择要建立数据透视表的数据区域（如A1:D13）。

Step 05 单击其右侧的  按钮返回，单击【下一步】按钮。

Step 06 打开【数据透视表和数据透视图向导-3步骤之3】对话框，在其中点选【新建工作表】单选钮。

Step 07 单击【完成】按钮，在新建的工作表中就会弹出【数据透视表字段列表】窗格。

Step 08 根据需要用鼠标分别将【数据透视表字段列表】窗格中的字段拖曳到透视图的相应位置，这里选择"产品名称"项作为"分类轴"。

Step 09 单击【添加到】按钮，即可看到显示的效果。

Step 10 将"销售量"拖曳到图表的灰色区域松手。

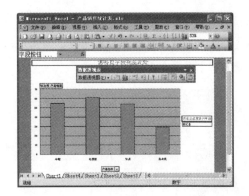

Step 11 将下拉列表中的【分类轴】改为【系列轴】。

Step 12 单击【添加到】按钮，即可看到创建的数据透视图。

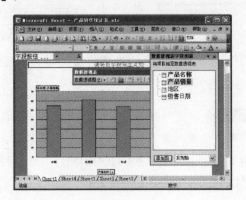

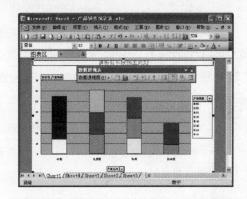

（2）编辑数据透视图

如果感觉自己创建的数据透视图效果不太好，可以对数据透视图进行编辑，以使其达到满意的效果。例如上述创建的数据透视图中的文字太小，看不清楚，为此可以将文字调大，具体的操作步骤如下。

Step 01 在图标区右击，在弹出的快捷菜单中选择【图表区格式】菜单命令。

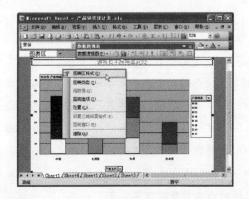

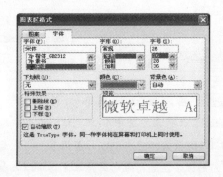

Step 03 单击【确定】按钮，即可修改数据透视图。

Step 02 打开【图表区格式】对话框，在其中选择【字体】选项卡，设置【字号】为"26"，【颜色】为"红色"。

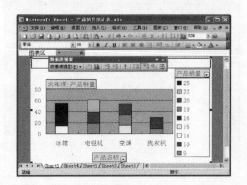

10.6 职场技能训练

本实例介绍如何创建工资发放零钞备用表。目前，有一些企业在发放当月工资的时候，仍以现金的方式来发放，如果员工比较多的情况下，每月事先准备好这些零钞就显得比较重要了。制作员工工资发放零钞备用表的具体操作步骤如下。

Step 01 创建工作簿并将其命名为"员工工资发放零钞备用表"工作簿，然后删除多余的工作表Sheet2和Sheet3，最后单击【保存】按钮，即可将该工作簿保存到电脑磁盘当中。

Step 02 输入表格标题和相关数据。在"Sheet1"工作表中选中A1单元格，在其中输入"2011年09月份工资发放零钞备用表"，然后参照相同的方法在表格中的其他单元格中输入相应的数据信息。

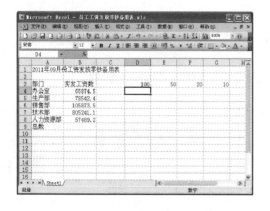

Step 03 在"Sheet1"工作表中单击D4单元格，并在其中输入公式"= INT(ROUNDUP(($B4-SUM($C$3:C$3*$C4:C4)),4)/D$3)"，然后按下【Ctrl+Shift+Enter】组合键，即可在C4单元格中显示输入的结果"658"。

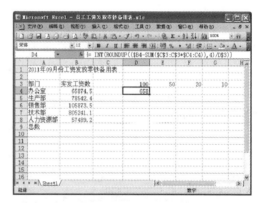

Step 04 复制公式。在"Sheet1"工作表中选中D4单元格并移动光标到该单元格的右下角，当光标变成十字形状时，按住鼠标左键不放向右拖曳至K4单元格，即可计算出"办公室"工资总额各个面值的数量，然后再用拖曳的方式复制公式到E4:K8单元格区域中，至此企业中各个部门工资总额的面值数量就计算出来了。

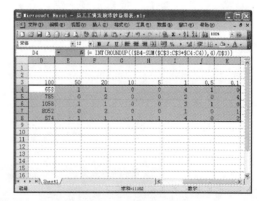

提示　　在计算零钞数量的过程中用到了INT、ROUNDUP函数，这两个函数的相关说明信息如下。

（1）INT函数

①函数功能：对目标数字进行四舍五入处理，处理的结果是得到小于目标数的最大值。

②函数格式：INT (number)

③参数说明：number为需要处理的目标数字，也可以是含数字的单元格引用。

（2）ROUNDUP函数

①函数功能：对目标数字按照指定的条件进行相应的四舍五入处理。

②函数格式：ROUNDUP (number, num_digits)

③参数说明：number为需要处理的目标数字；num_digits为指定的条件，将决定目标数字处理后的结果位数。

Step 05 在"Sheet1"工作表中选中B9单元格，在其中输入公式"=SUM(B4:B8）"，然后按下【Enter】键，即可在B9单元格中显示出计算的结果。

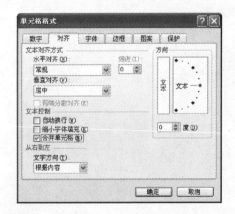

Step 06 复制公式。在"Sheet1"工作表中选中B9单元格并移动光标到该单元格的右下角，当光标变成十字形状时按下鼠标左键不放向右拖曳至K9单元格，然后松开鼠标，即可得到各个面值数量的总和，最后参照调整表格小数位数的方法将C9:K9单元格区域中的数值调整为整数，最终的显示效果如下图所示。

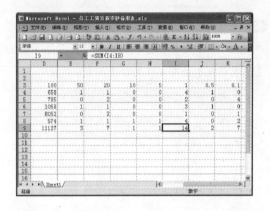

Step 07 合并单元格。在"Sheet1"工作表中选中A1:K1单元格区域，然后按下Ctrl+1组合键打开【设置单元格格式】对话框，并选择【对齐】选项卡，在该选项卡中的【文本控制】设置区域勾选【合并单元格】复选框。

Step 08 设置完毕后，单击【确定】按钮，即可将A1:K1单元格区域合并成一个单元格。

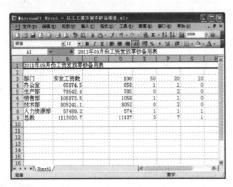

Step 09 调整标题文字的字形和字号。在
"Sheet1"工作表中选中A1单元格，设置字体为
【华文新魏】，字号设置为【20】。

Step 10 设置文本对齐方式。在"Sheet1"工
作表中选择A1:K9单元格区域，在工具栏中单
击【居中】按钮，将文字的对齐方式设置为居
中，即可将表格中每个单元格中数据以居中的
方式显示。

第**3**周 不一样的PPT演示

本周多媒体视频 **3** 小时

　　现在办公中经常用到产品演示、技能培训、业务报告。一个好的PPT能使公司的会议，报告，产品销售更加高效、清晰和容易。本周学习PPT的制作和演示方法。

⊖ **第11天　星期一　制作演示文稿——**
使用PowerPoint 2003　　（视频29分钟）

⊖ **第12天　星期二　丰富幻灯片——**
使用PowerPoint 2003编辑幻灯片　（视频47分钟）

⊖ **第13天　星期三　让幻灯片有声有色——**
使用PowerPoint 2003创建电子相册　（视频46分钟）

⊖ **第14天　星期四　演示文稿的放映**　（视频38分钟）

⊖ **第15天　星期五　演示文稿的其他实用操作**　（视频25分钟）

第 **11** 天 星期一

制作演示文稿——使用PowerPoint 2003

 （视频 **29** 分钟）

今日探讨

今日主要探讨PowerPoint 2003的视图方式、演示文稿的基本操作和幻灯片的基本操作等知识，通过实例重点讲述了演示文稿的基本操作。

今日目标

通过第11天的学习，可使用户熟悉并掌握PowerPoint 2003制作演示文稿的基本操作。

快速要点导读

- ⊙ 了解查看演示文稿的不同视图方法
- ⊙ 掌握演示文稿的基本操作方法
- ⊙ 掌握幻灯片的基本操作方法

学习时间与学习进度

180分钟		16%	

11.1 PowerPoint 2003视图方式

PowerPoint 2003提供有3种视图方式，主要包括普通视图、幻灯片浏览视图和幻灯片放映视图。通过这3种视图方式，用户可以方便快捷地编辑、浏览和放映幻灯片。

11.1.1 普通视图

普通视图是幻灯片的主要编辑视图方式，可以用于撰写设计演示文稿，在启动PowerPoint 2003之后，系统默认以普通视图方式显示。在PowerPoint 2003的工作界面中选择【视图】→【普通】菜单命令，或在视图切换区中单击【普通视图】按钮，均可切换到普通视图方式。

普通视图方式有3个工作区域，左侧的是大纲编辑窗口，右侧是任务窗格，底部是备注窗格。当打开一个演示文稿之后，单击大纲编辑窗口中的【幻灯片】按钮，可以切换到幻灯片模式。

幻灯片模式是调整和修饰幻灯片的最好显示模式，此时在左侧大纲编辑窗口中显示的是幻灯片的缩略图，在图的前面还有该幻灯片的序列号和动画播放按钮等。选中该幻灯片的缩略图，则在中间的幻灯片编辑窗口中可以进行编辑或者修改等操作。

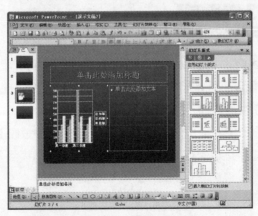

当无法分别幻灯片缩略图的具体内容时，可以单击大纲编辑窗口中的【大纲】按钮，从而切换到大纲模式。在大纲模式下可以方便地组织和编辑幻灯片的内容。左侧的窗格为大纲的文本内容区，每一张幻灯片的标题旁边都有相应的数字编号和图标，从中可以直接看到和编辑该幻灯片的内容和层次。

11.1.2 幻灯片浏览视图

幻灯片浏览视图是缩略图形式的幻灯片的专有视图。在该视图方式下可以从整体上浏览所有幻灯片的效果，并可以方便地进行幻灯片的复制、移动和删除等操作，但是却不能直接对幻灯片的内容进行编辑和修改。

在PowerPoint 2003的工作界面中选择【视图】→【幻灯片浏览】菜单命令，或在视图切换区中单击【幻灯片浏览】按钮，均可切换到幻灯片浏览视图方式。

当需要对某个幻灯片缩略图进行编辑时，可以在幻灯片浏览视图方式下双击该缩略图，这时，PowerPoint 2003会自动地切换到幻灯片编辑窗口当中，就可以进行幻灯片的各种编辑操作了。

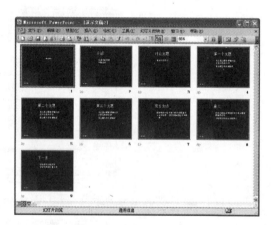

11.1.3 幻灯片放映视图

幻灯片放映视图方式会占据整个电脑屏幕，就像一个实际幻灯片的放映演示文稿，在这种屏幕视图中用户所看到的就是将来观众所看到的。当处于幻灯片放映视图模式下，用户可以使用屏幕左下角提供的按钮进行切换。

在PowerPoint 2003的工作界面中选择【视图】→【幻灯片放映】菜单命令，或在视图切换区中单击【从当前幻灯片开始幻灯片放映】按钮，均可切换到幻灯片放映视图方式。

11.1.4 备注页视图

备注页视图的格局是整个页面的上方为幻灯片，而下方为备注页添加窗口。在PowerPoint 2003的工作界面中选择【视图】→【备注页】菜单命令，可以切换到备注页视图状态。

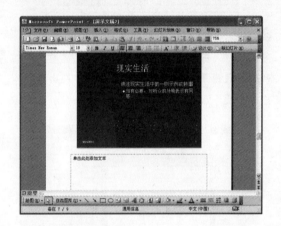

11.2 演示文稿的基本操作

演示文稿一般由若干张幻灯片组成，使用PowerPoint 2003可以轻松地创建和编辑演示文稿，其默认后缀名为".ppt"。

11.2.1 创建演示文稿

当启动PowerPoint 2003应用程序之后，系统默认创建一个演示文稿1，如果还需要进行演示文稿的其他绘制和处理操作，就需要使用PowerPoint 2003本身提供的创建演示文稿向导或设计模版来创建演示文稿了。

（1）创建空演示文稿

在创建好空白演示文稿之后，将产生一个空白的文档窗口，在该窗口之中用户可以设置演示文稿的背景和版式等。具体的操作步骤如下。

Step 01 启动PowerPoint 2003，选择【文件】→【新建】菜单命令，或直接按下【Ctrl+N】组合键打开【新建演示文稿】任务窗格。

Step 02 在【新建】组合框中选择【空演示文稿】链接，随即打开【幻灯片版式】任务窗格，此时在【应用幻灯片版式】列表框中列出了可以应用的文字版式。

Step 03 在【文字版式】列表中选择一种合适

的版式，即可将该版式应用到当前空演示文稿之中。这里单击【标题、文本和图表】选项即可在幻灯片编辑窗口中创建一个该版式的空演示文稿。

Step 04 如果还想继续添加新的空演示文稿页，则可单击【插入】→【新幻灯片】菜单命令，在该文件中插入一个新的幻灯片，然后用户就可以根据自己的需要对插入的幻灯片进行编辑，直到完成所有的幻灯片编辑操作为止。

（2）根据设计模版创建演示文稿

根据设计模版创建演示文稿需要通过任务窗格开完成，具体的操作步骤如下。

Step 01 选择【文件】→【新建】菜单命令，打开【新建演示文稿】任务窗格，然后在【新建】组合框中选择【根据设计模版】链接切换到【幻灯片设计】任务窗格之中。

Step 02 在【应用设计模版】列表框中选择一种合适的设计模版，系统就会自动地将其应用到幻灯片文件当中。

Step 03 如果想要将模版应用到指定的幻灯片当中，则需要将鼠标指针移至列表框中的某个设计模版上，其右侧就会出现一个下箭头按钮，单击该按钮并在弹出的下拉列表中选择【应用于选定幻灯片】选项即可。

Step 04 在【幻灯片设计】区域中选择【配色方案】链接，在【应用配色方案】列表框中列出了许多配色方案供用户选择。

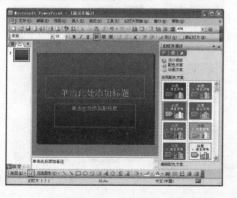

Step 05 选择相应的配色方案，然后单击该方案，便可快速地将幻灯片中的背景、标题、项目符号等内容的颜色定义为所选方案的样式。

Step 06 在【幻灯片设计】区域选择【动画方案】链接，在【应用于所选幻灯片】列表框中列出了许多动画方案供用户选择。

Step 07 单击选项中的动画方案，即可将所选方案应用到幻灯片中。

（3）利用内容提示向导创建演示文稿

Step 01 在【新建】选项中单击【根据内容提示向导】链接，弹出【内容提示向导】对话框。

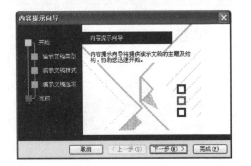

Step 02 单击【下一步】按钮，进入【演示文稿类型】对话框。在【演示文稿类型】对话框中，用户可以根据自己的需要，选择合适的演示文稿类型，在此选择【通用】类型。

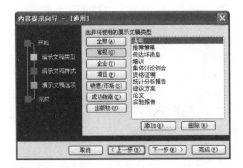

Step 03 单击【下一步】按钮，进入【演示文稿样式】对话框。在此对话框中，PowerPoint 2003为用户提供有【屏幕演示文稿】、【Web演示文稿】、【黑白投影机】、【彩色投影机】和【35毫米幻灯片】5种输出类型，用户可根据不同的需要选择。

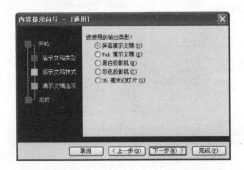

Step 04 点选【屏幕演示文稿】单选钮，然后单击【下一步】按钮，进入【演示文稿选项】对话框，在【演示文稿标题】文本框中输入要创建演示文稿的标题，如"伊利花开"。

Step 05 单击【下一步】按钮，进入【完成】对话框。

Step 06 单击【完成】按钮，完成演示文稿的创建，PowerPoint 2003会自动生成附带大纲及简单动画效果的9张幻灯片。

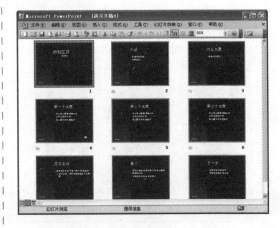

11.2.2　保存演示文稿

在创建好演示文稿之后，如果还想继续对创建的文稿进行后期修改与查看，就必须将创建的演示文稿保存到磁盘空间当中。保存演示文稿的具体操作步骤如下。

Step 01 选择【文件】→【保存】菜单命令，单击【保存】按钮■或按下【Ctrl+S】快捷键，打开【另存为】对话框。从中定义保存文件的文件夹，然后在【文件名】文本框中输入演示文稿的文件名，例如"公司简介"，然后单击【保存】按钮即可。

Step 02 完成保存后，打开指定保存文件的文件夹，在其中可以看到一个名称为【公司简介】的演示文稿文件，其后缀名为".ppt"。

11.2.3　打开演示文稿

对于已经保存在电脑磁盘上的演示文稿，用户要想再次对其进行编辑操作，就需要先打开该演示文稿，下面介绍打开演示文稿的方法。

Step 01 在已经打开的演示文稿界面中选择【文件】菜单命令，在弹出的下拉菜单中列出了用户最近使用过的PowerPoint文件，单击任意一个选项，即可将其打开。

Step 02 默认情况下，PowerPoint会记录最近使用过的4个文件。如果要修改文件列表中记录的文件数量，则可选择【工具】→【选项】菜单命令，打开【选项】对话框，然后在【常规】选项卡下进行相应数字的修改。

的窗格中就可以直观地看到该演示文稿的结构等内容。

Step 03 用户还可以使用【打开】菜单命令打开演示文稿。在PowerPoint工作界面中选择【文件】→【打开】菜单命令，或直接单击【常用】工具栏中的【打开】按钮。

Step 05 单击【打开】按钮，即可打开选中的演示文稿。

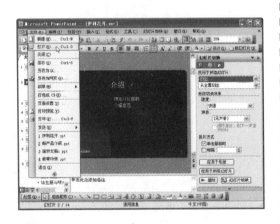

提示 在打开演示文稿的过程中，PowerPoint 2003允许用户以只读方式或者副本方式打开演示文稿。在【打开】对话框中单击【打开】按钮右侧的下箭头按钮，在弹出的下拉列表中选择演示文稿的打开方式即可。

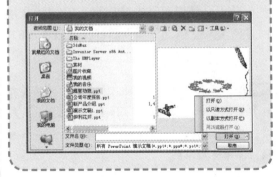

Step 04 随即打开【打开】对话框，在【查找范围】下拉列表中找到要打开的演示文稿所在位置，然后选中要打开的演示文稿。此时在其右侧

11.2.4 关闭演示文稿

当打开或者创建了一个保存好的演示文稿之后，如果还需要建立其他的幻灯片演示文稿或使用其他的应用程序，就需要关闭当前演示文稿。关闭当前演示文稿的主要方法如下。

Step 01 选择【文件】→【关闭】菜单命令，可以关闭当前打开的演示文稿。

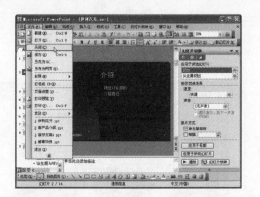

Step 02 单击菜单栏中最右侧的【关闭窗口】按钮，即可关闭当前打开的演示文稿。

Step 03 单击标题栏中的图标 ，在弹出的下拉菜单中选择【关闭】菜单命令，即可关闭整个PowerPoint文件。

Step 04 单击标题栏中最右侧的【关闭】按钮，也可关闭整个PowerPoint文件。

> 📶 **提示**　　除上述介绍的方法外，用户还可以使用下述3种方法关闭演示文稿。
>
> ①选择【文件】→【退出】菜单命令，可以关闭整个PowerPoint文件。
>
> ②按下【Ctrl+F4】组合键，可以关闭当前的演示文稿。
>
> ③按下【Alt+F4】组合键，可以关闭整个PowerPoint文件。

11.3　幻灯片的基本操作

在幻灯片演示文稿中，用户可以对演示文稿中的每一张幻灯片进行编辑操作，如常见的插入、移动、复制和删除等。

11.3.1　选择幻灯片

在对每个幻灯片编辑之前，首先需要选中该幻灯片。根据选择张数的不同，可以分为选择单张幻灯片和选择多张幻灯片。

（1）选择单张幻灯片

在幻灯片浏览视图方式当中，移动鼠标至想要选择的幻灯片，然后单击鼠标，即可选择该张幻灯片。

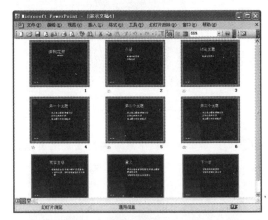

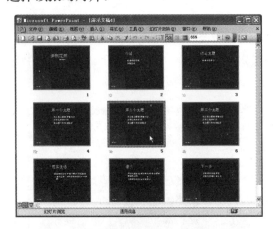

在按下【Ctrl】键的同时再分别单击需要选定的幻灯片，即可选择多张不连续的幻灯片。

（2）选择多张幻灯片

选择多张幻灯片可分为选择多张连续的幻灯片和选择多张不连续的幻灯片两种情况。在按下【Shift】键的同时再单击需要选定的幻灯片，可以选择多张连续的幻灯片。

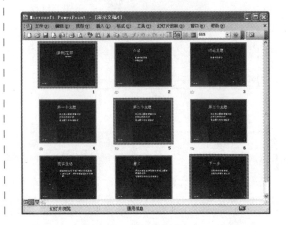

11.3.2　插入与删除幻灯片

在制作演示文稿的过程中，有时需要添加新的幻灯片，或者删除一些不用的幻灯片。下面介绍插入和删除幻灯片的方法。

（1）在普通视图模式中插入幻灯片

具体的操作步骤如下。

Step 01 在普通视图模式的大纲编辑窗口中选中一个幻灯片标签并右击，在弹出的快捷菜单中选择【新幻灯片】菜单命令。

Step 02 这时，即可在选定的幻灯片标签下方插入一个新的幻灯片。

　　另外，在选中幻灯片标签后，用户还可以直接选择【插入】→【新幻灯片】菜单命令，或在【格式】工具栏中单击【新幻灯片】或按下【Ctrl+M】组合键插入新的幻灯片。

（2）插入制作好的幻灯片

　　具体操作步骤如下。

Step 01 选择【插入】→【幻灯片（从文件）】菜单命令，打开【幻灯片搜索器】对话框，切换到【搜索演示文稿】选项卡。

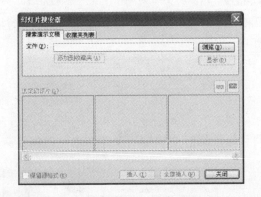

Step 02 单击【浏览】按钮，打开【浏览】对话框，然后在【查找范围】下拉列表中找到幻灯片的存放位置，并在其下方的列表框中选择合适的幻灯片文件。

Step 03 单击【打开】按钮，返回到【幻灯片搜索器】对话框当中，此时在【选定幻灯片】组合框中即可看到选定幻灯片的缩略图，然后勾选【保留源格式】复选框。

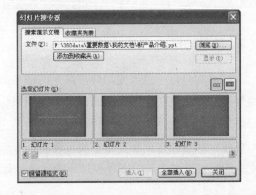

Step 04 单击【全部插入】按钮，即可在保存原
演示文稿格式不变的情况下将其插入到当前的演
示文稿之中。

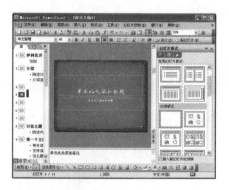

（3）删除幻灯片

对于不再需要的幻灯片可以将其删除。具体的操作步骤如下。

Step 01 选中需要删除的幻灯片。

令，即可删除选中的幻灯片。

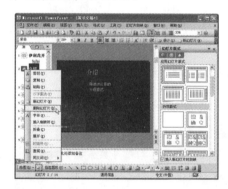

Step 02 选择【编辑】→【删除幻灯片】菜单命
令，或直接按下【Delete】键，或单击鼠标右键
在弹出的快捷菜单中选择【删除幻灯片】菜单命

Step 03 如果不小心误删除了某一张幻灯片，则
可单击【常用】工具栏中的【撤销】按钮恢复幻
灯片。

11.3.3 移动和复制幻灯片

在创建演示文稿的过程中，用户可以重新调整每张幻灯片的排列次序，也可以将具有
较好版式的幻灯片复制到其他的演示文稿当中。

（1）移动幻灯片

移动幻灯片可以改变幻灯片演示的播放顺序。移动
幻灯片的方法是：在大纲编辑窗口中使用鼠标直接拖动
幻灯片即可。此外，在幻灯片浏览视图中单击要移动的
幻灯片，然后按住鼠标左键不放，将其拖曳至合适的位
置之后释放鼠标也可以实现幻灯片的移动操作。

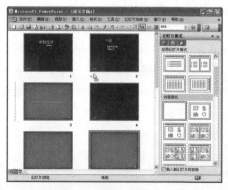

（2）复制幻灯片

具体操作步骤如下。

Step 01 切换到普通视图当中，选中需要复制的幻灯片，然后选择【插入】→【幻灯片副本】菜单命令。

Step 02 可在该幻灯片之后插入一张具有相同内容和版式的幻灯片。

Step 03 用户还可以使用【编辑】→【复制】和【编辑】→【粘贴】菜单命令，将选中的幻灯片复制到演示文稿的其他位置或者其他的演示文稿当中。

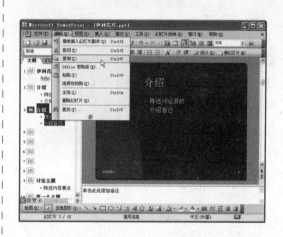

11.4　职场技能训练

本实例介绍如何制作员工守则。通过前面的学习已经对PowerPoint 2003有了一个初步的了解，下面通过制作员工守则为例来巩固一下所学知识。具体的操作步骤如下。

Step 01 启动PowerPoint 2003，在默认创建的标题幻灯片的主标题占位符中输入"员工工作守则"内容，并根据需要对输入的标题进行字体、字形、字号以及字体的颜色进行相应的设置。

Step 02 单击副标题占位符，选择【插入】→【日期和时间】菜单命令，打开【日期和时间】对话框，在其中选择相应的选项。

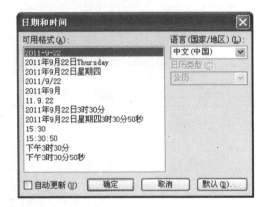

Step 03 单击【确定】按钮，即可在副标题占位符中输入当前的日期。

Step 04 右击【幻灯片】选项卡空白处，从弹出的菜单中选择【新幻灯片】选项。

Step 05 新建一个幻灯片，并在标题文本框中输入标题的内容。

Step 06 单击下方的内容占位符，输入正文内容。

Step 07 单击【常用】工具栏中的【保存】按钮，将制作的员工守则保存起来。

第**12**天 星期二

丰富幻灯片——使用PowerPoint 2003编辑幻灯片

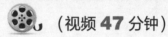（视频 **47** 分钟）

今日探讨

今日主要探讨如何使用PowerPoint 2003编辑幻灯片，主要包括如何在幻灯片中添加文本信息、符号信息、表格与图表信息、日期和时间信息等。

今日目标

通过第12天的学习，读者能根据自我需求独自完成使用PowerPoint 2003丰富幻灯片的操作。

快速要点导读

- 掌握在幻灯片中添加文本内容的方法
- 子解在幻灯片中添加符合的方法
- 了解在幻灯片中添加表格与图表的方法
- 掌握在幻灯片中添加日期和时间的方法

学习时间与学习进度

180分钟　　　　　26%

12.1　添加文本内容

文本是演示文稿内容中最基本的元素，每一张幻灯片中基本上都有一些文字信息。添加文本的方法主要有4种，分别是版式设置区文本、文本框、自选图形文本以及艺术字。

12.1.1　输入文本内容

输入文本内容是制作演示文稿的前提，本小节主要介绍使用占位符和使用文本框输入文本的方法。

（1）使用占位符输入文本内容

在普通视图中，幻灯片会出现"单击此处添加标题"或"单击此处添加副标题"等提示文本框，这种文本框统称为"文本占位符"。使用占位符输入文本内容的具体操作步骤如下。

Step 01 创建一个空白演示文稿文档，并将其重命名为【公司年度报告.ppt】。

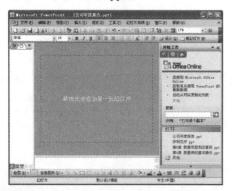

Step 02 在幻灯片编辑窗口中的文字提示处单击鼠标插入一张幻灯片，并弹出【幻灯片版式】任务窗格，然后在【应用幻灯片版式】列表框中选择【标题和文本】选项。

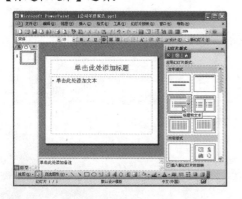

Step 03 单击幻灯片版式右侧的下拉箭头，在弹出的下拉列表中选择【幻灯片设计】选项。

Step 04 这样就切换到【幻灯片设计】任务窗格当中，然后在【应用设计模版】列表框中选择【天坛月色.pot】选项，即可将该模版应用到选定的幻灯片之中。

Step 05 此时，可以看到幻灯片中自带的文本占位符，单击提示有添加标题的占位符即可删除示例的文本，并且在占位符内会出现闪烁的光标，另外，占位符还会变成粗的斜线边框。

Step 06 在占位符中输入合适的标题内容后，单击占位符外的任何位置即可退出文本的编辑状态，即可完成文本的输入。

（2）使用文本框输入文本

如果想在占位符以外的地方输入文本，就需要使用文本框了。具体的操作步骤如下。

Step 01 在【公司年度报告.ppt】演示文稿的普通视图下的幻灯片选项卡下选中一个幻灯片并右击，在弹出的快捷菜单中选择【新幻灯片】选项。

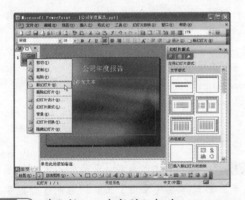

Step 02 随即插入一个新的幻灯片。

Step 03 在【幻灯片版式】任务窗格中选择【只有标题】版式，接着使用占位符输入标题"内容"。

Step 04 选择【视图】→【工具栏】→【绘图】菜单命令，打开【绘图】工具栏，单击【绘图】工具栏中的【文本框】按钮，然后将鼠标指针移至幻灯片编辑窗口当中。当鼠标指针变成 形状时按住鼠标左键不放，拖曳鼠标至合适的位置后释放，即可成功添加一个文本框。

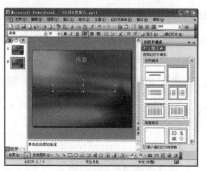

Step 05 此时，用户即可在闪烁的插入点处输入该幻灯片的相关内容，如这里输入"公司年度费用报告"。

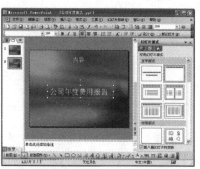

Step 06 按住鼠标左键不放拖动文本框周围的6个控制点，即可调整文本框的宽度和高度，此时输入的文本会依照文本框的高度与宽度自动换行。

12.1.2　编辑文本内容

在文本内容输入完毕后，有时还会根据需要对一些文字进行修改、移动等编辑操作，以保证文本内容的正确。

（1）文字的复制和粘贴

具体的操作步骤如下。

Step 01 选择要复制的文本，单击【常用】工具栏中的【复制】按钮，或者按【Ctrl+C】组合键。

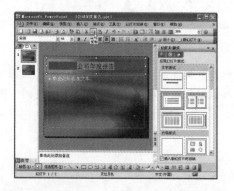

Step 02 将文本插入点定位于要插入复制文本的位置，然后单击【常用】工具栏中的【粘贴】按钮，或者按【Ctrl+V】组合键即可。

（2）移动文本

继续上一例的操作，移动文本的具体步骤如下。

Step 01 选择要移动的文本，单击【常用】工具栏中的【剪切】按钮，或者按【Ctrl+X】组合键。

Step 02 将文本插入点定位于要插入移动文本的位置，然后单击【常用】工具栏中的【粘贴】按钮，或者按【Ctrl+V】组合键即可。

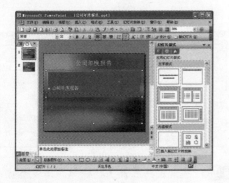

Step 03 如果某些文本或者段落多余或不正确，则可将其删除。首先选择要删除的文本，然后按【Delete】键即可删除选中的文本信息。

（3）撤销与恢复文本

如果不小心将不该删除的文本删除了，可以撤销与恢复文本。具体的操作步骤如下。

Step 01 选择【编辑】→【撤销键入】菜单命令，或按下【Ctrl+Z】组合键，或单击【常用】工具栏中的【撤销键入】按钮。

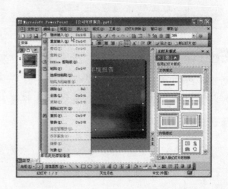

Step 02 随即即可恢复刚才删除的文字信息。

Step 03 如果想知道撤销到了哪一步，可以在

【撤销】按钮下拉列表中选择撤销的具体步骤。

12.1.3 设置文本格式

通过设置文本格式可以使创建的演示文稿更加精彩。设置文本格式主要包括设置字体格式和文本框格式。

（1）设置字体格式

Step 01 选中幻灯片1中的标题文字，选择【格式】→【字体】菜单命令，打开【字体】对话框。

Step 02 在【字体】对话框中单击【中文字体】右侧的下拉按钮，在弹出的下拉列表中选择【华文行楷】选项，在【字号】列表框中选择【72】选项。

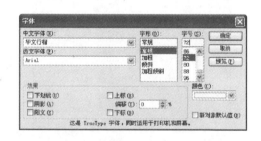

Step 03 单击【颜色】下拉按钮，在弹出的下拉列表中选择【其他颜色】选项，打开【颜色】对话框，在其中选择合适的颜色。

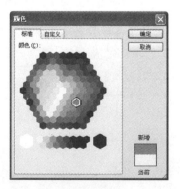

Step 04 单击【确定】按钮，返回到【字体】对话框当中，再次单击【确定】按钮，即可完成对字体格式的设置。

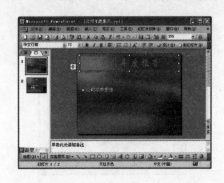

（2）设置文本框格式

Step 01 选中幻灯片2中的文本框，单击鼠标右键，在弹出的快捷菜单中选择【设置文本框格式】菜单命令。

Step 02 随即打开【设置文本框格式】对话框。

Step 03 在【颜色和线条】选项卡中单击【填充】组合框中的【颜色】选项，在弹出的下拉列表中选择【填充效果】选项。

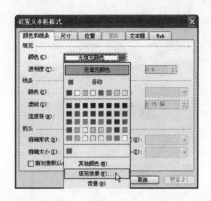

Step 04 打开【填充效果】对话框，选择【渐变】选项卡，然后在【颜色】组合框中点选【双色】单选钮，并在【颜色1】下拉列表中选择【其他颜色】选项。

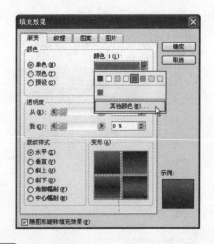

Step 05 打开【颜色】对话框，选择【标准】选项卡，然后在【颜色】面板中选择一种合适的颜色选项。

Step 06 单击【确定】按钮，返回到【渐变】选项卡之中，然后在【颜色2】下拉列表中选择【其他颜色】选项，打开【颜色】对话框，选择【标准】选项卡，在其中选择一种合适的颜色。

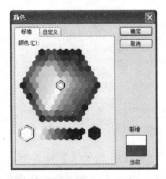

Step 07 单击【确定】按钮，返回到【渐变】选项卡当中，然后在【底纹样式】组合框中点选【斜下】单选钮，并在其右侧的【变形】组合框中选择一种合适的变形样式。

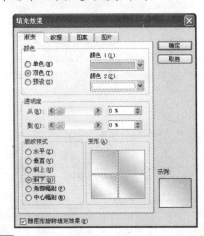

Step 08 单击【确定】按钮，返回到【颜色和线条】选项卡当中，然后在【填充】组合框中的【透明度】微调框中输入【40%】，接着在【线条】组合框中的【颜色】下拉列表中选择【粉红】选项，在【虚线】下拉列表中选择【短划线】选项。

Step 09 切换到【文本框】选项卡，然后在【文本锁定点】下拉列表中选择【中部】选项，这样文本框中的文字就会自动调整为中部对齐。

Step 10 切换到【位置】选项卡，然后在【水平】和【垂直】微调框中都输入【7厘米】。

Step 11 切换到【尺寸】选项卡当中，在【尺寸和旋转】组合框中的【旋转】微调框中输入【10】。

Step 12 单击【确定】按钮，返回到幻灯片编辑窗口当中，即可看到设置文本框格式之后的效果。

Step 13 按住鼠标左键不放拖动文本框上方的控制点，也可实现文本框的旋转控制功能。

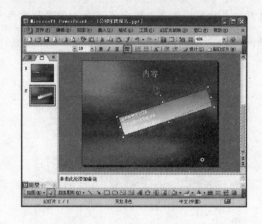

12.1.4　设置段落格式

段落格式的设置主要包括对段落的对齐与缩进、对段落的间距与行距、对段落的换行与版式等进行设置。

（1）设置段落的对齐与缩进

在演示文稿中，对段落的设置主要在占位符或者文本框中进行，因此设置段落的对齐与缩进也需要在占位符或者文本框中进行。设置段落的对齐与缩进的具体操作步骤如下。

Step 01 在幻灯片中选中需要设置段落格式的文本。

Step 02 选择【格式】→【对齐方式】→【居中】菜单命令，即可将选定的文本段落设置为【居中】对齐，用户也可以根据自己的实际需要设置为其他的对齐方式。

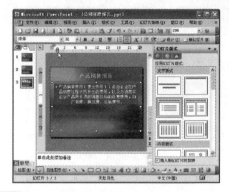

Step 04 将鼠标指针移至水平标尺的【首行缩进】标记上，然后按住鼠标左键不放将其拖动 "1.5" 位置处，接着释放鼠标，即可看到文本框中的所有段落都自动向右缩进了1.5厘米。

Step 03 选择【视图】→【标尺】菜单命令，这时在演示文稿中将显示标尺，此时只要选中文本框内的文本，在标尺上就会出现与之对应的缩进标记。

（2）设置段落的间距与行距

段落间距是指段落与段落之间的距离，行距是指段落内容行与行之间的距离。调整段落间距与行距的具体操作步骤如下。

Step 01 选中需要设置行距的段落，然后选择【格式】→【行距】菜单命令。

Step 02 随即打开【行距】对话框，在该对话框中可以设置行距的相关参数。

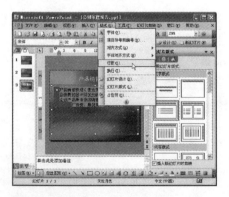

Step 03 设置完成后，单击【预览】按钮，即可在幻灯片中看到设置行距之后的效果。

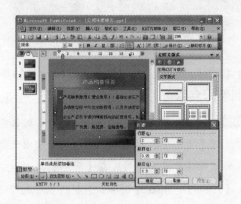

对话框之中的【确定】按钮，即可保存设置。

Step 04 如果对预览的效果满意，单击【行距】

（3）设置段落的换行与版式

默认情况下，在编辑演示文稿时，系统会自动调整在文本框中每一行的开头或者结尾处出现的标点符号，同时还不允许英文单词被分开显示在两行上，这主要是设置了换行的原因。设置段落的换行与版式的具体操作步骤如下。

Step 01 选中需要设置换行与版式的段落，选择【格式】→【换行】菜单命令。

Step 02 随即打开【亚洲换行符】对话框，然后在【换行】组合框中勾选【按中文习惯控制首尾字符】复选框。

Step 03 单击【版式】按钮，打开【版式】对话框，在【首尾字符】组合框中点选【标准】单选钮。

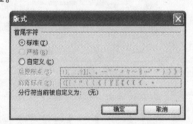

Step 04 单击【确定】按钮返回到【亚洲换行符】对话框当中，然后再单击【确定】按钮即可完成对段落换行与版式的设置。

12.2　添加符号

为了丰富幻灯片的内容，用户可以为其添加一些个人化的符号，如添加一些项目符号、编号或其他特殊符号等。

12.2.1 插入项目符号和编号

在放映演示文稿时，有时可以看到幻灯片中添加了一些数字编号、小圆点或其他图形符号，这些符号起到了强调或标记作用。插入项目符号和编号的具体操作步骤如下。

Step 01 打开一个需要添加项目符号和编号的幻灯片，选中文本框中的文本。

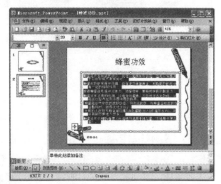

Step 02 单击【格式】工具栏中的【项目符号】按钮，即可为选中的段落添加上项目符号。

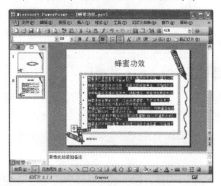

Step 03 除了可以添加系统默认的符号外，用户还可以根据自己的喜好添加其他的项目符号。选中该文本，选择【格式】→【项目符号和编号】菜单命令。

Step 04 随即打开【项目符号和编号】对话框，切换到【项目符号】选项卡中，从中可以选择合适的项目符号样式，然后在【大小】微调框中输入【100%】，并在【颜色】下拉列表中选择一种合适的颜色。

Step 05 单击【确定】按钮返回到幻灯片之中，即可看到更改项目符号样式之后的效果。

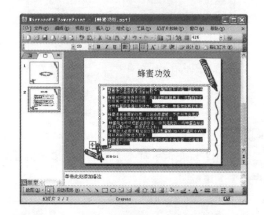

Step 06 另外，在【项目符号和编号】对话框中单击【自定义】按钮，打开【符号】对话框，在其中可以选择其他的符号作为项目符号，如这里选择"➘"符号。

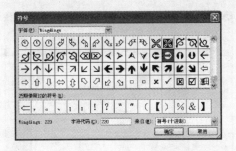

Step 07　单击【确定】按钮，返回到【项目符号和编号】对话框之中，在其中设置项目符号的大小和颜色。

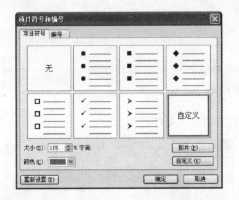

Step 10　在其中选择一个合适的图标，单击【确定】按钮，返回到【项目符号和编号】对话框当中，单击文本框外的任意位置取消对文本的选择即可。

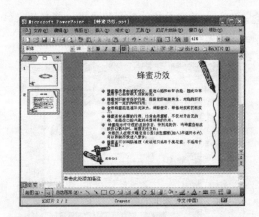

Step 08　单击【确定】按钮，返回到幻灯片当中，单击文本框外的任意位置取消对文本的选择，即可看到自定义项目符号的效果。

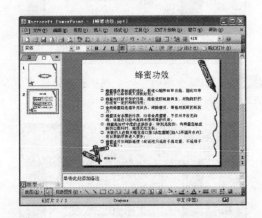

Step 11　在【项目符号和编号】对话框中选择【编号】选项卡，从中可以看到系统已经设置好的编号样式，在其中选择一个合适的编号样式，并设置其【大小】、【开始于】和【颜色】等参数。

Step 09　在【项目符号和编号】对话框中单击【图片】按钮，打开【图片项目符号】对话框，此时系统会自动搜索出所有的项目符号样式。

Step 12 单击【确定】按钮,返回到幻灯片当中,在其中可以看到为文本添加的编号效果。

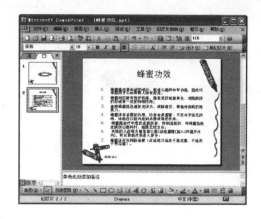

12.2.2　插入符号

在输入文本的过程中,有时需要输入一些比较有个性或是专业用的符号,这可以利用软件提供的插入符号功能来实现。具体的操作步骤如下。

Step 01 打开需要插入符号的文件,将光标定位于文本内容的开头位置处。

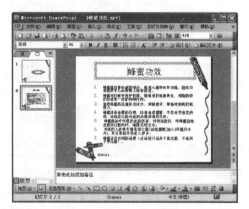

Step 02 选择【插入】→【符号】菜单命令,在打开的【符号】对话框中选择需要使用的符号。

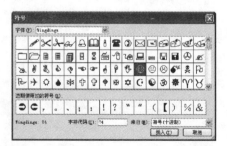

Step 03 单击【插入】按钮,完成插入后单击【关闭】按钮,关闭【符号】对话框,即可在编

辑区看到新添加的符号。

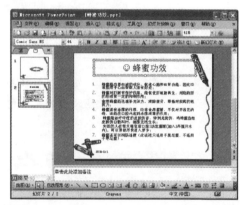

Step 04 按照步骤01~03,继续在其他位置插入符号,最终效果如图所示。

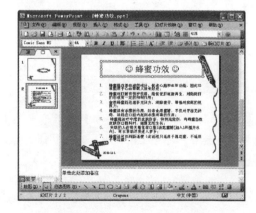

12.2.3　插入特殊符号

对于一些无法使用键盘输入的符号，用户可以使用PowerPoint 2003的插入特殊符号功能来实现。具体的操作步骤如下。

Step 01 打开需要插入特殊符号的文件，将光标定位在需要插入特殊符号的位置。

Step 03 单击【确定】按钮，返回到幻灯片编辑窗口当中，在其中可以看到添加的特殊符号。

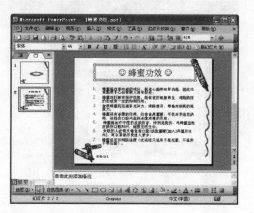

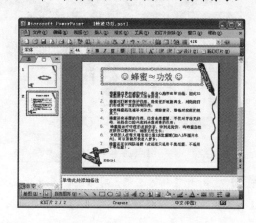

Step 02 选择【插入】→【特殊符号】菜单命令，打开【插入特殊符号】对话框，选择【特殊符号】选项卡，在其中选择一个合适的特殊符号。

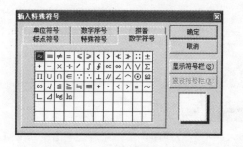

12.3　添加表格与图表

表格是演示文稿中重要的组成部分之一，使用表格可以直观、简洁地表达演示文稿中众多内容的主题。

12.3.1　创建表格

在PowerPoint 2003当中创建表格的方法主要有3种，分别是使用菜单栏插入表格、使用【常用】工具栏插入表格和使用【占位符】插入表格。

（1）使用菜单栏插入表格

具体操作步骤如下。

Step 01 将鼠标定位在需要插入表格的位置，选择【插入】→【表格】菜单命令。

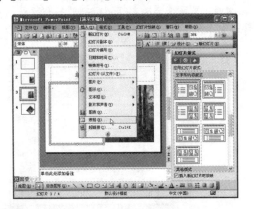

Step 02 打开【插入表格】对话框，在其中设置【列数】为【3】，【行数】为【4】。

Step 03 设置完成，单击【确定】按钮，即可插入一个3列4行的表格，并自动弹出【表格与边框】工具栏。

（2）使用【常用】工具栏插入表格

具体操作步骤如下。

Step 01 创建一个空白演示文稿，单击【常用】工具栏中的【插入表格】按钮，然后在弹出的下拉列表中按住鼠标左键从第一个表格拖拉出一个区域。

Step 02 拖拉完成后，释放鼠标，系统就会自动插入一个2行2列的表格，同时还会自动弹出【表格和边框】工具栏。

（3）使用【占位符】插入表格

具体操作步骤如下。

Step 01 在幻灯片编辑窗口中选择【格式】→【幻灯片版式】菜单命令，打开【幻灯片版式】任务窗格，然后在【应用幻灯片版式】列表框中的【内容版式】区域中选择【标题和内容】选项，此时系统就会自动地在幻灯片中插入一个带有【插入表格】占位符的新幻灯片。

Step 02 单击【插入表格】按钮，打开【插入表格】对话框，然后分别在【列数】和【行数】微

调框中输入列数与行数。

Step 03 单击【确定】按钮，返回到幻灯片编辑窗口当中，这时系统会自动创建一个2行2列的表格。

12.3.2　编辑表格

在创建好表格之后，下面就可以编辑表格了，如在表格中输入文字、调整行高与列宽、移动表格的位置以及添加或删除行与列等。编辑表格的具体操作步骤如下。

Step 01 在插入的表格中输入文本。

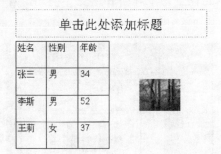

Step 02 双击表格边框，或在表格边框上右击，在弹出的快捷菜单中选择【边框和填充】菜单项，打开【设置表格格式】对话框。

Step 03 选择【边框】选项卡，可以对表格的边框、边框线条样式、线条颜色和线条宽度等进行设置。这里设置【样式】为不连续的线型，【宽度】为【2.25磅】，然后单击预览区四周的边框，将表格的四周设置为该线型。

Step 04 选择【填充】选项卡，在此可以对表格的填充颜色进行定义，这里将【填充颜色】设置为浅灰色（红：207；绿：216；蓝：231）。

Step 05 选择【文本框】选项卡，在其中设置【文本对齐】为【中部居中】，并设置内边距的尺寸。

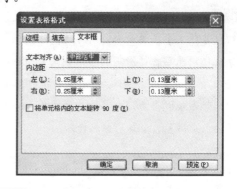

Step 06 设置完成单击【确定】按钮，即可查看设置后的表格效果。

12.3.3 创建图表

图表以图形和线条的形状形象地表达了演示文稿中数据的发展现状，图表相对于文字更能形象、生动地表示数据以及数据的发展趋势，而且更易于理解和接受。在幻灯片中插入图表的具体步骤如下。

Step 01 创建一个空白演示文稿，将鼠标定位在需要插入图表的位置，选择【插入】→【图表】菜单命令，或单击工具栏中的【插入图表】按钮，弹出图表编辑窗口。

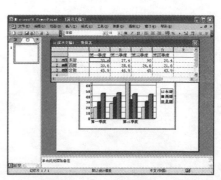

Step 02 根据需要更改【演示文稿1-数据表】工作表中的数据，然后在幻灯片的任意位置单击，即可完成图表的插入操作。

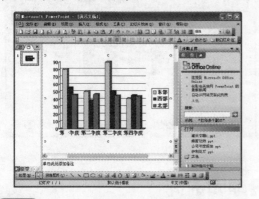

Step 03 双击在幻灯片中插入的图表，进入图表编辑窗口。

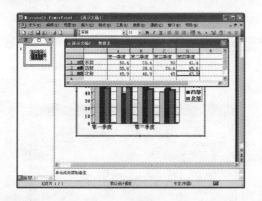

Step 04 在图表文本框的空白区域右击，在弹出的快捷菜单中选择【图表类型】菜单命令。

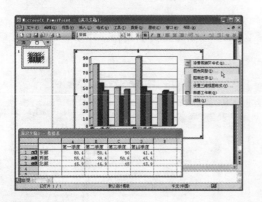

Step 05 打开【图表类型】对话框，在其中选择图表的类型。这里选择【柱形图】中的【三维簇状柱形图】。

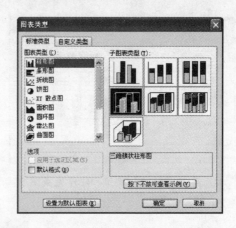

Step 06 单击【确定】按钮，即可更改图表的类型。

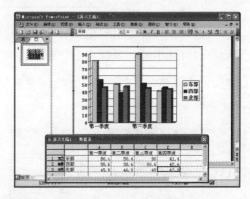

Step 07 在图表文本框的空白区域右击，在弹出的快捷菜单中选择【图表选项】菜单命令。

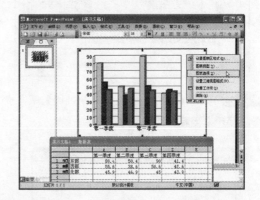

Step 08 打开【图表选项】对话框，在【标题】选项卡中的【图表标题】文本框中输入图表的标题。

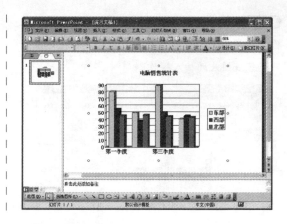

Step 09 单击【确定】按钮，即可完成图表选项的设置操作。

12.4 添加日期和时间

PowerPoint 2003为用户提供有在幻灯片中自动插入日期和时间的功能，使用该功能可以快速地在幻灯片中插入系统当前日期或者时间。具体的操作步骤如下。

Step 01 打开随书光盘中的【素材\ch11\蜂蜜功效.ppt】文件，选中整张幻灯片。

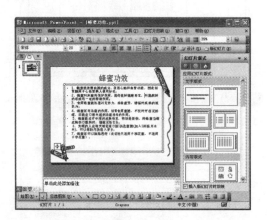

Step 02 选择【插入】→【日期和时间】菜单命令，打开【页眉和页脚】对话框。

Step 03 勾选【日期和时间】复选框，并点选【固定】单选钮，然后在【固定】文本框中输入日期。

Step 04 单击【应用】按钮，即可将日期插入到幻灯片中。

> **提示**　在【日期和时间】选项中如果点选【自动更新】单选钮，将在幻灯片中插入与用户当前使用计算机系统相一致的日期或时间；如果点选【固定】单选钮，用户可以定义幻灯片中显示固定的日期和时间。

12.5　职场技能训练

本实例介绍如何将制作好的演示文稿保存为网页形式，以方便给公司同事共同分享或打印出这些文件。将幻灯片发布为网页文档的具体步骤如下。

Step 01 打开已经制作的演示文稿。

Step 02 选择【文件】→【另存为网页】菜单命令，打开【另存为】对话框，在【保存类型】下拉列表中选择【单个文件网页】选项。

Step 03 单击【发布】按钮，打开【发布为网页】对话框，用户可以根据需要设置各个选项，这里使用默认选项。

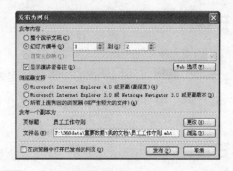

Step 04 单击【发布】按钮，即可将幻灯片发布为网页，在保存的文件夹中可以看到发布的网页文件。

Step 05 双击"艺术欣赏.htm"文件，即可查看该网页。

第 **13** 天　星期三

让幻灯片有声有色——使用PowerPoint 2003创建电子相册

 （视频 **46** 分钟）

今日探讨

今日主要探讨如何使制作的幻灯片有声有色，包括在幻灯片中插入剪贴画、艺术字、图片、声音、影片、动画以及超级链接等。

今日目标

通过第13天的学习，读者能根据自我需求独自使用PowerPoint 2003制作有声有色的幻灯片。

快速要点导读

- ⊛ 掌握插入图形对象的方法
- ⊛ 掌握插入图片的方法
- ⊛ 了解插入影片和声音的方法
- ⊛ 了解插入动画的方法
- ⊛ 了解添加超级链接的方法

学习时间与学习进度

180分钟　　　　　　　　26%

13.1 插入图形对象

除了可以在演示文稿中输入文本信息外，为了丰富幻灯片的内容，还可以在幻灯片中插入多种对象，如剪贴画、艺术字、图片、影片与声音等。

13.1.1 插入剪贴画

在幻灯片中插入剪贴画的方法主要有2种，分别是使用【标题、文本与剪贴画】版式和使用插入图片命令。

（1）使用【标题、文本与剪贴画】版式

PowerPoint 2003提供有【标题、文本与剪贴画】版式，使用该版式可以快速地插入剪贴画。具体的操作步骤如下。

Step 01 创建一个空白PowerPoint文件。

Step 02 单击【格式】工具栏中的【新幻灯片】按钮，打开【幻灯片版式】任务窗格，然后在【应用幻灯片版式】列表框中的【其他版式】区域选择【标题、文本与剪贴画】选项即可插入一个包含标题、文本与剪贴画内容的幻灯片。

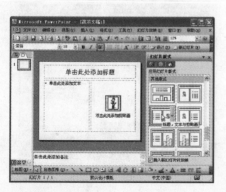

Step 03 双击剪贴画占位符打开【选择图片】对话框，然后从中选择一个合适的剪贴画。

Step 04 单击【确定】按钮，或者直接双击选中的剪贴画即可将其插入到幻灯片当中。

Step 05 将鼠标指针移至剪贴画占位符4个角的控制点上，然后按住鼠标左键不放拖动鼠标，即可调整剪贴画的大小。

Step 06 将鼠标指针移至选中的剪贴画占位符上，待其变成双向十字箭头形状时按住鼠标左键不放，拖至合适的位置后释放鼠标，即可移动剪贴画的位置。

Step 07 调整完剪贴画的大小与位置之后，分别选中标题和文本占位符，然后按下【Delete】键将它们删除。

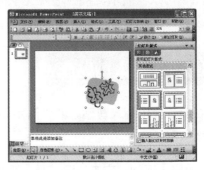

Step 08 使用相同的方法，用户也可以选中插入的剪贴画，然后按下【Delete】键将其删除。

（2）使用插入图片命令

使用【插入】→【图片】→【剪贴画】菜单命令也可以快速地插入剪贴画。具体的操作步骤如下。

Step 01 插入一个新幻灯片，选择【插入】→【图片】→【剪贴画】菜单命令。

Step 02 随即打开【剪贴画】任务窗格。

Step 03 单击【搜索】按钮，系统就会自动搜索出所有文件类型的剪贴画。

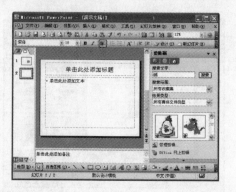

Step 04 在【剪贴画】任务窗格中的列表框当中单击任意一个剪贴画文件，即可将其插入到幻灯片当中。

Step 05 双击插入的剪贴画打开【设置图片格式】对话框，切换到【颜色和线条】选项卡当中，然后在【填充】组合框中的【颜色】下拉列表中选择【填充效果】选项。

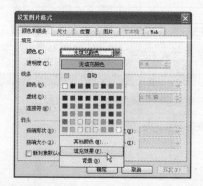

Step 06 随即打开【填充效果】对话框，切换到

【渐变】选项卡当中，然后在【颜色】组合框中点选【双色】单选钮，并在【颜色1】下拉列表中选择【其他颜色】选项。

Step 07 随即打开【颜色】对话框，切换到【标准】选项卡，然后在【颜色】面板中选择一种合适的颜色。

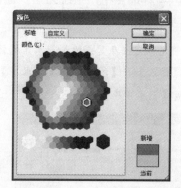

Step 08 单击【确定】按钮，返回到【填充效果】对话框，然后在【底纹样式】下拉列表中点选【中心辐射】单选钮，并在【变形】组合框中选择一种合适的变形样式。

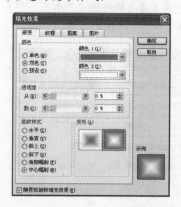

Step 09 单击【确定】按钮，返回到【设置图片格式】对话框当中，然后在【线条】组合框中的【颜色】下拉列表中选择【红色】选项，在【虚线】下拉列表中选择【方向】选项。

Step 10 单击【确定】按钮，返回到幻灯片当中，即可得到设置剪贴画格式的效果。

13.1.2　插入艺术字

在Office 2003当中，系统为用户提供了多种现成的文本对象特效，即艺术字。插入艺术字的具体步骤如下。

Step 01 将光标定位在需要插入艺术字的位置，然后选择【插入】→【图片】→【艺术字】菜单命令，打开【艺术字库】对话框。

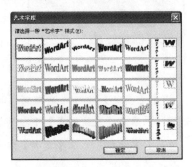

Step 02 在【请选择一种"艺术字"样式】列表框中选择一种艺术字样式。

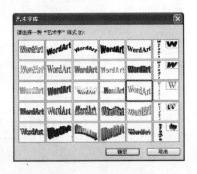

Step 03 单击【确定】按钮，在打开的【编辑"艺术字"文字】对话框中的【文字】文本框中输入"蜂蜜功效与作用"。

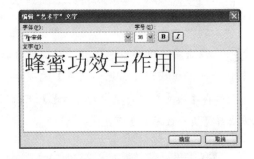

Step 04 设置文字的【字体】为【隶书】，【字号】为【36】。

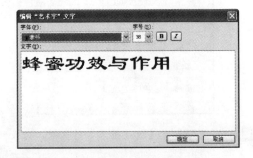

Step 05 单击【确定】按钮，即可将艺术字插入到幻灯片中。

Step 06 按住【Shift】键拖动艺术字4个角上的控制点，即可对艺术字进行等比例缩放。

Step 07 单击【艺术字】工具栏中的【艺术字形状】按钮。

Step 08 在打开的下拉列表中选择一种形状，即可更改艺术字的形状。

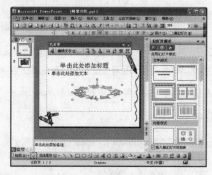

Step 09 单击【艺术字】工具栏中的【设置艺术字格式】按钮，在打开的【设置艺术字格式】对话框中选择【颜色和线条】选项卡，对其颜色和线条进行设置。

Step 10 单击【确定】按钮，返回幻灯片，即可完成艺术字格式的设置。

13.1.3　插入自选图形

在PowerPoint当中，自选图形的种类比较多，包括线条、连接符、基本形状、星与旗帜、标注、动作按钮等。下面以插入动作按钮为例，介绍插入自选图形的方法。具体的操作步骤如下。

Step 01 选择【视图】→【工具栏】→【绘图】菜单命令打开【绘图】工具栏。

Step 02 将光标定位在需要插入自选图形的位置，然后单击【绘图】工具栏中的 自选图形 按钮，在弹出的下拉列表中选择【动作按钮】→【动作按钮：开始】选项。

Step 03 将鼠标放到需要添加自选图像的位置，然后按住鼠标左键不放拖至合适的大小后松开鼠标，此时系统会自动打开【动作设置】对话框。

Step 04 关闭【动作设置】对话框，返回到幻灯片中，即可看到绘制好的动作按钮效果。

Step 05 双击添加的开始动作按钮，即可打开【设置自选图形格式】对话框，选择对话框中的【颜色和线条】选项卡，即可对按钮图标进行设置。

Step 06 切换到【尺寸】选项卡中，在其中将高度设置为【1.1厘米】，将宽度为【2.2厘米】。

Step 07 设置完成之后，单击【确定】按钮，即可查看设置动作按钮自选图形格式后的效果。

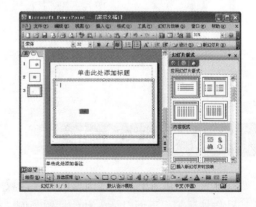

13.2　插入图片

在PowerPoint幻灯片中，用户可以插入电脑中存储的漂亮图片，从而为用户设计的幻灯片效果增添色彩。

（1）使用【插入】菜单

具体操作步骤如下。

Step 01　创建一个空白演示文稿，单击【格式】工具栏中的【新幻灯片】按钮，打开【幻灯片版式】任务窗格，然后在【应用幻灯片版式】列表框中的【内容版式】区域选择【空白】选项，即可插入一个空白幻灯片。

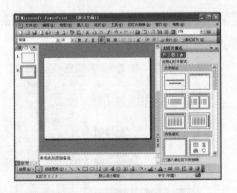

Step 02　选择【插入】→【图片】→【来自文件】菜单命令，打开【插入图片】对话框，在【查找范围】下拉列表中选择素材文件所在的具体位置，并在其下方的列表框中选择需要插入的图片文件。

Step 03　单击【插入】按钮，即可将图片插入到幻灯片中。

Step 04　将鼠标指针移至图片占位符4个角的控制点上，然后按住鼠标左键不放拖动鼠标，即可调整图片的大小。

Step 05　将鼠标指针移至选中的图片占位符上，待其变成十字双向箭头形状时按住鼠标左键不放，拖至合适的位置后释放即可移动图片的位置。

（2）使用占位符

具体操作步骤如下。

Step 01 单击【格式】工具栏中的【新幻灯片】按钮，打开【幻灯片版式】任务窗格，然后在【应用幻灯片版式】列表框中的【文字和内容版式】区域选择【标题、文本与内容】选项，插入该版式的幻灯片。

Step 02 单击内容占位符中的【插入图片】按钮，打开【插入图片】对话框，在其中选择需要插入的图片。

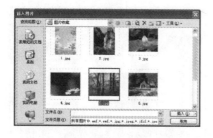

Step 03 单击【插入】按钮，即可将图片插入到幻灯片中，同时还会自动弹出【图片】工具栏。

Step 04 利用鼠标调整图片的大小与位置，最终的效果如下图所示。

（3）导入图片

具体操作步骤如下。

Step 01 单击【格式】工具栏中的【新幻灯片】按钮，打开【幻灯片版式】任务窗格，然后在【应用幻灯片版式】列表框中的【文字和内容版式】区域选择【标题、文本与内容】选项，插入该版式的幻灯片。

Step 02 单击内容占位符中的【插入剪贴画】按钮 。

Step 03 打开【选择图片】对话框，从中选择一个合适的剪贴画插入到幻灯片中。

Step 04 单击【导入】按钮，打开【将剪辑添加到管理器】对话框，从中选择相应的图片。

Step 05 单击【添加】按钮，即可将图片添加到【选择图片】对话框中，然后选中添加的图片。

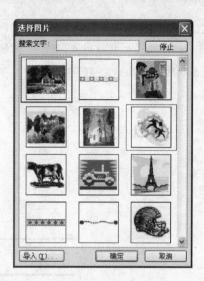

Step 06 单击【确定】按钮，即可将图片插入到幻灯片中。

Step 07 利用鼠标调整插入图片的大小与位置，最终的效果如下图所示。

Step 08 如果需要旋转图片，可以先选中图片，然后将光标移至绿色的控制点 上，当鼠标指针变为 形状时，按鼠标左键不松并移动，即可旋转图片。

13.3 插入影片和声音

在幻灯片中不仅可以插入图形对象、图片等，还可以插入多媒体元素，如影片和声音等。在幻灯片中插入多媒体文件不仅能丰富演示文稿的内容，还能起到画龙点睛的功效。

13.3.1 插入影片

在幻灯片中不仅可以插入系统自带的影片，而且还可以插入电脑中存储的影片。

（1）插入剪辑管理器中的影片

剪辑管理器中的影片一般都是GIF格式的文件，插入剪辑管理器中的影片的具体步骤如下。

Step 01 创建一个新的演示文稿，选择【插入】→【影片和声音】→【剪辑管理器中的影片】菜单命令。

Step 02 打开【剪贴画】任务窗格。

Step 03 在"搜索"功能的帮助下找到需要的影片，然后单击所需影片，即可将其插入幻灯片中。

所示。

Step 04 调整影片的大小及位置，最终效果如图

（2）插入文件中的影片

在幻灯片中除了可以插入剪辑管理器中的影片外，还可以插入支持Windows视频文件、影片文件及GIF动画等格式的文件。在幻灯片中插入文件中的影片的具体步骤如下。

Step 01 打开一个演示文稿，选择【插入】→【影片和声音】→【文件中的影片】菜单命令。

Step 02 随即打开【插入影片】对话框，在【查找范围】下拉列表中找出要插入的影片并选中该影片。

Step 03 单击【确定】按钮，选中的影片就会直接应用到当前幻灯片中，同时弹出提示框。

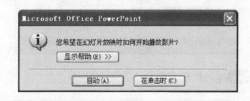

Step 04 单击【自动】按钮，然后调整影片的位置和大小即可。

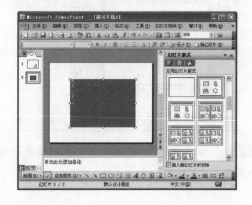

13.3.2 插入声音

在幻灯片中不仅可以插入系统自带的声音文件，而且还可以插入电脑中存储的声音文件，同时还可以插入自己录制的声音文件。当添加声音文件后，会出现一个声音图标，通过设置，用户可以决定该图标的显示或者隐藏。

（1）插入剪辑管理器中的声音

Step 01 打开一个演示文稿，插入一张新的幻灯片，选择【插入】→【影片和声音】→【剪辑管理器中的声音】菜单命令。

Step 02 打开【剪贴画】任务窗格。

Step 03 在"搜索"功能的帮助下找到需要使用的声音文件。

Step 04 单击需要的音频文件，弹出提示框。

Step 05 单击【自动】按钮，即可将声音插入幻灯片中，同时可通过声音图标四周的节点调整其大小及位置。

（2）插入文件中的声音

如果幻灯片内容所需要搭配的声音在PowerPoint剪辑管理器中没有与之符合的，此时可以插入外部的声音文件。具体的操作步骤如下。

Step 01 打开一个演示文稿,选择【插入】→【影片和声音】→【文件中的声音】菜单命令。

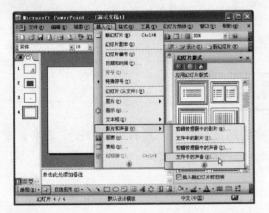

Step 02 打开【插入声音】对话框,在【查找范围】下拉列表中找到要插入的声音文件并选中。

Step 03 单击需要的音频文件,弹出提示框。

Step 04 单击【自动】按钮,所需要的声音文件就会直接应用于当前幻灯片。

(3)录制音频

用户可以根据需要自己录制声音为幻灯片添加声音效果,具体的操作步骤如下。

Step 01 选择【插入】→【影片和声音】→【录制音频】菜单命令。

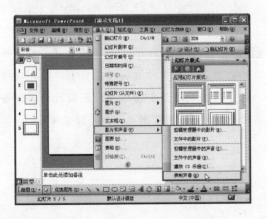

Step 02 打开【录音】对话框,从中设定所录的声音【名称】。

Step 03 单击【录制】按钮[●],开始录制。

Step 04 录制完毕,单击【停止】按钮[■]停止录制。

Step 05 如果要预先听一下录制的声音，可以单击【播放】按钮▶播放。

13.4　插入动画

在演示文稿中插入动画可以使得演示的内容更加富有活力，具有极强的视觉效果。常用的插入动画的方法有2种，分别是使用动画方案和自定义动画两种。

13.4.1　使用动画方案

动画方案是系统已经定义好的一组幻灯片动画和切换效果，用户可以直接为幻灯片选择某一种动画方案，此时系统就会根据用户选择的动画方案自动地为幻灯片中的各个对象设置动画效果或者切换效果，从而提供了工作的效率。使用动画方案的具体操作步骤如下。

Step 01 打开一组制作好的演示文稿。

Step 02 选择【幻灯片放映】→【动画方案】菜单命令，打开【幻灯片设计】任务窗格，此时系统会自动切换到【动画方案】链接当中。

Step 03 在【应用于所选幻灯片】列表框中选择一种合适的动画方案，如这里选择【弹跳】选项，并勾选【自动预览】复选框。

Step 04 选择"幻灯片2"，然后在【应用于所选幻灯片】列表框中选择【上升】选项。由于勾选了【自动预览】复选框，所以此时系统会自动地播放【上升】动画方案的预览效果。

方案效果。

Step 05 按照相同的方法为其他幻灯片添加动画方案，单击其中的【播放】按钮，即可预览动画

13.4.2　自定义动画

使用自定义动画命令用户可以自行设计出各种个性化的动画效果。自定义动画效果的具体操作步骤如下。

Step 01 打开一个制作好的演示文稿。

Step 02 选中幻灯片列表中的1，然后选择【幻灯片放映】→【自定义动画】菜单命令，打开【自定义动画】任务窗格。

Step 03 选中幻灯片当中插入的艺术字，然后单击【自定义动画】任务窗格中的【添加效果】按

钮，并在弹出的下拉菜单中选择【进入】→【飞入】菜单命令。

Step 04 接下来在【自定义动画】任务窗格中的【速度】下拉列表中选择【慢速】选项，即可完成自定义动画的创建过程，此时在艺术字的左上角会出现一个"1"动画标记。

Step 05 选中其中的"1"动画标记，此时【添加效果】按钮会自动变成【更改】按钮。单击该按钮，即可进行自定义动画的更改操作。

Step 06 如果想要删除添加的自定义动画，则需

选中动画标记，然后单击【删除】按钮，即可删除插入的动画。

Step 07 参照前面介绍的插入自定义动画的方法，为其他幻灯片设置自定义动画效果。

13.5　添加超级链接

在演示文稿中，用户可以给文本、图片或者图形等对象添加超级链接，通过添加超级链接可以直接链接到演示文稿中的其他位置。

13.5.1　为文本创建超链接

在演示文稿中为文本添加超级链接的具体操作步骤如下。

Step 01 打开一个制作好的演示文稿，选择幻灯片列表中的幻灯片1当中的标题文本，然后选择【插入】→【超链接】菜单命令。

Step 02 打开【插入超链接】对话框，在其中选择【链接到】列表中的【本文档中的位置】选项，并在【请选择文档中的位置】列表框中选择相应的链接位置。

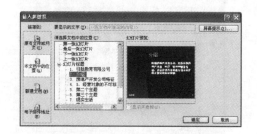

Step 03 单击【确定】按钮，即可完成添加超级链接的操作，这时可以发现幻灯片标题文本的颜色由白色变成红色。

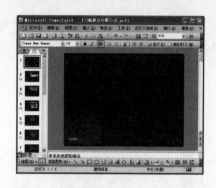

13.5.2 链接到其他幻灯片

为幻灯片创建超链接时，除了可以将对象链接在当前幻灯片中，也可以链接到其他文稿中。具体的操作步骤如下。

Step 01 打开一个制作好的演示文稿，选中要创建超链接的对象。

Step 02 选择【插入】→【超链接】菜单命令，在打开的【插入超链接】对话框中选择【链接到】列表框中的【原有文件或网页】选项。

Step 03 在【查找范围】下拉列表中选择要链接的其他演示文稿的位置，然后选择要链接的演示文稿。

Step 04 单击【屏幕提示】按钮，在打开的【设置超链接屏幕提示】对话框中输入提示信息，然后单击【确定】按钮，返回【插入超链接】对话框后，单击【确定】按钮，即可插入超链接。

13.5.3 链接到电子邮件

可以将PowerPoint中的幻灯片链接到电子邮件中，这样就能在放映幻灯片的过程中启动电子邮件软件。具体的操作步骤如下。

Step 01 打开一个制作好的演示文稿，选中要创建超链接的对象。

Step 03 在右侧的文本框中分别输入电子邮件的地址与邮件的主题，然后单击【确定】按钮即可。

Step 02 选择【插入】→【超链接】菜单命令，在打开的【插入超链接】对话框中选择【链接到】列表框中的【电子邮件地址】选项。

13.5.4　编辑超链接

创建超链接后，用户可以根据需要重新设置超链接或取消超链接。

（1）更改超链接

Step 01 右键单击要修改的超链接对象，在弹出的快捷菜单中选择【编辑超链接】菜单命令。

Step 02 打开【编辑超链接】对话框，从中可以重新设置超链接的内容。

（2）取消超链接

如果当前幻灯片不需要再使用超链接，可以右击要取消的超链接对象，然后在弹出的快捷菜单中选择【删除超链接】菜单命令即可。

13.6 职场技能训练

本实例介绍如何制作产品宣传演示文稿。为了让观众了解公司的新产品，可以制作产品宣传的演示文稿，更直观地向观众展示新产品的详细功能。具体的操作步骤如下。

Step 01 新建一个版式为"标题幻灯片"的幻灯片。

Step 02 单击工具栏中的【设计】选项卡，在其中可以看到系统预设的设计模版。

Step 03 在【应用设计模版】列表框中选择合适的设计模版。

Step 04 选中【单击此处添加标题】文本占位符，按【Delete】键删除。

Step 05 选择【插入】→【图片】→【艺术字】菜单命令。

Step 06 随即打开【艺术字库】对话框，在其中选择合适的艺术字样式。

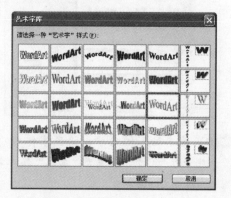

Step 07 单击【确定】按钮，打开【编辑"艺术字"文字】对话框，在其中输入相关公司信息，并设置字号为"48"，字体为"华文行楷"，并加粗显示。

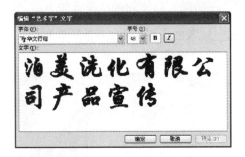

Step 08 单击【确定】按钮，返回到幻灯片当中，可以看到添加的艺术字。

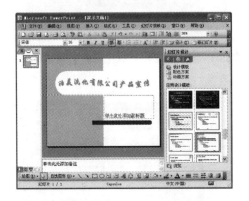

Step 09 将光标定位在【单击此处添加副标题】文本占位符中，输入要宣传的产品名称。

Step 10 选中输入的文字，设置字体为"隶书"，字号为"32"，效果为"加粗"和"文字阴影"，颜色为"绿色"。

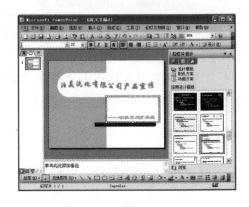

Step 11 再新建一个版式为"标题和内容"的幻灯片。

Step 12 选中【单击此处添加标题】文本占位符，按【Delete】键删除。

Step 13 选择【插入】→【图片】→【艺术字】菜单命令，打开【艺术字库】对话框，在其中选择一种艺术字样式。

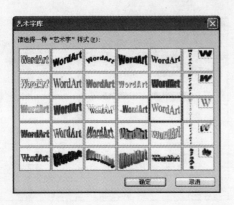

Step 14 单击【确定】按钮，打开【编辑"艺术字"文字】对话框，在其中输入相关文字信息，并设置文字的格式，如字体、字号等。

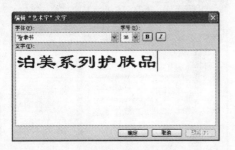

Step 15 单击【确定】按钮，返回到幻灯片当中，在艺术字工具条中单击【设置艺术字格式】按钮，打开【设置艺术字格式】对话框，在其中设置艺术字的线条颜色。

Step 16 单击【确定】按钮，返回到幻灯片当中，在其中可以看到添加的艺术字效果。

Step 17 选中【单击此处添加文本】文本占位符，按【Delete】键删除。

Step 18 选择【插入】→【图片】→【来自文件】菜单命令，打开【插入图片】对话框，在其中选择要插入的图片。

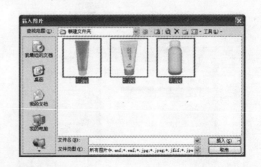

Step 19 单击【插入】按钮，即可将选中的图片插入到幻灯片当中，单击选中一个图片并调整图片的位置，最终的效果如下图所示。

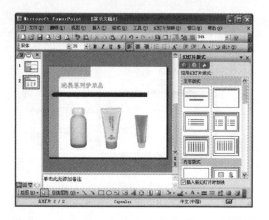

Step 20 再新建一个版式为"标题和内容"的幻灯片。

Step 21 将光标定位在【单击此处添加标题】文本占位符中，输入产品简介的标题。

Step 22 选中输入的文字，设置字体为"幼圆"，字号为"54"，颜色为"嫩绿色"，并加粗显示。

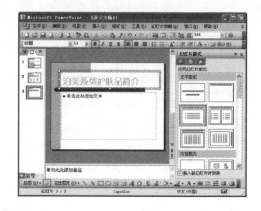

Step 23 将光标定位在【单击此处添加文本】文本占位符中，输入产品的简介。

Step 24 选中输入的文字，设置字体为"华文楷体"，字号为"36"，颜色为"紫色"。

Step 25 新建一个版式为"标题幻灯片"的幻灯片。

Step 26 单击设计好的第1张幻灯片，将标题选中，按【Ctrl+C】组合键复制，返回到尾页幻灯片中，按【Ctrl+V】组合键粘贴。

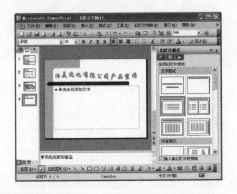

Step 27 将光标定位在【单击此处添加文本】文本占位符中，输入"谢谢观赏"。

Step 28 选中输入的文字，设置字体为"隶书"，字号为"72"，效果为"加粗"和"文字阴影"，颜色为"红色"。

Step 29 单击工具栏中的【保存】按钮，即可打开【另存为】对话框，在其中输入保存的名称并选择保存的位置。

Step 30 最后单击【保存】按钮即可。

第 **14** 天　星期四

演示文稿的放映

（视频 **38** 分钟）

今日探讨

今日主要探讨如何设置幻灯片放映时的切换效果，如何放映幻灯片以及排练计时和录制旁白的方法等。

今日目标

通过第14天的学习，读者能根据自我需求独自完成Windows XP系统的基本设置。

快速要点导读

- ⊙ 掌握设置幻灯片放映时切换效果的方法
- ⊙ 掌握放映幻灯片的方法
- ⊙ 了解排练计时的方法
- ⊙ 了解录制旁白的方法

学习时间与学习进度

180分钟　　　　　　21%

14.1 设置幻灯片放映时的切换效果

在放映演示文稿之前，如果能够设计好幻灯片放映的切换效果，则可以在一定程度上增强幻灯片的展示效果。

14.1.1 设置切换动画

幻灯片切换时产生的类似动画的效果，可以使幻灯片在放映时更加生动形象。具体操作步骤如下。

Step 01 打开一个制作好的演示文稿，选择要设置切换效果的幻灯片。

Step 02 选择【幻灯片放映】→【幻灯片切换】菜单命令，打开【幻灯片切换】任务窗格。

Step 03 在【应用于所选幻灯片】列表中选择【水平百叶窗】切换效果，设置完毕可以预览该效果。

14.1.2 设置切换声音

如果想使切换的效果更逼真，可以为其添加声音效果。具体的操作步骤如下。

319

Step 01 打开一个制作好的演示文稿，选择要添加声音效果的幻灯片。

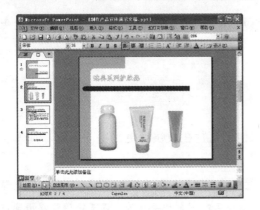

Step 02 选择【幻灯片放映】→【幻灯片切换】菜单命令，打开【幻灯片切换】任务窗格。

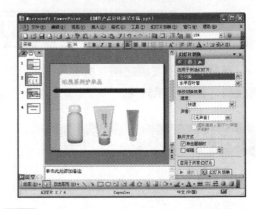

Step 03 单击【修改切换效果】下【声音】右侧的倒三角，在弹出的下拉列表中选择【风声】选项，即可在放映时听到风声的音效。

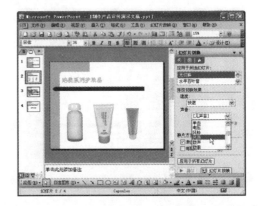

14.1.3 设置切换速度

在切换幻灯片时，用户可以为其设置持续的时间，从而控制切换的速度，以便查看幻灯片的内容。具体的操作步骤如下。

Step 01 打开一个制作好的演示文稿，选择要设置切换速度的幻灯片。

Step 02 选择【幻灯片放映】→【幻灯片切换】菜单命令，打开【幻灯片切换】任务窗格。

Step 03 从中选择需要的切换速度，设置以后，在放映幻灯片时，就会自动地应用到当前幻灯片中。

14.1.4 设置换片方式

用户在放映幻灯片时，可以根据需要设置换片的方式，例如自动换片或单击鼠标换片等。具体的操作步骤如下。

Step 01 打开一个制作好的演示文稿。

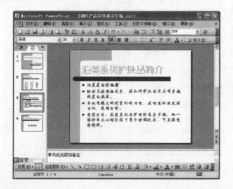

Step 02 选择【幻灯片放映】→【幻灯片切换】菜单命令，打开【幻灯片切换】任务窗格。

Step 03 在【换片方式】选项下勾选【单击鼠标时】复选框，在播放幻灯片时，则需要在幻灯片

中单击鼠标方可换片。

Step 04 如果勾选【每隔】复选框，在播放幻灯片时，经过所设置的秒数后会自动地切换到下一张幻灯片。

14.2 放映幻灯片

在幻灯片的切换方式设置完成后，下面就可以放映幻灯片了，不过为了幻灯片放映的效果更好，还需要事先设置幻灯片的放映方式、显示或隐藏幻灯片等。

14.2.1 设置幻灯片的放映方式

通过使用"设置放映方式"功能，用户可以自定义放映类型、换片方式和笔触颜色等选项。设置幻灯片的放映方式的具体操作步骤如下。

Step 01 打开任意一个制作好的演示文稿，选择【幻灯片放映】→【设置放映方式】菜单命令。

Step 02 随即打开【设置放映方式】对话框，在其中选择合适的放映方式，最后单击【确定】按钮即可。

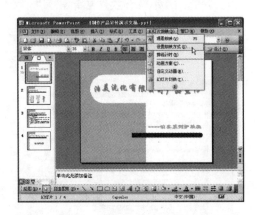

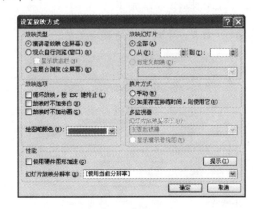

在【设置放映格式】对话框中主要参数的含义如下。

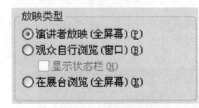

（1）放映类型

用户可以根据需要来选择幻灯片的3种放映方式，包括演讲者放映、观众自行浏览、在展台浏览。

1）演讲者放映（全屏幕）。选择此项，运行全屏幕显示的演示文稿，这是常用的一种方式，可采用自动或人工方式放映。

2）观众自行浏览（窗口）。选择此项，运行小规模的演示。这种演示文稿会出现在小型窗口内，并提供命令在放映时移动、编辑和复制幻灯片。在此方式中，可使用滚动条从一张幻灯片移至另一张幻灯片。

3）在展台浏览（全屏幕）。选择此项，自动运行演示文稿。如在展览会场或会议中，如果展台或其他地点需要运行无人管理的幻灯片放映，可以将演示文稿设置为"在展台浏览"方式。每次放映完毕后重新启动。

（2）放映选项

在【放映选项】选项组中，可以根据放映时的需要进行选择。

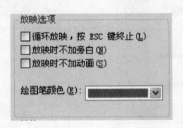

（3）放映幻灯片

在【放映幻灯片】选项组中可以选择放映方式，如果只需要放映第3张和第4张的内容，则可以在第2个选择方案里设置精确的数字来进行放映。

14.2.2 隐藏或显示幻灯片

将一张幻灯片放在演示文稿中，却不希望它在幻灯片放映中出现，则可以隐藏该幻灯片。隐藏的幻灯片仍然留在文件中，只是在显示幻灯片视图放映该幻灯片时是隐藏的。隐藏或显示幻灯片的具体操作步骤如下。

Step 01 单击PowerPoint 2003窗口左侧的【幻灯片】任务窗格。

Step 02 右击要隐藏的幻灯片，在弹出的快捷菜单中选择【隐藏幻灯片】菜单命令。

在软件窗口左侧的【幻灯片】任务窗格中选择已经设置隐藏的幻灯片单击，在弹出的快捷菜单中选择【隐藏幻灯片】菜单命令即可。

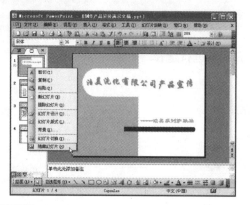

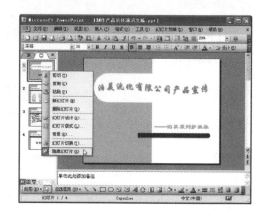

Step 03 如果要将隐藏的幻灯片显示出来，可以

14.2.3　手动放映幻灯片

制作完幻灯片后，可以预先放映一下，查看最终的效果。如有不适当的，可以及时修改。在放映幻灯片时，也可以根据用户的需要调整幻灯片的放映顺序及添加注释等。进行普通手动放映的具体步骤如下。

Step 01 打开一个制作好的演示文稿，选择【幻灯片放映】→【观看放映】菜单命令。

Step 02 系统开始播放幻灯片，按【Enter】键或空格键切换到下一张幻灯片。

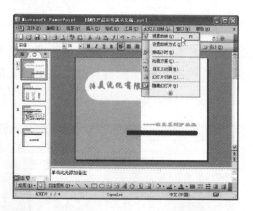

14.2.4　自定义放映幻灯片

利用PowerPoint 2003的"自定义放映"功能，可以将幻灯片的放映方式设置为自己需要的。具体的操作步骤如下。

Step 01 打开一个制作好的演示文稿，选择【幻灯片放映】→【自定义放映】菜单命令。

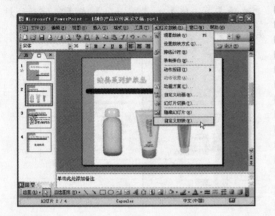

Step 02 打开【自定义放映】对话框，单击【新建】按钮。

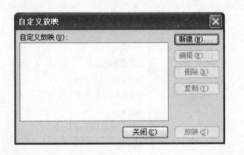

Step 03 打开【定义自定义放映】对话框，选择需要放映的幻灯片。

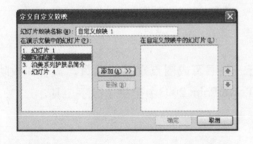

Step 04 单击【添加】按钮，即可将选中的幻灯片添加到右侧的窗格当中，单击【确定】按钮。

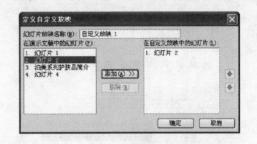

Step 05 返回【自定义放映】对话框，单击【放映】按钮。

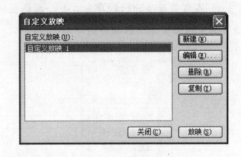

Step 06 观看自动放映的效果。

14.2.5 控制幻灯片放映

在放映过程中，可以根据需要在幻灯片之间设置切换或者跳到指定的幻灯片放映，具体的操作步骤如下。

Step 01 将光标定位在所要放映的幻灯片上，按【F5】键进入放映幻灯片的状态。

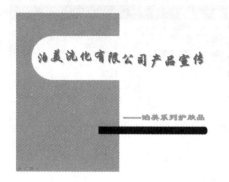

Step 02 在当前放映的幻灯片上右击，在弹出的快捷菜单中根据需要选择相应的命令。

Step 03 如果要指定放映某张幻灯片，可以在当前放映的幻灯片上右击，在弹出的快捷菜单中选择【上一张】、【下一张】或【定位至幻灯片】命令。

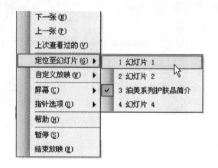

Step 04 放映中，按【Esc】键或右击，在弹出的快捷菜单中选择【结束放映】命令结束幻灯片放映。

14.2.6 幻灯片放映的其他设置

在放映幻灯片中，有时需要在幻灯片上进行一些书写或圈点重要的项目，或者在放映时需要暂时停止以方便讨论幻灯片的内容等，在PowerPoint 2003中提供了以下工具。

（1）添加墨迹注释

墨迹注释的主要作用是用鼠标或工具笔来做备注。幻灯片的墨迹注释可以直接添加在幻灯片中，而不必切换到其他程序或在纸上做备注，所添加的墨迹可立即被观众看到。给幻灯片添加墨迹注释的具体操作步骤如下。

Step 01 在幻灯片全屏放映的状态下，右击幻灯片，在弹出的快捷菜单中选择【指针选项】选项中的【圆珠笔】、【荧光笔】或【毡尖笔】菜单命令。

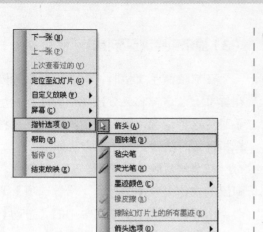

Step 02 为了避免与背景色重叠，可以在【墨迹颜色】列表中选择墨迹注释的颜色。

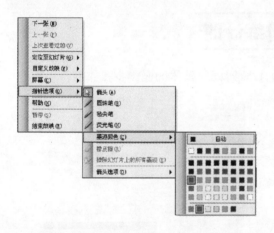

Step 03 选择其中一种笔头样式后，当前鼠标指针会变为相应的笔头样式，就可以为当前的幻灯片添加注释了。

Step 04 在结束放映的之后，将会弹出一个信息提示框，提示用户是否保留墨迹注释，如果保留所添加的墨迹注释，则再次放映幻灯片时，其注释会被再次放映。

（2）设置黑屏或白屏

在放映演示文稿时，如果需要暂时将幻灯片停止以讨论幻灯片的内容时，可以按【B】键切换到屏幕黑屏状态，讨论完以后再按【B】键恢复正常。如果觉得黑屏效果不是太好，可以按【W】键切换到屏幕白屏状态，讨论完以后，再按【W】键恢复正常。

如果不方便使用键盘，也可以在全屏放映的状态下，右击幻灯片，在弹出的快捷菜单中选择【屏幕】子菜单中的【黑屏】或【白屏】菜单命令。

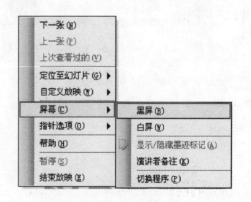

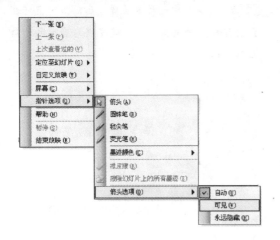

（3）显示和隐藏鼠标指针

在放映演示文稿时，有时鼠标指针停留在屏幕上，这样容易分散观众的注意力，为了避免这种情况，可以在放映状态下，将鼠标指针暂时隐藏，具体的方法如下。

在全屏放映的状态下，右击幻灯片。在弹出的快捷菜单中的选择【指针选项】菜单命令中【箭头选项】子菜单中的【自动】、【可见】或【永远隐藏】菜单命令。

14.3　排练计时

利用【排练计时】菜单项可以设置幻灯片的放映时间。具体的操作步骤如下。

Step 01 打开一个制作好的演示文稿，选择【幻灯片放映】→【排练计时】菜单命令。

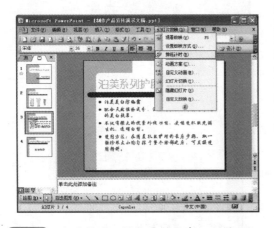

Step 02 这时将进入排练计时状态，从第1张幻灯片开始放映，并在幻灯片上方弹出【预演】工具栏。

Step 03 停留足够的时间后，单击【预演】工具栏中的【下一项】按钮 ➡ 。

Step 04 随即进入下一页幻灯片，然后单击【预演】工具栏中的【暂停】按钮，即可暂停幻灯片的演示。

Step 05 排练计时结束后，单击【预演】工具栏中的【关闭】按钮，将弹出一个信息提示框，询问用户是否保留幻灯片的排练时间。单击【是】按钮，将保留此次设置的排练时间；单击【否】按钮，则不保留。

Step 06 选择【视图】→【幻灯片浏览】菜单命令，可以看到设置的排列计时效果。

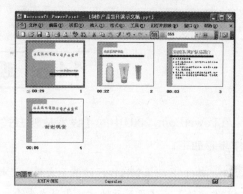

14.4　录制旁白

使用PowerPoint 2003的录制旁白功能，可以记录下演讲者的解说，这样演讲者就可以不用跟随演示文稿进行现场解说，同时避免了演示文稿无声无息地播放，也极大地增加了演示文稿的说服力。不过，录制语音旁白需要当前的计算机系统能够正常录音，即声卡和话筒可以正常使用。录制旁白的具体操作如下。

Step 01 打开一个演示文稿，选择【幻灯片放映】→【录制旁白】菜单命令。

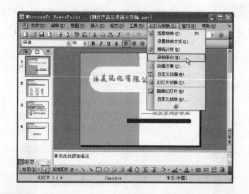

Step 02 随即打开【录制旁白】对话框，在其中设置所需要的参数。

Step 03 如果需要调整当前话筒的工作状态及音量大小，可以单击【设置话筒级别】按钮，打开【话筒检查】对话框，在其中调整话筒的工作状态与语音大小等。

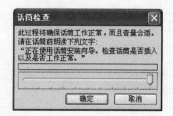

Step 04 如果需要导入早已准备好的旁白，可以勾选【链接旁白】复选框，单击右侧的【浏览】按钮，打开【选择目录】对话框，在其中选中准备好的旁白，单击【选择】按钮，即可导入至当前幻灯片中。

Step 05 单击【确定】按钮，即可开始录制旁白。

14.5 观众自行浏览

在PowerPoint 2003中的【设置放映方式】对话框中可以设置观众自行浏览效果。具体的操作步骤如下。

Step 01 打开任意一个制作好的演示文稿，选择【幻灯片放映】→【设置放映方式】菜单命令。

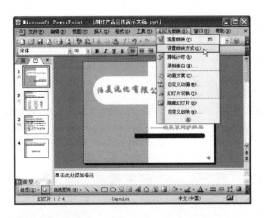

Step 02 打开【设置放映方式】对话框，勾选【观众自行浏览】复选框，并取消勾选【显示状态栏】复选框，单击【确定】按钮。

Step 03 返回到演示文稿当中，选择【幻灯片放映】→【观看放映】菜单命令。

Step 04 随即开始以观众自行浏览的方式放映幻灯片。

14.6 职场技能训练

本实例介绍如何在Word文档中调用PPT文件。Word与PowerPoint之间的信息共享很经常，在Word文档中调用PPT文件。具体的操作步骤如下。

Step 01 打开Word软件，选择【插入】→【对象】菜单命令。

Step 02 随即打开【对象】对话框，在其中选择【由文件创建】选项卡。

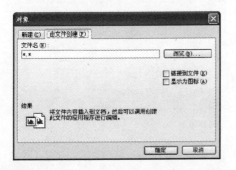

Step 03 单击【浏览】按钮，在打开的【浏览】对话框中选择需要插入的PowerPoint文件，然后单击【插入】按钮。

Step 04 返回到【对象】对话框，在其中可以看到添加的PPT演示文稿路径信息。

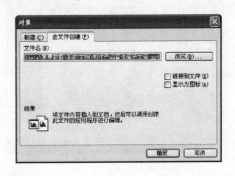

Step 05 单击【确定】按钮，即可在文档中插入所选的演示文稿。

Step 06 插入PowerPoint演示文稿以后，可以通过演示文稿四周的控制点调整演示文稿的位置及大小。

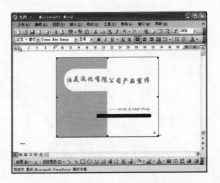

另外，根据不同的需要，用户可以在Word中调用单张幻灯片。具体的操作步骤如下。

Step 01 打开一个制作好的演示文稿，在其中选择需要插入到Word中的单张幻灯片，然后单击鼠标右键，在弹出的快捷菜单中选择【复制】菜单命令。

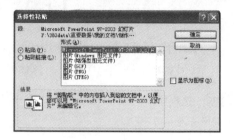

Step 03 单击【确定】按钮，返回到Word文档当中，可以看到粘贴的单张幻灯片。

Step 02 切换到Word中，然后选择【编辑】→【选择性粘贴】菜单命令，在打开的【选择性粘贴】对话框中选择【Microsoft PowerPoint幻灯片】选项。

第 **15** 天 星期五

演示文稿的其他实用操作

（视频 **25** 分钟）

今日探讨

今日主要探讨演示文稿的其他实用操作，主要包括如何将演示文稿发布到Word文档中、打包演示文稿、打印演示文稿等。

今日目标

通过第15天的学习，读者能根据自我需求独自完成打印演示文稿、打包演示文稿等演示文稿的相关实用操作。

快速要点导读

- 了解将演示文稿发布到Word中的方法
- 掌握打包演示文稿的方法
- 掌握打印演示文稿的方法
- 了解节约纸张与墨水并打印幻灯片的方法

学习时间与学习进度

180分钟　　　　14%

15.1 将演示文稿发布到Word中

将演示文稿发布到Word文档当中就是将演示文稿创建为可以在Word中编辑和设置格式的内容，具体的操作步骤如下。

Step 01 打开一个制作好的演示文稿，选择【文件】→【发布】→【Microsoft Office Word】菜单命令。

Step 02 随即打开【发送到 Microsoft Office Word】对话框。

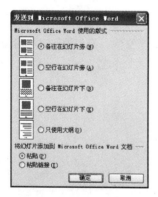

Step 03 在【Microsoft Office Word使用的版式】区域中点选【只使用大纲】单选钮。

Step 04 单击【确定】按钮，系统自动启动Word，并将演示文稿中的字符转换到Word文档中。

Step 05 在Word文档中编辑并保存此内容，即可完成将演示文稿发布到Word当中的操作。

> **注意** 要转换的演示文稿必须是用PowerPoint内置的"幻灯片版式"制作的幻灯片。如果是通过插入文本框等方法输入的字符，是不能实现转换的。如本例中第1页幻灯片中通过插入文本框输入的"泊美洗化有限公司产品宣传"是不能直接转换到Word文档中的。

15.2　打包演示文稿

利用PowerPoint 2003的打包成CD功能可以将演示文稿进行打包，打包之后的演示文稿文件不仅能在安装了PowerPoint 2003的计算机上进行放映，还能在没有安装PowerPoint 2003的计算机上进行放映。打包演示文稿的具体操作步骤如下。

Step 01 打开一个制作好的演示文稿，选择【文件】→【打包成CD】菜单命令。

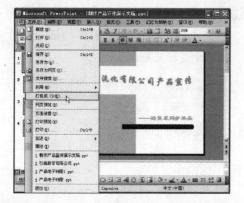

Step 02 打开【打包成CD】对话框，在【将CD命名为】文本编辑框中，用户可以输入打包文件的名称。

Step 03 打开【添加文件】对话框，选择需要添加的其他幻灯片，单击【添加】按钮。

Step 04 返回【打包成CD】对话框，用户可以看到新添加的幻灯片，单击【选项】按钮。

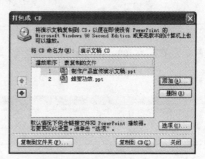

Step 05 打开【选项】对话框，从中可以选择包含的文件，在密码文本框中输入相关的安全密码，然后单击【确定】按钮。

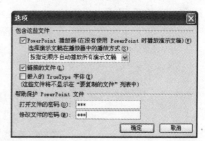

Step 06 打开【确认密码】对话框，在其中再次输入密码，并单击【确定】按钮。

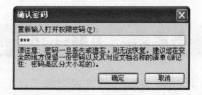

Step 07 返回【打包成CD】对话框，单击【复制到文件夹】按钮。

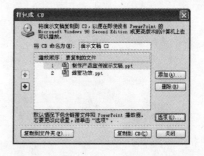

Step 08 打开【复制到文件夹】对话框，为打包文件指定名称并选择位置，之后单击【确定】按钮。

Step 09 弹出【Microsoft PowerPoint】提示框，这里单击【是】按钮，系统开始自动复制文件到文件夹。

Step 10 复制完成，系统会自动打开生成的CD文件夹。如果使用的计算机上没有安装PowerPoint，操作系统会自动运行"AUTORUN.INF"文件，并播放幻灯片文件。

Step 11 返回打开的【打包成CD】对话框，然后单击【打包成CD】对话框中的【关闭】按钮，即可完成打包操作。

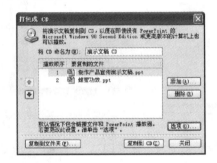

15.3 打印演示文稿

当制作好演示文稿之后，还可以将其打印出来，用户可以用彩色、灰度或纯黑白打印，也可以打印特定的幻灯片。

15.3.1 设置幻灯片的页面属性

幻灯片页面属性的设置主要包括对幻灯片大小和方向的设置。具体的操作步骤如下。

Step 01 打开一个需要设置页面属性的演示文稿。

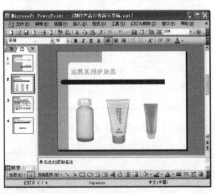

Step 02　选择【文件】→【页面设置】菜单命令，打开【页面设置】对话框。

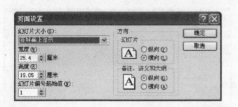

Step 03　设置幻灯片的宽度和高度以及其他相关参数。

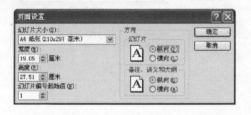

Step 04　单击【确定】按钮，即可应用设置。

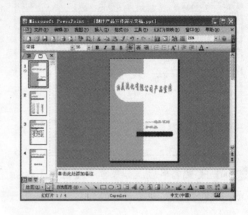

15.3.2　设置页眉和页脚

在Word中可以对页眉和页脚进行设置，在PowerPoint 2003中也可以对页眉和页脚进行设置，其设置的对象主要包括页眉和页脚文本、幻灯片号码、页码及日期，一般设置好的页眉和页脚显示在幻灯片的顶端或底端。设置页眉和页脚的具体操作步骤如下。

Step 01　打开一个需要设置页眉和页脚的演示文稿，选择【视图】→【页眉和页脚】菜单命令。

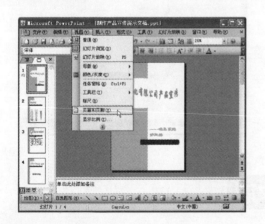

Step 02　随即打开【页眉和页脚】对话框，点选【自动更新】单选钮，再单击时间右侧的下拉按

钮，在弹出的下拉列表中可以设置其时间。

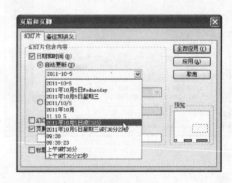

Step 03　勾选【页脚】复选框，在下方的文本框中可以输入页脚的相关内容。

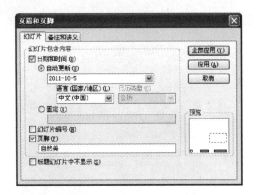

页脚；如果单击【全部应用】按钮，则为演示文稿中所有幻灯片都添加页眉和页脚。

Step 04 设置完毕后，如果单击【应用】按钮，则为当前的幻灯片或所选择的幻灯片添加页眉和

15.3.3 预览演示文稿

在打印幻灯片之前，可以通过打印预览功能进行查看打印的效果，并对打印效果不满意的地方进行修改。预览演示文稿的具体操作步骤如下。

Step 01 打开一个需要打印的演示文稿，选择【打印】→【打印预览】菜单命令。

Step 02 进入打印预览状态，单击【选项】右侧的下拉按钮，在弹出的下拉列表中可以设置页眉页脚、颜色、纸张大小和打印顺序等选项。

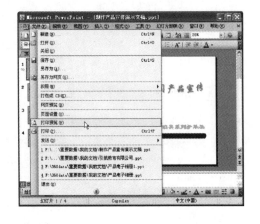

15.3.4 使用灰度模式打印演示文稿

在对打印预览效果满意后，用户就可以使用彩色、灰度或纯黑白模式打印整个演示文稿了，通常情况下选择以黑白或灰度模式打印。打印演示文稿的具体操作步骤如下。

Step 01 打开一个需要打印的演示文稿，选择【打印】→【打印】菜单命令。

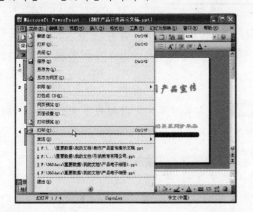

Step 02 打开【打印】对话框，在【打印范围】选项组中选择需要打印的幻灯片。

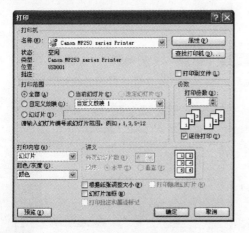

Step 03 在【打印内容】选项组中可以选择需要打印的内容。

Step 04 在【颜色/灰度】选项组中选择要打印的幻灯片的颜色效果。

Step 05 设置完毕后，在右侧的【份数】选项组中定义要打印的数量。

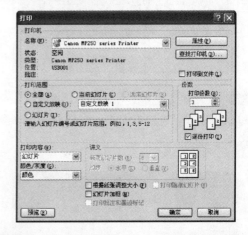

Step 06 单击【确定】按钮，即可开始打印演示文稿。

15.4 职场技能训练

本实例介绍如何打开公司内部服务器上的幻灯片。作为公司的员工，不仅可以打开存放在自己计算机上的幻灯片，同时还可以不用下载而直接打开公司内部服务器上的幻灯片。其具体的操作步骤如下。

Step 01 打开一个制作好的演示文稿，选择【文件】→【打开】菜单命令。

Step 02 打开【打开】对话框，单击【网上邻居】按钮，可以看到局域网中其他计算机所共享的文件。

> **注意** 打开公司内部服务器上幻灯片的前提是必须存在且共享。

Step 03 双击含有幻灯片的共享文件夹，可以打开并查看共享的幻灯片。

Step 04 选择需要的幻灯片，单击【打开】按钮，便可将公司内容服务器上的幻灯片打开。

> **注意** 打开的幻灯片将以只读的形式打开或放映，不允许读者在原有幻灯片上进行修改，如果是加密的幻灯片，在打开的时候，还需要输入密码，才可以打开使用。

第4周 沟通无限——网络办公与娱乐

本周多媒体视频 3.2 小时

　　现代办公不仅步入了电脑时代，而且也完全融入了网络时代。能使整个公司的文件同步共享、资源共享，现代办公已抛开了地域与时间的限制。本周学习网络办公与娱乐的相关技能。

- 第16天　星期一　**搭建电脑办公局域网**　（视频41分钟）
- 第17天　星期二　**电脑办公连接Internet网络**　（视频31分钟）
- 第18天　星期三　**电脑办公网上冲浪**　（视频49分钟）
- 第19天　星期四　**网上视频聊天**　（视频45分钟）
- 第20天　星期五　**电脑办公电子邮件收发与管理**　（视频27分钟）

第 16 天 星期一
搭建电脑办公局域网

（视频 **41** 分钟）

今日探讨

今日主要探讨如何搭建办公局域网络，包括如何组建局域网、共享局域网资源等。在本课中主要演练如何将同一部门的员工设为同一个工作组和让其他同事访问自己的电脑等专项技能。通过本章的学习，读者可以组建简单的办公网络并实现资源共享。

今日目标

通过第16天的学习，读者能够根据办公室的实际需求，组建最合适的局域网，并能共享办公资源，从而实现协同办公，提高工作效率。

快速要点导读

- ⊙ 了解组建公司局域网的方法
- ⊙ 掌握共享局域网资源的方法

学习时间与学习进度

192分钟　　　21%

16.1　组建公司局域网

在生活、工作中，不少用户选择使用和组建局域网，这给生活和工作带来了便利。

局域网（Local Area Network, LAN）是将分散在有限地理范围内（如一栋大楼、一个部门）的多台计算机通过传输媒介连接起来的通信网络，通过功能完善的网络软件，实现计算机之间的相互通信和资源共享。

使用办公局域网可以快速实现多台电脑之间的文件传输、磁盘共享、打印共享、协同工作、联机游戏等功能，从而将极大提高工作效率，减少设备资金投入。下面开始学习如何组建办公局域网络。

16.1.1　硬件准备与组网方案

组建一个公司局域网，首先要做的是准备相应的硬件设备，并根据实际的情况设计相应的组网方案。

（1）硬件准备

一般情况下，组建公司局域网需要准备以下硬件设备。

①网线、网线钳和网线连通测试器。采用GJ-45插头（水晶头）和超五类双绞线与交换机连接。这样，可以保证网络的传输速率达到100Mbps。

②多台计算机。

③交换机、路由器和HUB（集线器）。

④GJ-45的水晶插头。

（2）组网方案

不同性质的公司，办公设备不同，所以其组网方案也各不相同。在创建组网方案时，以实际需求出发，规划组网方案。下面以一个普通的公司的组网方案为例进行讲解。

组建公司局域网，首先就是要把本公司的网络结构布好线，否则就不能进行组建工作。一般情况下，公司网络主干上放置一台主干交换机，然后各种服务都直接连接到主干交换机上。同时，由下一层交换机扩充网络交换端口，负责和所有工作站的连接，最后由路由器将整个网络连接到Internet上。

这就是整个网络布线的方案，也可用图形表示出来，如下图所示。

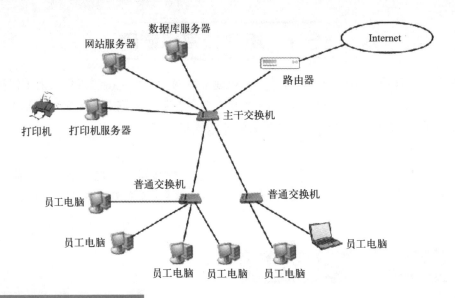

网站服务器 数据库服务器 Internet 路由器 主干交换机 打印机 打印机服务器 普通交换机 员工电脑 员工电脑 普通交换机 员工电脑 员工电脑 员工电脑 员工电脑

16.1.2 配置服务器

硬件连接完成后，即可安装所需的操作系统，然后配置服务器系统。一般情况下，以服务器操作系统的域功能管理公司的计算机。

下面以配置Windows Server 2003 域管理为例进行讲解，具体的配置方法如下。

（1）安装域控制器

采用域模式组建局域网，最重要的就是创建域控制器，所以要想成功的创建局域网，安装域控制器就是势在必行的了。具体的操作步骤如下。

Step 01 依次单击【开始】→【程序】→【管理工具】→【管理您的服务器】菜单命令，打开【管理您的服务器】窗口。在该窗口中，单击【添加或删除角色】按钮。

Step 02 打开【预备步骤】对话框，单击【下一步】按钮。

Step 03 打开检测网络对话框，开始检测系统的相关配置信息。

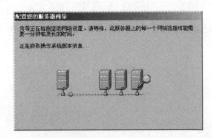

Step 04 检测完毕后，会打开【服务器角色】对话框，选择【域控制器】选项，并单击【下一步】按钮。

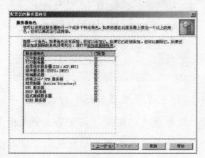

Step 05 打开【选择总结】对话框，单击【下一步】按钮。

Step 06 打开【Active Directory安装向导】对话框，单击【下一步】按钮。

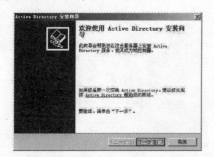

Step 07 打开【操作系统兼容性】对话框，单击【下一步】按钮。

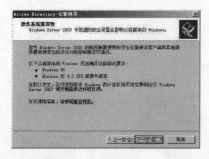

Step 08 打开【域控制器类型】对话框，用户可以选择所要安装的域的类型，这里点选【新域的域控制器】单选钮，单击【下一步】按钮。

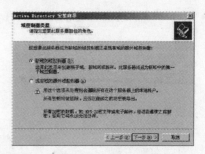

Step 09 打开【创建一个新域】对话框，用户选择创建的新域的位置，这里点选系统默认的【在新林中的域】单选钮，单击【下一步】按钮。

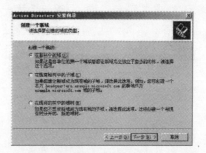

Step 10 打开【新的域名】对话框，输入新的DNS域名，单击【下一步】按钮。

Step 11 打开【NetBIOS域名】对话框，输入新域的NetBIOS名称，并单击【下一步】按钮。

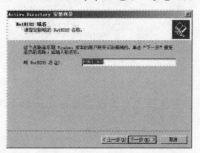

Step 12 打开【数据库和日志文件文件夹】对话框，在该对话框的【数据库文件夹】和【日志文件夹】中分别输入相应文件夹的保存位置，然后单击【下一步】按钮。

Step 13 打开【共享的系统卷】对话框，选择系统默认的安装路径，然后单击【下一步】按钮。

Step 14 打开【DNS注册诊断】对话框，点选【在这台计算机上安装并配置DNS服务器，并将这台DNS服务器设为这台计算机的首选DNS服务器】单选钮，然后单击【下一步】按钮。

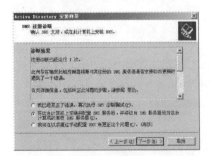

Step 15 打开【权限】对话框，用户可以根据组建域的操作系统类型来选择相应的权限，选择完毕后，单击【下一步】按钮。

Step 16 打开【管理员密码】对话框，在该对话框中输入还原模式的密码，该密码主要是在系统从【目录服务还原模式】下启动时使用，它与登录服务器时所使用的系统管理员账号是不同的，然后单击【下一步】按钮。

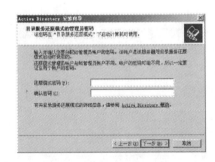

Step 17 打开【摘要】对话框，单击【下一步】按钮。

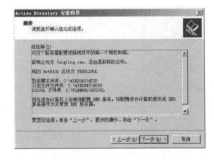

Step 18 系统开始自动安装，并最终会打开完成安装向导对话框，单击【完成】按钮。

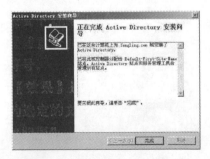

Step 19 弹出一个信息提示框，单击【立即重新启动】按钮。

Step 20 在系统重新启动之后，会出现一个【此服务器现在是域控制器】对话框，表明域控制器已经安装成功，单击【完成】按钮，就可以应用

这个域控制器。

（2）组建局域网

域创建完成后，接下来的工作就是利用创建的域组建局域网。具体的操作步骤如下。

Step 01 依次单击【开始】→【管理工具】→【Active Directory用户和计算机】菜单命令，打开【Active Directory用户和计算机】窗口。

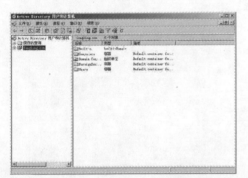

Step 02 在窗口中单击计算机设定的域名，并在其下列框中右击【User】选项，在弹出的快捷菜单中依次选择【新建】→【用户】菜单项。

Step 03 打开【新建对象-用户】对话框，输入相应的内容，单击【下一步】按钮。

Step 04 打开【确认密码】对话框，在该对话框中输入相应的密码，同时可以选择相应的权限，选择完毕后，单击【下一步】按钮。

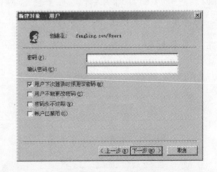

Step 05 打开【完成创建】对话框，单击【完成】按钮，用户的创建工作就完成了。

用户和计算机】窗口中。

Step 06 新建的用户会显示在【Active Directory

（3）将新建用户添加到域

具体操作步骤如下。

Step 01 根据上述方法打开【Active Directory用户和计算机】窗口，右击【Computers】选项，在弹出的快捷菜单中依次选择【新建】→【计算机】菜单命令。

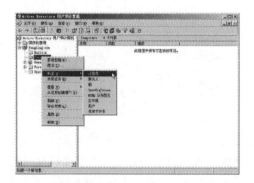

Step 02 打开【新建对象-计算机】对话框，在该对话框中输入要加入域的计算机的名称，并单击【下一步】按钮。

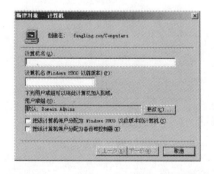

Step 03 打开【管理】对话框，用户根据自己的实际情况选择是否勾选复选框，如果勾选，就在下面的文本框中输入相应的内容，单击【下一步】按钮。

Step 04 打开【完成创建】对话框，单击【完成】按钮即可成功将计算机添加到域中。

16.1.3　配置员工电脑

服务器配置完成后，用户的电脑加入域，即可成功搭建域模式的办公局域网。一般情况下，员工的电脑以Windows XP操作系统居多。下面就以Windows XP操作系统加入域为例进行讲解。具体操作步骤如下。

Step 01 右击桌面上【我的电脑】图标，在弹出的快捷菜单中选择【属性】菜单项。

Step 02 打开【系统属性】对话框，选择【计算机名】选项卡，然后单击【网络ID】按钮。

Step 03 打开【网络标识向导】对话框，单击【下一步】按钮。

Step 04 打开【正在连接网络】对话框，点选【本机是商业网络的一部分，用它连接到其他工作着的计算机】单选钮，然后单击【下一步】按钮。

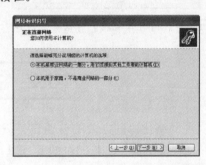

Step 05 打开【正在连接网络】对话框，点选【公司使用带有域的网络】单选按钮，单击【下一步】按钮。

Step 06 打开【网络信息】对话框，单击【下一步】按钮。

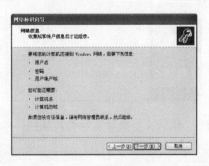

Step 07 单击【下一步】按钮,打开【用户账户和域信息】对话框,在该对话框中输入相应的内容,并单击【下一步】按钮。

中输入相应的内容,然后单击【下一步】按钮,打开【完成网络标识向导】对话框,用户只用单击【完成】按钮,就可以完成客户端的设置工作。即可完成添加操作。

Step 08 打开【计算机域】对话框,在该对话框

16.2 共享局域网资源

实现网络化协同办公的首要任务就是实现局域网内资源的共享,这个共享包括磁盘的共享、文件夹的共享、打印机的共享以及网络资源的共享等。

16.2.1 运行网络安装向导

通过运行网络安装向导,可以轻松地设置网络共享。下面以在员工电脑上安装网络向导为例进行讲解,具体操作步骤如下。

Step 01 右击桌面上【网上邻居】图标,从快捷菜单中选择【属性】菜单命令,即可打开【网络连接】窗口,单击【设置家庭或小型办公网络】链接。

Step 03 打开【继续之前】对话框,单击【下一步】按钮。

Step 02 打开【网络安装向导】对话框,单击【下一步】按钮。

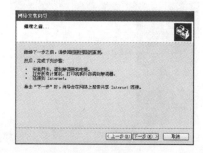

Step 04 打开【选择连接方法】对话框，在其中根据实际情况点选相应的单选钮，本实例选择默认的选择，单击【下一步】按钮。

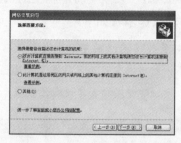

Step 05 打开【给这台计算机提供描述和名称】对话框，在其中输入相应的计算机描述和名称，单击【下一步】按钮。

Step 06 打开【命名您的网络】对话框，在【工作组名】文本框中输入相应的工作组名称，单击【下一步】按钮。

Step 07 打开【文件和打印机共享】对话框，点选【启用文件和打印机共享】单选钮，单击【下一步】按钮。

Step 08 打开【准备应用网络设置】对话框，单击【下一步】按钮。

Step 09 打开【快完成了】对话框，点选【完成该向导。我不需要在其他计算机上运行该向导】单选钮，单击【下一步】按钮。

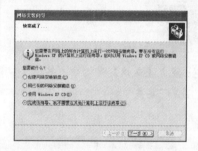

Step 10 打开【正在完成网络安装向导】对话框，单击【完成】按钮，即可完成网络安装。

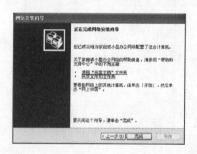

Step 11 重新启动计算机，双击桌面上的【网上邻居】图标，即可看到网上邻居中的工作组。此时，就初步完成共享局域网了。

16.2.2 共享磁盘或文件夹

运行网络安装向导后，已经成功创建了办公局域网，用户只需要将电脑上的资源设为共享资源，其他用户即可访问。共享磁盘或文件夹具体的操作步骤如下。

Step 01 右击选择需要共享的磁盘或文件夹，从弹出的快捷菜单中选择【共享和安全】菜单命令。

Step 02 弹出【属性】对话框，单击【如果您知道风险，但还要共享驱动器的根目录，请单击此处】链接。

Step 03 展开【网络共享和安全】选项组后，勾选【在网络上共享这个文件夹】复选框，单击【确定】按钮即可成功共享该磁盘资源。

> 📶 **提示**　如果允许其他用户修改共享资源，可以勾选【允许网络用户更改我的文件】复选框。

16.2.3 共享打印机

通过共享打印机，办公局域网内的其他员工也可以使用网络打印机。共享打印机的基本思路为：首先在服务器上将打印机设为共享资源，然后在客户机上安装网络打印机。具体操作步骤如下。

（1）将服务器上的打印机设为共享资源

具体操作步骤如下。

Step 01 单击【开始】按钮，在弹出的菜单中选择【打印机和传真】菜单命令。

Step 02 随即打开【打印机和传真】窗口。

Step 03 右击需要共享的打印机图标，在弹出的快捷菜单中选择【属性】菜单命令。

Step 04 随即打开【Canon MP520 serices Printer 属性】对话框。

Step 05 选择【共享】选项卡，在打开的界面中点选【共享这台打印机】单选钮，并在【共享名】文本框中输入共享的名称。

Step 06 单击【确定】按钮，即可共享这台打印机。

（2）在客户机上安装网络打印机

具体操作步骤如下。

353

Step 01 选择【开始】→【设置】→【打印机和传真】菜单命令。

Step 02 打开【打印机和传真】窗口，单击左上角的【添加打印机】链接。

Step 03 打开【欢迎使用添加打印机向导】对话框，单击【下一步】按钮。

Step 04 打开【本地或网络打印机】对话框，在其中点选【网络打印机或连接到其他计算机的打印机】单选钮，单击【下一步】按钮。

Step 05 打开【指定打印机】对话框，在其中点选【连接到这台打印机】单选钮，并在【名称】文本框中输入打印机的网络路径名称，单击【下一步】按钮。

提示 如果不知道服务器上打印机的路径，可以点选【浏览打印机】单选钮。

Step 06 弹出【连接到打印机】警告对话框，单击【是】按钮。

Step 07 打开【默认打印机】对话框，点选【是】单选钮，然后单击【下一步】按钮。

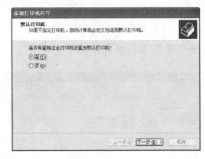

Step 08 打开【正在完成添加打印机向导】对话框，单击【完成】按钮。

Step 09 返回到打印机和传真窗口，即可看到新添加的网络打印机。此后启动相应的应用程序（如Word），当需要打印时打开打印对话框，即可自动调用网络打印机进行打印。

16.3 职场技能训练

计算机标识是Windows在局域网上用来识别计算机身份的信息，包括计算机名、所属工作组和计算机说明等信息。将同一部门的员工设为相同的工作组，可以相互访问共享资源。具体操作步骤如下。

Step 01 在桌面上右击【我的电脑】图标，在弹出的快捷菜单中选择【属性】菜单项。

Step 02 打开【系统属性】对话框，选择【计算机名】选项卡，即可查看电脑所在的工作组，单击【更改】按钮。

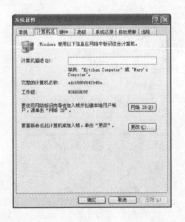

Step 03 打开【计算机名称更改】对话框，在更改所需要的选项之后，依次单击【确定】按钮，即可重启计算机并使新的设置生效。

第**17**天 星期二

电脑办公连接Internet网络

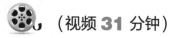 （视频 **31** 分钟）

今日探讨

今日主要探讨电脑办公如何连接Internet网络，即常见的上网方式，包括ADSL上网、小区宽带上网和无线上网等方式，并对如何共享上网等课题进行了专项技能实训。

今日目标

通过第17天的学习，读者能够根据办公室的实际需求，选择最佳的上网方式，并能实现公司电脑共享上网。

快速要点导读

- ⊙ 了解用ADSL上网的方法
- ⊙ 掌握用LAN小区宽带上网的方法
- ⊙ 掌握无线上网的方法

学习时间与学习进度

192分钟　　　16%

17.1　用ADSL上网

ADSL即不对称数字线路技术，是一种不对称数字用户线实现宽带接入互联网的技术，其作为一种传输层的技术，利用铜线资源，在一对双绞线上提供上行640kbps、下行8Mbps的带宽，从而实现了真正意义上的宽带接入。

ADSL宽带入网的特点是：与拨号上网或ISDN相比，减轻了电话交换机的负载，不需要拨号，属于专线上网，不需另缴电话费。如下图所示即为ADSL调制解调器。

17.1.1　开通宽带上网

目前，常见的宽带服务商为电信和联通，申请开通宽带上网一般可以通过两条途径实现：一种是携带有效证件（个人用户携带电话机主身份证，单位用户携带公章），直接到受理ADSL业务的当地电信局申请；一种是登录当地电信局推出的办理ADSL业务的网站进行在线申请。

17.1.2　建立ADSL虚拟拨号连接并接入Internet

Windows XP集成了PPPoE协议支持，ADSL用户不需要安装任何其他PPPoE拨号软件，直接使用Windows XP 的连接向导就可以建立自己的ADSL虚拟拨号连接。具体的操作步骤如下。

Step 01 单击【开始】按钮，在弹出的菜单中选择【所有程序】→【附件】→【通讯】→【新建连接向导】菜单命令。

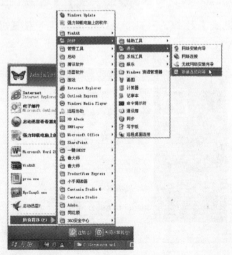

Step 02 打开【欢迎使用新建连接向导】对话框，单击【下一步】按钮。

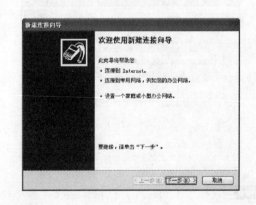

Step 03 打开【网络连接类型】对话框，点选【连接到Internet】单选钮，单击【下一步】按钮。

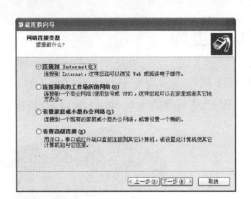

Step 04 打开【准备好】对话框，点选【手动设置我的连接】单选钮，然后单击【下一步】按钮。

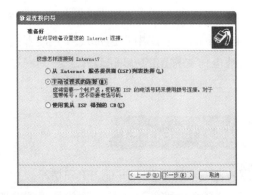

Step 05 打开【Internet 连接】对话框，点选【用要求用户名和密码的宽带连接来连接】单选钮，单击【下一步】按钮。

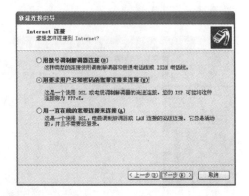

Step 06 打开【连接名】对话框，提示用户输入【ISP名称】，这里只是一个连接的名称，可以随便输入，例如"ADSL"，然后单击【下一步】按钮。

Step 07 打开【Internet 账户信息】对话框，输入自己的ADSL账号（即用户名）和密码（一定要注意用户名和密码的格式和字母的大小写），勾选【任何用户从这台计算机连接到Internet时使用此账户名和密码】和【把它作为默认的Internet连接】复选框，然后单击【下一步】按钮。

Step 08 在打开的对话框中勾选【在我的桌面上添加一个到此连接的快捷方式】复选框，单击【完成】按钮。至此，ADSL虚拟拨号设置就完成了。

Step 09 单击桌面上的ADSL的连接图标██，打
开【连接 ADSL】对话框，输入用户名和密码，
单击【连接】按钮即可开始上网。

17.2　LAN小区宽带网络的连接

　　LAN小区宽带也是常见的一种宽带接入方式。目前大致分成两种情况，即ADSL宽带连接和局域网宽带连接。它主要采用以太局域网技术，以信息化小区的形式接入。小区局域网的成本低、可靠性好，操作也相对简单，只需要一块网卡和一条网线即可。

17.2.1　ADSL宽带连接

　　小区宽带上网的申请比较简单，用户只需携带自己的有效证件和本机的物理地址到小区物业管理处申请即可。

　　如果是ADSL的宽带连接方式，用户会获得一个用户名和密码，然后用户建立ADSL虚拟拨号连接，输入用户名和密码后，即可开始网上冲浪。建立ADSL虚拟拨号连接的具体操作步骤，用户可以参照17.1.2的相关内容，这里不再重复讲解。

17.2.2　局域网宽带连接

　　LAN小区宽带上网的另外一种方式是局域网宽带连接。一般情况下，为了保证整个网络的安全，物业网络管理处的人员会给小区的业主一个固定的IP地址、子网掩码以及DNS服务器。用户根据所给的信息设置电脑网络连接即可。具体的操作步骤如下。

Step 01 双击桌面上的【网上邻居】图标，在打
开的【网上邻居】窗口的【网络任务】列表中选
择【查看网络连接】选项。

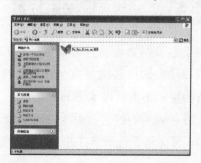

Step 02 打开【网络连接】对话框，选择【本地连接】并右击，在弹出的快捷菜单中选择【属性】菜单命令。

Step 03 打开【本地连接 2 属性】对话框，在【此连接使用下列项目】列表中选择【Internet 协议（TCP/IP）】选项，单击【属性】按钮。

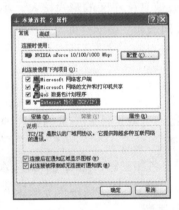

Step 04 打开【Internet 协议（TCP/IP）属性】对话框，点选【使用下面的IP地址】单选钮，然后输入网络管理人员所给的IP地址、子网掩码、默认网关和DNS服务器地址，单击【确定】按钮，即可完成网络配置。网络配置完成后，即可开始网上冲浪。

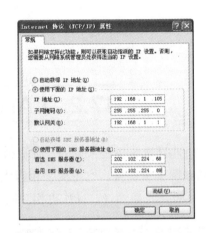

17.3 无线网络的连接

无线上网非常适合于使用笔记本的用户，这样用户的笔记本就可以到处移动。目前，常见的无线上网方式分为无线局域网上网和无线移动上网两种。

17.3.1 无线局域网上网

对于办公网络而言，无线局域网的上网方式具有很多优势。首先是使用方面，用户可以实现移动办公；其次是减少布线，相应地减少了接线的故障；再次是可扩展性非常强，新设备的接入不需要做太多的操作。

无线局域网的组建需要无线网卡和无线路由器。用户可以先设置无线网卡的基本信息，设置前，可先将无线网卡打开，然后配置信息。具体配置方法可以参照17.2.2的相关内容。

另外，如果路由器是动态分配IP地址，则无线网卡的信息不用设置。下面以动态分配IP地址为例进行讲解，其中无线路由器是TP-Link品牌，具体设置步骤如下。

Step 01 在IE浏览器的地址栏中输入"192.168.1.1"，按【Enter】键确认，即可打开【连接到 192.168.1.1】对话框，输入用户名和密码，单击【确定】按钮。

提示 路由器的地址一般情况下为192.168.1.1。用户也可以参照路由器的说明书的IP地址和账户信息进行输入。

Step 04 在左侧列表中选择【无线安全设置】选项，在弹出的页面中设置安全参数。

Step 02 打开TP-LINK路由器系统的主页，可查看路由器的默认信息。选择【无线设置】选项。

Step 05 选择【DHCP服务器】选项，在弹出的列表中选择【DHCP服务】选项，在右侧弹出的页面中点选【启用】单选钮，然后输入动态分配地址的地址范围，单击【保存】按钮。

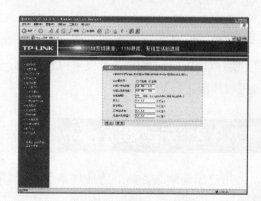

Step 03 在弹出的列表中选择【基本设置】选项，即可打开【无线网络基本设置】页面，勾选【开启无线功能】复选框，单击【保存】按钮。

Step 06 设置完成后，需要重启路由器才能将设置生效。选择【系统工具】选项，在弹出的列表中选择【重启路由器】选项，在右侧弹出的页面中单击【重启路由器】按钮。

Step 08 系统开始自动重启路由器，并显示重启的进度。重启完成后，即可实现无线局域网上网。

Step 07 弹出警告对话框，提示用户是否确认重启路由器，单击【确定】按钮。

要想实现一个合理的无线网络办公方案的构建，主要应该注意如下几点。

①无线宽带网关应尽量放到屋中央

在家庭中应用无线网络时，一般不必太多地考虑位置的因素，但应该尽量把无线宽带网关放置到屋中央，以保证每个房间都能很好地实现信号覆盖，因为信号变弱将会影响传输效果。如果房间太大或墙体太厚，可以考虑增加高增益天线以提高覆盖效果。

②系统将实现智能化连接与断开

正确设置宽带连接之后，系统将实现智能化连接与断开，如果用户点击浏览器，则TFW3000将自动进行Internet连接，当用户在一定时间内不使用网络时，TFW3000将自动断开网络连接，给用户提供最大便利的Internet使用。

③防止非法用户访问自己的无线网络

在完成安全设定并合理设定MAC访问控制和访问密钥之后，即可最大限度地防止非法用户访问自己的无线网络。

④实现宽带出口的共享

可以和其他家庭共享一个宽带出口，共同分担上网费。由于无线设备可以穿透一层或几层墙体，所以周围的邻居也可以访问自己的无线网络，但前提是其必须得到自己的密钥或授权才能进行访问。

17.3.2 无线移动上网

用户需要到服务商的营业厅购买自己需要的无线上网卡，本实例以使用中国电信的网络为例，讲解无线上网的具体方法。

（1）安装无线网卡驱动程序和拨号软件

Step 01 将无线网卡插入电脑的USB接口，系统将自动启动安装程序，打开【选择安装语言】对话框，选择【中文（简体）】选项，单击【确定】按钮。

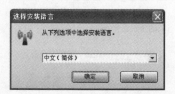

Step 02 在打开的窗口中勾选【我已经阅读协议，并接受以上协议的所有条款】复选框，然后单击【下一步】按钮。

Step 03 打开【选择目的位置】对话框，单击【浏览】按钮，即可选择安装路径。这里采用默认的安装路径，单击【下一步】按钮。

Step 04 系统开始自动安装客户端程序和无线网卡驱动程序，并显示安装的进度。

Step 05 驱动程序安装完成后，点选【是，立即重新启动计算机】单选钮，单击【完成】按钮。

（2）连接无线网络

安装完客户端和无线网卡驱动后，即可通过拨号程序实现无线移动上网。

Step 01 双击桌面上的【无线宽带】的图标，即可打开拨号软件窗口。

Step 02 选择【设置】→【上网账号设置】→
【无线宽带（WLAN）账号设置】菜单命令。

Step 04 返回到客户端即可实现上网。

Step 03 打开【无线宽带（WLAN）账号设置】
对话框，在【账号】文本框中输入申请的账号，
在【密码】文本框中输入申请的密码，单击【开
户地】右侧的下拉按钮，在弹出的下拉菜单中选
择开户地，单击【保存】按钮。

17.4 职场技能训练

　　通过局域网接入Internet可以使多台电脑共享账号上网，从而节省大量费用，比较适合
小型办公网络共享Internet的需求。

　　路由器是一种多端口的网络设备，能够连接多个不同的网络或网段，以实现更大范围
内的信息传输，从而构成一个更大的网络。将局域网中的电脑直接连上路由器，然后对路
由器进行相关配置。

　　下面以TP-LINK路由器的配置为例进行讲解，具体操作步骤如下。

Step 01 在IE浏览器中输入"192.168.1.1"，按
【Enter】键确认。

Step 02 打开TP-LINK路由器系统的主页，可查看路由器的默认信息。

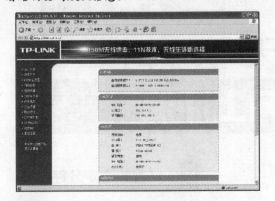

Step 03 在左侧列表中选择【设置向导】选项，右侧弹出【设置向导】提示信息，单击【下一步】按钮。

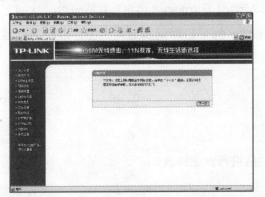

Step 04 打开【设置向导—上网方式】页面，选择上网的方式，例如本实例点选【PPPoE（ADSL虚拟拨号）】单选钮，然后单击【下一步】按钮。

Step 05 根据提示输入上网账号和上网口令，单击【下一步】按钮。

Step 06 打开【设置向导-无线设置】页面，根据需要设置是否开启无线网络，单击【下一步】按钮。

Step 07 设置完成后，单击【完成】按钮即可。

　　路由器设置完成后，公司局域网中的电脑都可以通过路由器实现共享上网。

第18天 星期三

电脑办公网上冲浪

（视频 **39** 分钟）

今日探讨

今日主要探讨如何进行网上冲浪，包括用Internet Explorer（IE）浏览网页、从网上搜索自己需要的信息、使用IE收藏夹管理网站地址、保存打印网页或网页图片以及浏览器的安全设置与应用等知识。

今日目标

通过第18天的学习，读者能根据自我需求独自进行网上冲浪。

快速要点导读

- 了解用Internet Explorer浏览网页的方法
- 掌握从网上搜索信息的方法
- 掌握使用Internet Explorer收藏夹的方法
- 掌握保存与打印网页或网页图片的方法
- 了解浏览器的安全设置与应用

学习时间与学习进度

192分钟　　26%

18.1 用Internet Explorer浏览网页

Internet Explorer浏览器（简称IE）是现在使用人数较多的浏览器，它是微软新版本的Windows操作系统的一个组成部分，在Windows操作系统安装时默认安装。一台电脑只有安装了浏览器软件，才能尽情地浏览网页和进行网上冲浪。

18.1.1 进入Internet

使用IE浏览器可以进入Internet（即互联网），在安装好Windows XP之后，系统将会自动安装上IE 6浏览器。双击桌面上的IE浏览器图标，即可打开IE浏览器窗口，从而进行网上冲浪。

（1）启动IE浏览器

启动IE浏览器，通常使用以下三种方法之一。

① 双击桌面上的IE快捷方式图标。
②单击快速启动栏中的IE图标。
③单击【开始】按钮，在弹出的菜单中选择【Internet Explorer】菜单命令。

通过上述三种方法之一打开IE浏览器，默认情况下，启动IE后将会打开如下图所示的页面，该页面又称之为首页，它是用户进入Internet的起点。用户如果需要，也可将其他任何一个页面设置为自己的首页。

（2）关闭IE浏览器

同大多数Windows应用程序一样，当不再需要时，就可以将IE浏览器关闭。关闭IE浏览器通常采用以下四种方法之一。
①单击【IE浏览器】窗口右上角的【关闭】按钮❌。
②按下键盘上的【Alt+F4】组合键。

③双击【IE浏览器】窗口左侧的控制图标。

④按下键盘上的【Alt】键，显示IE浏览器的菜单栏，然后选择【文件】→【关闭】菜单命令。

一般情况下，用户采用第一种方法来关闭IE浏览器的情况比较多。

（3）认识IE浏览器工作界面

目前，比较流行的浏览器有很多，如IE浏览器、遨游浏览器、360浏览器、搜狗浏览器等，这些浏览器在使用界面和支持功能上各有特点，但基本操作并没有实质性的差别，只要熟悉其中的一种，就可以掌握其他种类的使用方法。下面就来认识一下最常用的IE浏览器工作界面。

在启动IE浏览器后，即可打开IE浏览器，IE浏览器的界面如下图所示。

IE浏览器界面中各个部分的功能如下。

1）标题栏　用于显示网页的标题，标题栏右端的3个按钮从左向右依次为【最小化】按钮、【最大化】按钮（当窗口最大化时此按钮为【还原】按钮）和【关闭】按钮。

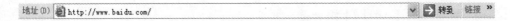

2）地址栏　在此显示的是正在浏览的网页的网址，也可以在此输入要浏览的网页的地址。单击右端的下箭头按钮，可以显示以前浏览过的网页的地址。

地址 (D) http://www.baidu.com/ 转到　链接 »

3）菜单栏　菜单栏中集中存放了IE浏览器中常用的菜单项，包含【文件】、【编辑】、【查看】、【收藏】、【工具】、【帮助】六个菜单项。

文件(F)　编辑(E)　查看(V)　收藏(A)　工具(T)　帮助(H)

①【文件】菜单项：主要用于对浏览的网页文件进行操作，常用的命令有【新建】、【打开】、【另存为】、【打印】、【关闭】等。

②【编辑】菜单项：主要用于对网页进行【剪切】、【复制】、【粘贴】、【全选】、【查找】等操作。

③【查看】菜单项：主要用于控制IE浏览器界面的外观，改变用于显示网页的字体，修改IE程序选项，浏览当前访问网页的源文件等。

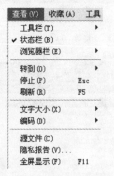

④【收藏】菜单项：用于保存精彩的网址并对其进行管理。

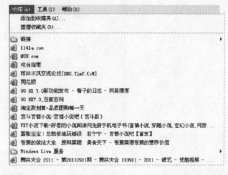

⑤【工具】菜单项：其中最常用的是【Internet选项】命令，通过该命令可以对访问Internet的各种方式和条件进行控制。

⑥【帮助】菜单项：提供了IE的帮助，通过该菜单项中的命令可以快速获得帮助信息。

4）工具栏　用于存放常用的工具按钮，如【后退】、【前进】、【关闭】、【刷新】、【主页】、【搜索】、【收藏夹】等。

5）浏览器区　用于显示网页内容的区域就是浏览器区，这是浏览器中最重要的信息显示区域。网页内容如果不能全部在浏览器区中显示，则可以通过拖动垂直滚动条或水平滚动条进行浏览。

6）状态栏　用于显示浏览器当前的状态。

18.1.2 浏览网上新闻

在成功进入互联网之后，就可以在网上浏览新闻了。现在不少网站都提供相关的新闻搜索，用户可以到这些网站中看新闻。同时，还有一些专业的新闻网站，如常用的新华网、人民网、中国新闻网等。下面以在百度中浏览新闻为例，来介绍如何在网上浏览新闻。使用百度查看新闻的具体操作步骤如下。

Step 01 打开IE浏览器，在地址栏中输入"http://www.baidu.com"，按下【Enter】键，即可打开百度首页，单击【新闻】超链接。

Step 02 进入百度新闻首页，在其中可以查看相关的新闻信息，如国内、国际、体育、娱乐等。

18.1.3　设置Internet Explorer主页

对于那些经常访问的网页，可以将其设置为Internet Explorer主页，这在一定程度上提高了访问网站的速度，当启动IE浏览器后，就会自动打开该网页。设置Internet Explorer主页的具体操作步骤如下。

Step 01 打开IE浏览器，选择【工具】→【Internet选项】菜单命令，打开【Internet选项】对话框，选择【常规】选项卡。

Step 02 在【主页】选项组中的文本框中输入要设置为主页的网址，如这里输入"http://www.baidu.com"。

在【主页】选项组中存在三个按钮，其作用如下。

①【使用当前页】按钮用于将主页设置为当前正在浏览的页面。

②【使用默认页】按钮用于将主页设置为默认的MSN中国首页。

③【使用空白页】按钮用于将主页设置为空白页。

Step 03 单击【确定】按钮，即可将百度首页设置为主页。

18.2　从网上搜索信息

使用搜索引擎可以从网上搜索信息。搜索引擎是指根据一定的策略、运用特定的计算机程序搜集互联网上的信息，在对信息进行组织和处理后，将处理后的信息显示给用户。简言之，搜索引擎就是一个为用户提供检索服务的系统。

18.2.1　各种搜索工具

目前，在网上可以搜索信息的搜索引擎有多种，下面介绍几种常用的搜索引擎。

（1）百度搜索

百度是较大的中文搜索引擎，在百度网站中可以搜索网页、图片、新闻、音乐以及百科知识等内容。下图所示为百度搜索引擎的首页。

（2）Google搜索

Google搜索引擎是世界上较大的搜索引擎之一，同时它向Yahoo、AOL等其他目录索引和搜索引擎提供后台网页查询服务。Google通过对70多亿网页进行整理，为世界各地的用户提供搜索服务。它属于全文搜索引擎，而且搜索速度非常快。下图所示为Google搜索引擎的首页。

（3）Bing搜索

Bing是一种搜索引擎，可以查找和归类用户所需的答案，以便更加快速地做出具有远见卓识的决策。使用Bing搜索引擎可以搜索出用户任何想要搜索的内容，可以说，Bing是最全面的搜索引擎。

（4）搜狗搜索

搜狗是第三代互动式中文搜索引擎，其网页收录量已达到100亿，并且每天以5亿的速度更新。凭借独有的SogouRank技术及人工智能算法，搜狗为用户提供较快、较准、较全面的搜索资源。下图所示为搜狗搜索引擎的首页。

18.2.2　使用搜索引擎查找信息

百度是最大的中文搜索引擎，在百度网站中可以搜索页面、图片、新闻、mp3音乐、百科知识、专业文档等内容，下面具体介绍如何使用百度搜索引擎查找信息。

（1）搜索网页

搜索网页可以说是百度最基本的功能，在百度中搜索网页的具体操作步骤如下。

Step 01 打开IE浏览器，在地址栏中输入"http://www.baidu.com"，按下【Enter】键，即可打开百度首页，单击【网页】超链接。

Step 02 进入网页搜索页面，在【百度搜索】文本框中输入想要搜索网页的关键字，如输入"花儿"，单击【百度一下】按钮。

Step 03 即可打开有关"花儿"的网页搜索结果，单击需要查看的网页，如这里单击【花儿 百度百科】超链接。

Step 04 随即打开【花儿 百度百科】页面，在其中可以查看有关"花儿"的详细信息。

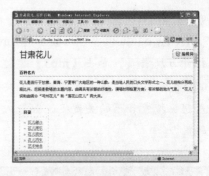

（2）搜索图片

使用百度搜索引擎搜索图片的具体操作步骤如下。

Step 01 打开IE浏览器，在地址栏中输入"http://www.baidu.com"，按下【Enter】键，打开百度首页。单击【图片】超链接，进入图片搜索页面，在【百度搜索】文本框中输入想要搜索图片的关键字，如输入"百合花"，单击【百度一下】按钮。

Step 02 即可打开有关"百合花"的图片搜索结果。

Step 03 单击自己喜欢的图片，如这里单击第一个蓝色的百合花图片链接，即可以大图的方式显示该图片。

（3）搜索音乐

使用百度搜索引擎搜索mp3的具体操作步骤如下。

Step 01 打开IE浏览器，在地址栏中输入"http://www.baidu.com"，按下【Enter】键，打开百度首页，单击【mp3】超链接，进入mp3搜索页面，在【百度搜索】文本框中输入想要搜索音乐的关键字，如输入"春天在那里"。

Step 02 单击【百度一下】按钮，即可打开有关"春天在哪里"的音乐搜索结果。

Step 03 单击需要试听的音乐超链接，如这里单击列表中的第一个【春天在哪里】音乐后面的【试听】超链接，即可在打开的页面中试听该音乐。

18.2.3　搜索网页中的文字

使用IE浏览器的【编辑】菜单下的【查找】功能，可以搜索网页中的某些文字信息，具体的操作步骤如下。

Step 01 在IE浏览器中打开一个需要查找文字的网页，选择【编辑】→【查找（在当前页）】菜单命令。

Step 03 单击【查找下一个】按钮，即可在当前页中高亮显示要查找的文字信息。

Step 02 随即打开【查找】对话框，在【查找内容】文本框中输入想要查找的文字信息，如输入"百合"。

18.3　使用Internet Explorer的收藏夹

使用Internet Explorer的收藏夹可以将自己喜欢的网页地址添加到其中，以方便下次直接访问。

18.3.1　添加自己喜爱的网页到收藏夹

收藏夹其实质就是一个文件夹，其中存放着用户喜爱或经常访问的网站地址。将网页添加到收藏夹的具体操作步骤如下。

Step 01 打开一个需要将其添加到收藏夹的网页，如新浪首页，选择【收藏】→【添加到收藏夹】菜单命令，或在网页空白处右击，在弹出的快捷菜单中选择【添加到收藏夹】菜单命令。

Step 02 随即打开【添加到收藏夹】对话框，在【名称】文本框中输入要收藏的网页的名称，单击【确定】按钮。

Step 03 即可将新浪首页添加到收藏夹之中。

18.3.2 整理"收藏夹"

如果收藏夹中收藏的网址多了，收藏夹就会显得很混乱，收藏的地址也不易寻找，此时，用户就需要对收藏夹进行整理了。整理收藏夹的具体操作步骤如下。

Step 01 在IE浏览器中选择【收藏夹】→【整理收藏夹】菜单命令。

Step 02 即可打开【整理收藏夹】对话框，单击【创建文件夹】按钮。

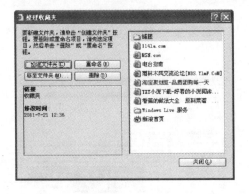

Step 03 新建一个文件夹，并输入文件夹的名称，按【Enter】键。

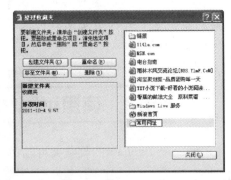

Step 04 用鼠标将列表框中收藏的网页拖曳到合适的文件夹中。

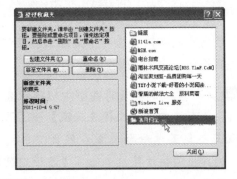

Step 05 整理完毕后，在【整理收藏夹】对话框中双击相应的文件夹，即可在其下方显示该文件夹下的网页。

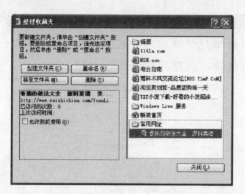

另外，对于不再需要的网址可以将其删除，具体的操作步骤如下。

Step 01 在IE浏览器中选择【收藏夹】→【整理收藏夹】菜单命令，打开【整理收藏夹】对话框。

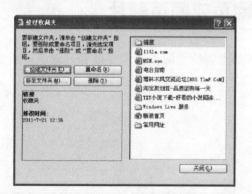

Step 02 选中需要删除的网页地址，如选中【114la.com】，单击【删除】按钮，即可弹出【确认文件删除】对话框，提示用户是否确实要把"114la.com"放入回收站。

提示 整理收藏夹时，可以按类别创建文件夹，将同类网址移入一个文件夹中。为了便于查找，可为文件夹或网址起个容易识别的名称。

Step 03 单击【是】按钮，即可将该网址删除并放入到回收站中。

注意 对于收藏夹中的网页地址，用户还可以对其进行移动和重命名操作，由于其比较简单，这里不再重述。

另外，用户还可以在【整理收藏夹】对话框中选中需要删除的网页并右击，在弹出的快捷菜单中选择【删除】菜单命令，即可删除收藏夹中的网页。

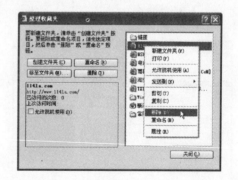

18.3.3 访问收藏的网页

当需要打开收藏的网页时，只需直接在收藏夹中单击该网页的网址超级链接即可，具体的操作步骤如下。

Step 01 打开IE浏览器，单击工具栏中的【收藏夹】按钮，即可在网页的左侧打开【收藏夹】窗格。

Step 02 在【收藏夹】窗格中单击想要访问的网址超级链接，如这里单击【114la.com】超级链接，即可打开114la的首页。

18.4 保存、打印网页或网页图片

在网上浏览网页时，经常会遇到一些有参考和保留价值的东西需要保存，对于有重要信息的网页，可以将其网页上的文字、图片等保存起来。

18.4.1 保存网页

保存网页的具体操作步骤如下。

Step 01 打开要保存的网页，选择【文件】→【另存为】菜单命令。

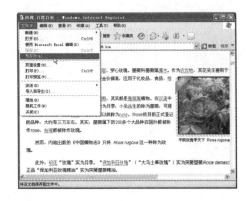

Step 02 打开【保存网页】对话框，在其中输入保存的文件名，并选择保存的类型，单击【保存】按钮。

Step 03 即可开始保存打开的网页。

18.4.2　保存网页中的图片

使用【另存为】菜单命令可以保存网页中的图片。具体的操作步骤如下。

Step 01 打开一个需要保存的图片页面。

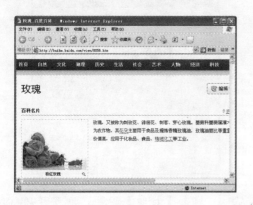

Step 02 右击要下载的图片，在弹出的快捷菜单中选择【图片另存为】菜单命令。

Step 03 打开【保存图片】对话框，在其中指定保存的路径，在【文件名】文本框中输入文件名称，单击【保存类型】下拉按钮，

从弹出的下拉列表中选择文件保存的类型，单击【保存】按钮。

Step 04 即可将图片从网络中下载到自己的电脑中，打开设置的图片保存路径，即可看到下载的图片。

18.4.3　打印网页或网页图片

对于需要长时间保存的网页或网页图片，可以将其打印出来。具体的操作步骤如下。

Step 01 打开一个网页，选择【文件】→【打印预览】菜单命令。

Step 02 随即打开【打印预览】窗口，在其中可以查看打印的预览效果。

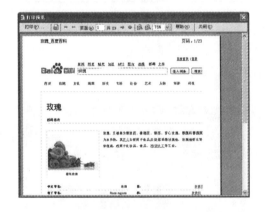

Step 03 如果对打印的预览效果满意，则可以在【打印预览】窗口中单击【打印】按钮，打开【打印】对话框，在其中选择打印机。

Step 04 单击【打印】按钮，即可开始打印网页。

对于网页中的图片，也可以将其打印出来。具体的操作步骤如下。

Step 01 打开一个带有图片的网页。

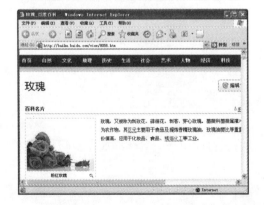

Step 02 单击网页中的图片，即可在另一个IE窗口中打开该图片。

Step 03 选择【文件】→【打印预览】菜单命令，即可打开【打印预览】窗口，在其中查看网页图片的预览效果。

钮，或关闭【打印预览】窗口，在网页中选择【文件】→【打印】菜单命令，打开【打印】对话框。

Step 04 如果对打印的预览效果满意，则可以单击【打印预览】窗口中的【打印】按

Step 05 在其中选择打印机，然后单击【打印】按钮即可开始打印网页中的图片。

18.5　浏览器的安全设置与应用

在使用浏览器上网的过程中，有时为了保护用户上网的安全性，还需要设置浏览器的相关参数，通过设置这些参数，能够有效地保护系统的安全。

18.5.1　设置安全级别

通过设置IE浏览器的安全等级，可以防止用户打开含有病毒和木马程序的网页，这样可以保护系统和计算机的安全。下面介绍设置IE浏览器安全级别的具体操作步骤。

Step 01 在IE浏览器中选择【工具】→【Internet选项】菜单命令。

Step 02 打开【Internet选项】对话框。

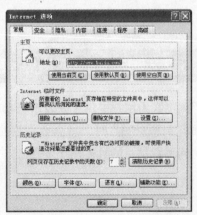

Step 03 选择【安全】选项卡，进入【安全】设置界面。

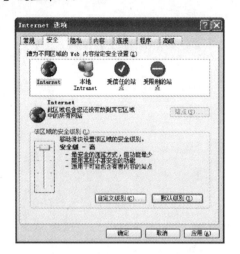

Step 04 选中【Internet】图标，单击【自定义级别】按钮，打开【安全设置】对话框。

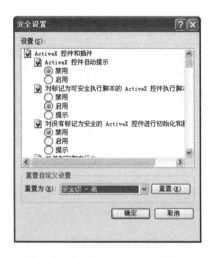

Step 05 单击【重置为】下拉按钮，在弹出的下拉列表中选择【安全级-高】选项。

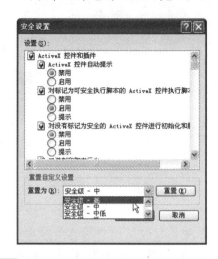

Step 06 单击【确定】按钮，即可将IE浏览器的安全等级设置为"高"。

18.5.2 限制访问不良站点

　　IE浏览器为用户提供了分级审查功能来防范访问到不良站点。进行该功能的设置之后，一旦访问到恶意站点时，就会要求用户输入密码。下面介绍通过设置分级审查功能来防止用户访问恶意站点的具体操作步骤。

Step 01 在IE浏览器中选择【工具】→【Internet选项】菜单命令，打开【Internet选项】对话框。

Step 02 选择【内容】选项卡。

Step 03 在【分级审查】选项组中单击【启用】按钮，打开【内容审查程序】对话框。

Step 04 选择【常规】选项卡，在【监督人密码】选项组中单击【创建密码】按钮。

Step 05 打开【创建监督人密码】对话框，在其中输入要设置的密码，单击【确定】按钮。

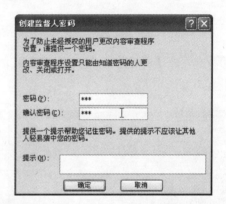

Step 06 打开【内容审查程序】对话框，提示用户已成功创建监督人密码，单击【确定】按钮，即可完成设置，这样当用户不小心访问了不良站点就需要输入密码。

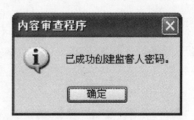

18.6　职场技能训练

本实例介绍如何在同城网上发布公司招聘兼职人员信息。同城网以浏览量大、信息全等特点深受网民的喜爱，因此，在同城网上发布招聘信息其成功率也比较高。在同城网上发布兼职人员信息的具体操作步骤如下。

Step 01　打开IE浏览器，在地址栏中输入58同城网网址"http://sh.58.com"，按下【Enter】键，即可打开58同城网首页。

Step 02　单击【登录】按钮，打开【用户登录】页面。

Step 03　在【用户名】和【密码】文本框中输入在58同城网上注册的用户名和密码。

Step 04　单击【登录】按钮，即以会员的身份登录到58同城网上。

Step 05　单击【免费发布信息】链接，进入【选择大类】页面。

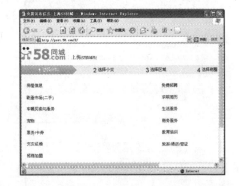

Step 06 在该页面中将鼠标放置在【免费招聘】链接上，并在弹出的界面中单击【兼职招聘】链接。

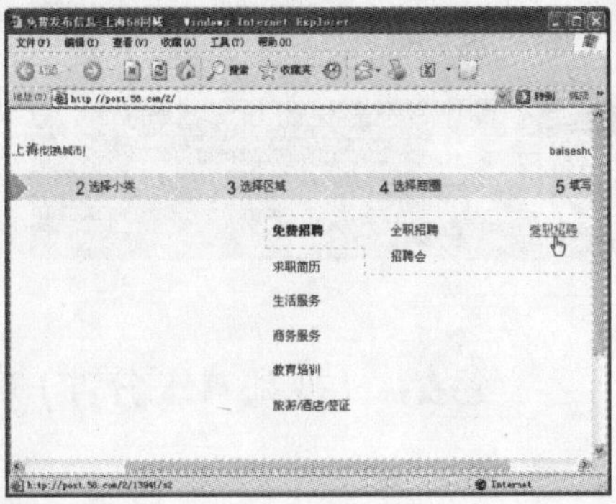

Step 07 进入【选择小类】页面，在其中选择兼职类别。

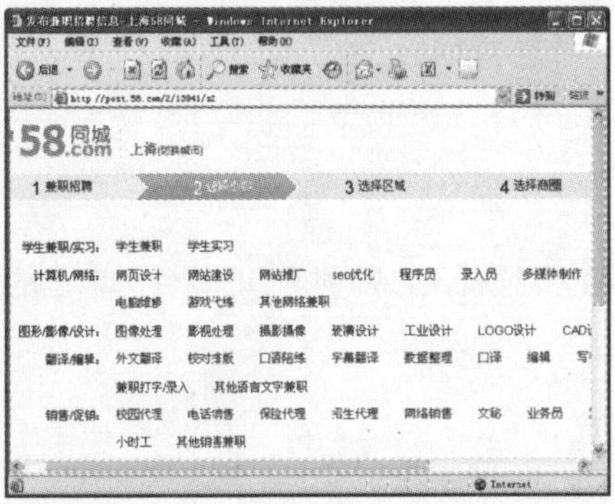

Step 08 如这里选择【图形/影像/设计】后面的【图像处理】超级链接。

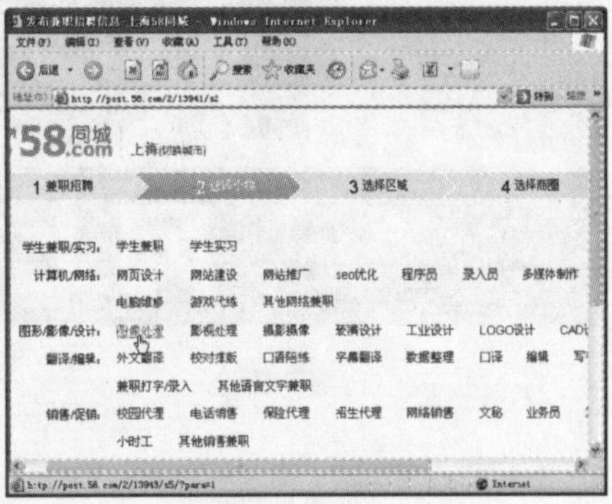

Step 09 进入【填写信息】页面，在其中根据提示填写兼职招聘的详细信息，包括招聘人数、薪资水平等。输入完毕后，单击【马上发布】按钮即可。

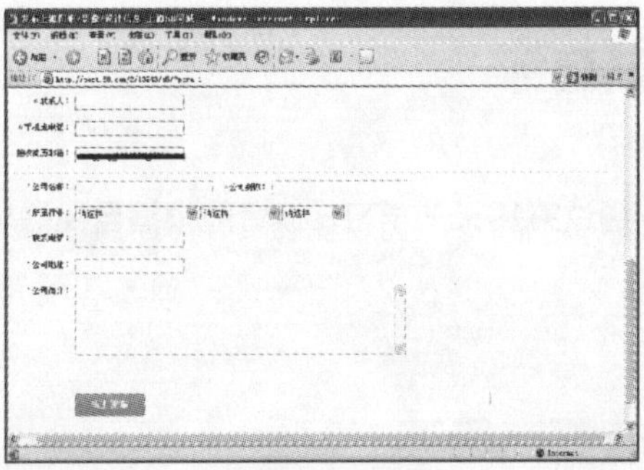

第19天 星期四

网上视频聊天

（视频 **45** 分钟）

今日探讨

今日主要探讨如何进行网上视频聊天，例如如何使用腾讯QQ进行视频聊天。

今日目标

通过第19天的学习，读者能根据自我需求自行进行网上视频聊天，并利用QQ软件为自己的工作服务。

快速要点导读

- 了解必备硬件的安装与配置方法
- 掌握如何使用QQ进行聊天和工作的方法

学习时间与学习进度

192分钟　　　　　　　23%

19.1　必备硬件的安装和配置

要想进行网上视频聊天，首要必备的硬件工具就是摄像头与麦克风。下面介绍摄像头与麦克风的安装与配置。

19.1.1　摄像头的安装和配置

摄像头相当于电脑的相机或电脑眼，是一种视频输入设备，被广泛地运用于视频会议、远程医疗及实时监控等方面。我们可以通过摄像头在网络中进行有影像、有声音的交谈和沟通，如QQ当中的视频聊天功能，就离不开摄像头。

一般电脑上用到的摄像头有两个插头，一个是USB插头，一个是麦克风插头。要想将摄像头与电脑相连接，需要将USB插头插入电脑的USB接口当中，然后将麦克风的插头插入声卡的麦克风插口当中。

在桌面上双击【我的电脑】图标，打开【我的电脑】窗口，在其中可以看到添加的USB视频设备图标，这就说明摄像头安装成功了。

双击【USB视频设备】图标，即可开启摄像头，单击【拍照】超级链接，就可以进行拍照了。

19.1.2 麦克风的安装和配置

 　　在进行网上视频聊天之前，除了安装摄像头之外，还需要安装麦克风，具体的操作方法很简单：首先找到插入麦克风的接口，然后将麦克风上的插头插入主机声卡的插口中，即可将麦克风与电脑相连接。根据PC/99规范，第1个输出口为红色，这是麦克风插口，第2个输出口为绿色，是音箱插口。

19.2　使用腾讯QQ聊天

　　腾讯QQ是由深圳市腾讯计算机系统有限公司开发的即时寻呼软件，支持显示朋友在线信息、即时传送信息、即时交谈、即时传输文件。

19.2.1 QQ用户注册

　　要想使用腾讯QQ进行网上聊天，首先必须注册成为QQ用户，也就是申请一个QQ账号。申请QQ账号的具体操作步骤如下。

Step 01 　双击桌面上的QQ快捷图标，打开【QQ2011】对话框，单击【注册账号】超级链接。

Step 02 进入【申请QQ号码】页面，单击【网页免费申请】下的【立即申请】按钮。

Step 03 打开【您想要申请哪一类账号】页面，选择【QQ号码】选项。

Step 04 进入【网页免费申请】页面后，输入申请人的相关资料，单击【确定 并同意以下条款】按钮。

Step 05 申请成功后，会得到一个QQ号码。

19.2.2 登录QQ聊天界面

在注册成为QQ用户之后，就可以登录到QQ聊天界面了。具体的操作步骤如下。

Step 01 双击桌面上的QQ快捷图标，打开【QQ2011】对话框，在其中输入申请的账号和密码。

Step 02 单击【登录】按钮，验证信息成功后，即可登录到QQ2011的主界面中。

19.2.3 腾讯QQ的设置

通过对腾讯QQ的设置，可以更好地保护用户的个人信息和账号的安全，还可以根据自己的需要对基本信息、状态和提醒、安全与隐私等选项进行设置。

（1）基本设置

Step 01 打开QQ主界面，单击【打开系统设置】按钮🔘。

Step 02 打开【系统设置】对话框，在【基本设置】选项下选择【常规】子选项，在打开的界面中可以对启动和登录、主面板等进行设置。

Step 03 选择【热键】选项，在打开的界面中可以对全局热键和加速键进行设置。

Step 04 选择【声音】选项，在打开的界面中可以对系统声音提示、会员个性铃声进行设置。

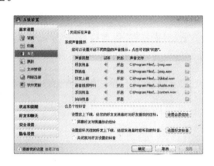

Step 05 选择【换肤】选项，在打开的界面中可以对QQ登录界面进行换肤。

Step 06 选择【文件管理】选项，在打开的界面中可以对个人文件夹和文件清理等选项进行设置。

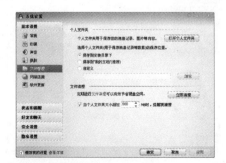

Step 07 选择【网络连接】选项，在打开的界面中可以对网络、登录的服务器等进行设置。

Step 08 选择【软件更新】选项，在打开的界面中可以对软件的更新方式等进行设置。

（2）状态和提醒

Step 01 选择【状态和提醒】选项下的【在线状态】子选项，在打开的界面中可以对状态切换选项、状态信息等进行设置。

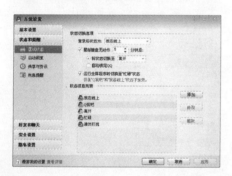

Step 02 选择【自动回复】选项，在打开的界面中可以对自动回复的信息以及快捷回复进行设置。

Step 03 选择【共享与资讯】选项，在打开的界面中可以对即时状态共享和资讯提醒进行设置。

Step 04 选择【消息提醒】选项，在打开的界面中可以对消息提醒以及好友上线提醒等参数进行设置。

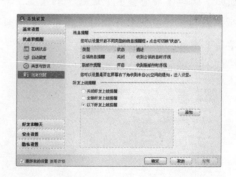

（3）好友和聊天

Step 01 选择【好友与聊天】选项下的【常规】子选项，在打开的界面中可以对聊天窗口、好友信息展示、录制动画尺寸等进行设置。

Step 02 选择【文件传输】选项，在打开的界面中可以对文件传输的路径以及安全等级进行设置。

Step 03 选择【语音视频】选项，在打开的界面中可以对语音、视频以及将拍照的文件保存的位置等进行设置。

Step 04 选择【联系人管理】选项，在打开的界面中可以对联系人的信息等进行设置。

（4）安全设置

Step 01 选择【安全设置】选项下的【安全】子选项，在打开的界面中可以对密码安全、文件传输安全和网络安全等进行设置。

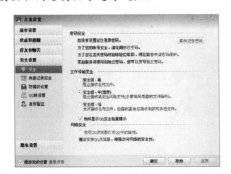

Step 02 选择【消息记录安全】选项，在打开的界面中勾选【退出QQ时自动删除所有消息记录】复选框，并点选【不询问，直接删除】单选钮；勾选【启用消息记录加密】复选框，然后输入相关口令；还可以设置加密口令提示。

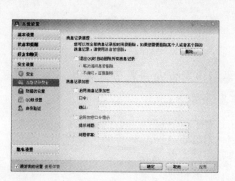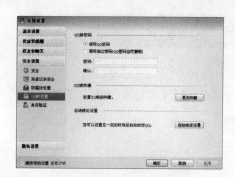

Step 03 选择【防骚扰设置】选项，在打开的界面中勾选【不接收任何临时会话消息】复选框。

Step 05 选择【身份验证】选项，在打开的界面中可以对身份验证方式进行设置。

Step 04 选择【QQ锁设置】选项，在打开的界面中可以设置QQ加锁功能。

（5）隐私设置

Step 01 选择【隐私设置】选项下的【隐私设置】子选项，在打开的界面中单击【性别】右侧的下拉按钮，在弹出的列表中可以设置资料的可见性。

Step 02 选择【QQ空间访问】选项，在打开的界面中可以对QQ空间访问的动态以及访问权限进行设置。

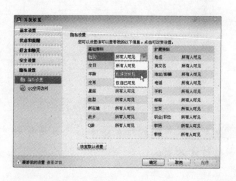

Step 03 设置完毕后，单击【确定】按钮，即可保存设置。

19.2.4 查找／添加好友

注册的新账号中并没有任何好友的信息，需要用户对好友进行管理操作。本节主要介绍如何查找好友和添加好友。添加好友的具体操作步骤如下。

Step 01 在QQ 2010的主页面中单击【查找】按钮。

Step 02 打开【查找联系人/群/企业】对话框。

Step 03 输入账号或昵称，单击【查找】按钮。

Step 04 弹出查找的好友信息，单击【添加好友】按钮。

Step 05 打开【添加好友】对话框，在其中输入验证信息，单击【下一步】按钮。

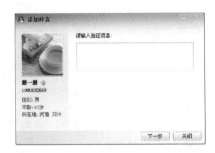

Step 06 再次打开【添加好友】对话框，在其中的【备注姓名】文本框中输入显示姓名，单击【分组】右侧的下拉按钮，在弹出的下拉列表中选择将好友添加到分组，单击【下一步】按钮。

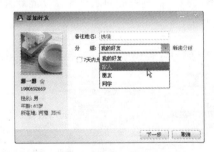

Step 07 即可将添加好友请求信息发送给对方，并等待对方的确认。

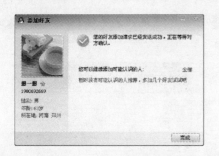

Step 08 当对方答应添加好友的请求后，将打开如下图所示的对话框，在其中提示用户对方已经添加您为好友。

Step 09 单击【发起会话】按钮，打开QQ聊天对话窗口，即可与好友进行即时通信。

19.2.5　发送消息：进行语音和视频聊天

使用腾讯QQ可以进行发送文字信息，并进行语音和视频聊天，本节就来介绍如何使用腾讯QQ进行聊天。

（1）发送消息

收发信息是QQ最常用和最重要的功能，实现信息收发的前提是用户拥有一个自己的QQ号和至少有一个发送对象（即QQ好友）。给好友发送文字信息的具体操作步骤如下。

Step 01 在QQ界面上选择需要聊天的好友头像，右击并在弹出的快捷菜单中选择【发送即时消息】菜单命令，用户也可以双击好友头像。

Step 02 弹出即时聊天窗口。

Step 03 输入发送的文字信息，单击【发送】按钮。

（2）语音聊天

在双方都安装了声卡及驱动程序，并配备音箱或者耳机、话筒的情况下，才可以进行语音聊天。进行语音聊天的具体操作步骤如下。

Step 01 双击要进行语音聊天的QQ好友头像，在聊天窗口中单击【开始语音会话】按钮 右侧的下拉按钮，在弹出的下拉列表中选择【开始语音会话】选项。软件即可向对方发送语音聊天请求。

Step 02 如果对方同意语音聊天，会提示已经和对方建立了连接，此时用户可以调整麦克风和扬声器的音量大小，并进行通话。

Step 03 如果要结束语音对话，则单击【挂断】按钮即可。

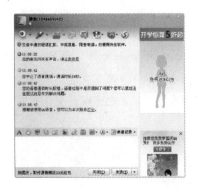

（3）视频聊天

在双方安装好摄像头的情况下，可以进行视频聊天。进行视频聊天的具体操作步骤如下。

Step 01 双击要进行视频聊天的QQ好友头像，在聊天窗口中单击【开始视频会话】按钮 右侧的下拉按钮，在弹出的下拉列表中选择【开始视频会话】选项。即可向对方发送视频聊天请求。

Step 02 如果对方同意视频聊天，会提示已经和对方建立了连接并显示出对方的头像。如果没有安装好摄像头，则不会显示任何信息，但可以语音聊天。

Step 03 如果要结束视频，单击【挂断】按钮即可。

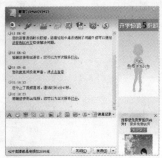

19.2.6 设置QQ聊天界面

以前的聊天窗口都是一成不变的，QQ2011为用户提供了换肤功能，利用该功能可以对QQ聊天界面进行换肤设置。具体的操作步骤如下。

Step 01 将鼠标放置到聊天窗口的右下角，即可弹出【进入皮肤管理】按钮。

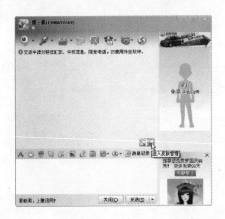

Step 03 单击【确定】按钮，即可保存设置的QQ聊天界面。

Step 02 打开【系统设置】对话框，在【换肤】设置界面中选择自己喜欢的皮肤。

19.3 职场技能训练

本实例介绍如何使用QQ的文件传输功能给同事传送资料文件。发送文件是QQ的一个重要功能。下面以给同事传送文件为例，讲解传送文件的过程。具体的操作步骤如下。

Step 01 登录QQ账户，双击想要传送文件的QQ好友头像，打开与之聊天的窗口。

Step 02 单击【传送文件】按钮 右侧的下拉按钮，在弹出的下拉列表中选择【发送文件】选项。

Step 03 随即打开【打开】对话框，在其中选择文件保存的位置，并选择需要传送的文件。

Step 04 单击【打开】按钮，系统将自动开始发送文件。如果用户不在线，用户可以单击【发送离线文件】按钮。

Step 05 如果好友在线，他单击【接收】按钮，即可传输文件，传送完毕后，在聊天窗口中会给出相应的提示信息。

第 **20** 天 星期五

电脑办公电子邮件收发与管理

（视频 **27** 分钟）

今日探讨

今日主要探讨如何在电脑办公当中对电子邮件进行收发与管理。电子邮件以其高效快捷、应用灵活、功能强大等特点，深受广大用户的喜爱，本章主要介绍如何在网上申请电子邮箱以及管理电子邮件等。

今日目标

通过第20天的学习，读者能够独自完成在网上申请电子邮箱地址以及管理电子邮件的方法。

快速要点导读

- 了解在网上申请电子邮件的方法
- 掌握管理电子邮件的方法

学习时间与学习进度

192分钟　　　　14%

20.1 在网上申请电子邮箱

互联网上有许多提供电子邮件服务的网站，用户可以直接到这类网站申请电子邮箱，然后就可以进行电子邮件的收发、管理等操作了。

20.1.1 申请电子邮箱

在了解了目前使用较多的免费邮箱后，下面以雅虎邮箱为例，来介绍一下如何申请自己的免费电子邮箱。申请雅虎免费邮箱的具体操作步骤如下。

Step 01 打开雅虎邮箱主页后，单击 立即注册 按钮，打开【填写注册信息】页面。

Step 02 在创建雅虎邮箱区域下的【选择您的账号和密码】文本框中输入将要使用的邮箱名称"yiran"。

Step 03 单击【检测】按钮，即可检验输入用户名是否被使用过，如果使用过，则会出现"这个账号不可用"的信息提示。

Step 04 重新输入一个名称，直到不出现"这个账号不可用"的信息提示为止。

Step 05 在填写注册信息页面中根据提示输入其他相应的内容。

Step 06 单击 创建我的帐号 按钮，打开如下图所示页面，表示雅虎邮箱已经注册成功。

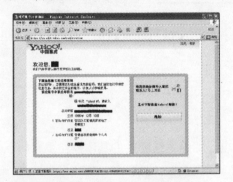

Step 07 单击【继续】按钮，进入注册的免费邮箱之中，开始体验雅虎邮箱的服务。

20.1.2 登录电子邮箱

在有了自己的电子邮箱后，下面就可以登录电子邮箱了。登录电子邮箱的具体操作步骤如下。

Step 01 在IE浏览器的地址栏中输入雅虎邮箱的网址 "http://mail.cn.yahoo.com"，按下【Enter】键，或单击【转至】按钮，即可打开雅虎邮箱的登录页面。

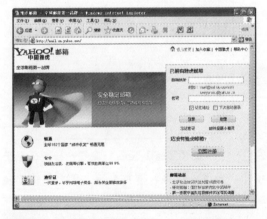

Step 02 分别在【邮箱地址】和【密码】文本框中输入已拥有的雅虎邮箱地址和密码。

Step 03 单击【登录】按钮，即可进入到邮箱页面中。

20.2　管理电子邮件

当用户在网上登录邮箱以后，就可以在邮箱中给亲友撰写并发送电子邮件以及对电子邮件进行接收、转发等操作了。

20.2.1　发送电子邮件

电子邮箱的首要功能就是发送电子邮件，使用电子邮箱发送邮件的具体操作步骤如下。

Step 01　登录到自己的雅虎电子邮箱。

Step 02　单击左侧列表中的【写信】按钮，即可进入到电子邮箱的编辑窗口。

Step 03　在【收件人】文本框中输入收件人的电子邮箱地址，在【主题】文本框中输入电子邮件的主题，相当于电子邮件的名字，最好能让收信人迅速知道邮件的大致内容。

Step 04　在空白文本框中输入信的内容。

Step 05　单击【发送】按钮，即可开始发送电子邮件。发送成功后，窗口中将出现"邮件已发送"的提示信息。

20.2.2 接收电子邮件

在登录到自己的电子邮箱后，就可以阅读别人发来的电子邮件了。具体的操作步骤如下。

Step 01 在【收件箱】中单击接收到的电子邮件的【主题】超链接。

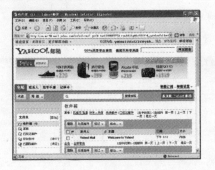

Step 02 即可打开邮件以阅读电子邮件中的内容。这里单击雅虎邮箱的欢迎链接，即可阅读信中的详细内容。

20.2.3 回复电子邮件

当收到别人的来信后，出于礼貌，应该回复一封邮件给发信人。回复和转发邮件的具体操作步骤如下。

Step 01 登录电子邮箱，单击左侧的【收信】按钮，然后在【收件箱】中单击接收到的电子邮件的【主题】超链接，打开一封邮件。

Step 02 单击【回复】按钮，进入到回复状态，这时发现系统已经把对方的E-mail地址自动填写到【收件人】文本框中了，对方发过来的邮件内容也出现在编辑区。

Step 03 此时在编辑区中写上要回复的内容，单击【发送】按钮，即可将回复信发出。

20.2.4 转发电子邮件

当接到一封电子邮件后，还需要将这封信件转发给其他人，转发电子邮件的具体操作步骤如下。

Step 01 如果想要转发一封邮件，则需要在打开的邮件中单击【转发】按钮，进入到转发状态，即邮件内容将自动出现在编辑区中，邮件的主题也自动填写，并添加了【转发】标识信息。

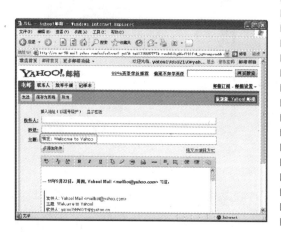

Step 02 在【收件人】文本框中输入需要转发给别人的邮箱地址，然后单击【发送】按钮，即可将邮件转发出去。

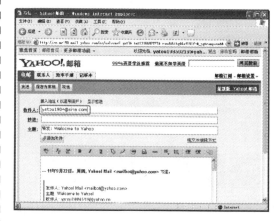

20.2.5 删除电子邮件

电子邮箱的存储空间是有限的，当电子邮件太多后，可以将不需要的邮件及时从邮箱中删除，以释放更多的空间存储其他邮件。

删除电子邮件的方法很简单，在【收件箱】邮件列表中选中要删除的邮件，单击【删除】按钮，此时就可以将邮件删除到【已删除邮件】文件夹中。

如果要彻底从邮箱删除该邮件，则还需要进入【已删除邮件】文件夹中，选中要彻底删除的邮件，单击【删除】按钮，弹出一个信息提示框，提示用户是否确定要永久删除已选中的邮件，单击【确定】按钮即可彻底删除邮件。

20.2.6　添加附件

电子邮件并不仅仅只能发送纯文本的信件，还可以发送带有附件的电子邮件，附件可以是图像、文档、声音和视频等。发送带有附件的电子邮件的具体操作步骤如下。

Step 01 打开电子邮件的写信编辑窗口，在【收件人】文本框中输入收件人的电子邮箱地址，在【主题】文本框中输入邮件的主题。

Step 02 单击【添加附件】按钮，即可打开【上传附件】页面。

Step 03 单击【文件1】后面的【浏览】按钮，即可打开【选择文件】对话框，在其中选择需要上传的附件。

Step 04 单击【打开】按钮，即可完成附加文件或图片的添加。

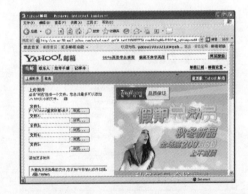

> **提示** 如果想要继续添加附件，则可以按照上面的步骤操作继续添加。雅虎邮箱添加的文件或图片大小不能超过25.0MB，否则就不能进行正常的附件添加。

Step 05 单击【上传附件】按钮，即可开始上传添加的文件。上传附件完毕后，即可自动返回到写信页面，并显示添加的附件的大小和名称。

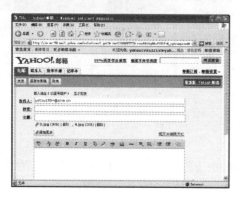

Step 06 单击【发送】按钮，即可将带有附件的电子邮件发送出去。

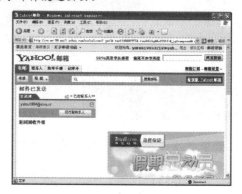

20.3 职场技能训练

本实例介绍如何创建公司员工电子地址簿。由于公司员工较多，作为公司中的一员，有必要掌握每位同事的电子邮箱地址，以方便工作上的交流。下面以雅虎邮箱为例，来创建一个E-mail地址簿。具体的操作步骤如下。

Step 01 在雅虎邮箱中单击【联系人】选项卡，进入到【联系人】设置页面。

Step 02 单击【添加联系人】按钮，即可进入【联系人信息】页面，在其中根据提示输入相应的内容。

Step 03 单击【保存】按钮，即可完成地址簿的创建操作，并在右侧可以看到添加的联系人姓名与电子邮箱地址等。

第**5**周 电脑办公安全策略

本周多媒体视频 45 分钟

电脑在办公的使用过程中经常会遇到系统越来越慢、经常出现错误提示，最严重的还经常受到病毒的威胁。本周学习电脑办公安全的解决方案——电脑办公安全策略。

⊙ **第21天 星期一 电脑办公的日常维护和病毒防治** （视频45分钟）

第**21**天 星期一

电脑办公的日常维护和病毒防治

 （视频 **45** 分钟）

今日探讨

今日主要探讨如何对电脑进行日常维护与病毒防治。包括加快开机速度、清除系统中的垃圾文件、系统的备份与还原、查杀病毒、预防病毒等。

今日目标

通过最后一天的学习，读者能根据自我需求独自完成电脑办公的日常维护与病毒防治。

快速要点导读

⊘ 了解加快开机速度的方法
⊘ 了解清理垃圾文件的方法
⊘ 掌握系统备份与还原的方法
⊘ 掌握预防电脑病毒的方法

学习时间与学习进度

120分钟 　　3%

21.1　加快开机速度

电脑的开启和关闭是一个复杂的过程，要使电脑更安全、更稳定、更迅速地启动，就需要对电脑的开机、关机进行优化，以加快开关机的速度。

21.1.1　减少系统启动停留的时间

在启动操作系统时，用户可以自己调整显示操作系统列表的时间，以及显示恢复选项的时间，如果将这两项的时间都减少，这在一定程度上就提高了开机的速度。具体的操作步骤如下。

Step 01 选中桌面上的【我的电脑】图标并右击，从弹出的快捷菜单中选择【属性】菜单命令。

Step 02 打开【系统属性】对话框，在其中可以查看有关电脑的基本信息，包括系统版本信息、CUP型号信息等。

Step 03 选择【高级】选项卡，进入高级设置界面。

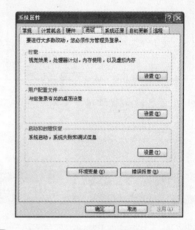

Step 04 单击【启动和故障恢复】选项组中的【设置】按钮，打开【启动和故障恢复】对话框。

Step 05 在其中勾选【在需要时显示恢复选项的时间】复选框，并根据需要设置后面文本框中的时间，单位是秒。

选【系统失败】选项组中的【将事件写入系统日志】复选框。

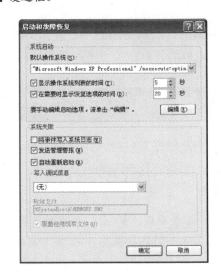

Step 06 在【启动和故障恢复】对话框中取消勾

Step 07 设置完毕后，单击【确定】按钮以保存设置。至此，就完成了调整系统启动停留的时间的操作。

21.1.2 减少开机滚动条的时间

安装Windows XP操作系统之后，有时启动需要很长时间，滚动条需要转10多圈。这时，用户可以通过修改注册表的键值，来减少开机的滚动条时间。具体的操作步骤如下。

Step 01 单击【开启】按钮，从弹出的快捷菜单中选择【运行】菜单命令，打开【运行】对话框，在【打开】文本框中输入"regedit"。

Step 02 单击【确定】按钮，打开【注册表编辑器】窗口。

Step 03 在左侧窗格中依次单击HKEY_LOCAL_MACHINE\SYSTEM\CurrentControlSet\Control\SessionManager\Memory Management\PrefetchParameters注册表项。

Step 04 在【注册表编辑器】窗口右侧，右击 EnablePrefetcher键值，在弹出的快捷菜单中选择【修改】菜单命令。

Step 05 打开【编辑DWORD值】对话框，在【数值数据】文本框中输入"1"。

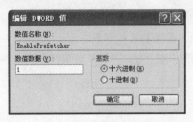

Step 06 单击【确定】按钮，则EnablePrefetcher键值被设置为"1"，这样系统启动滚动条只转一圈就会打开系统。

> **提示** 滚动条数值的含义如下：
> ①0 表示取消预读取功能；
> ②1 表示只预读取应用程序
> ③2 表示只预读取Windows系统文件；
> ④3 表示预读取Windows系统文件和应用程序，是默认值。

21.2 清理垃圾文件

电脑使用一段时间后，会产生一些垃圾文件，包括被强制安装的流氓软件、上网缓存文件、系统临时文件等。

21.2.1 删除上网缓存文件

Windows操作系统具有历史记录功能，可以将用户以前所运行过的程序、浏览过的网站、查找过的内容等记录下来，这就是用户上网的缓存文件，但这样会泄露用户的信息。用户可以通过IE浏览器来删除平时上网的缓存文件。具体操作步骤如下。

Step 01 打开IE浏览器，选择【工具】→【Internet选项】菜单命令。

Step 02 打开【Internet选项】对话框，单击【历史记录】设置区域中的【清除历史记录】按钮。

Step 03 弹出一个信息提示框，提示用户是否确实让Windows删除已访问网站的历史记录，即上网的缓存文件。

Step 04 单击【是】按钮，即可清除用户上网的缓存文件。

用户还可以利用注册表进行清除。IE历史记录在【注册表编辑器】中的保存位置是"HKEY_ CURRENT_USER\Software\Microsoft\InternetExplorer\TypedURLs"，因此只要删除该子项下的所有内容即可。

提示 在输入网址时按下【Ctrl+O】组合键，在打开的【打开】对话框中填入要访问的网站名称或IP地址，输入的地址链接URL就不会保存在地址栏里了。

21.2.2 手动删除系统临时垃圾文件

在没有安装专业的清理垃圾的软件前，用户可以手动清理垃圾临时文件。具体操作步骤如下。

Step 01 单击【开始】按钮，从弹出的快捷菜单中选择【运行】菜单命令。

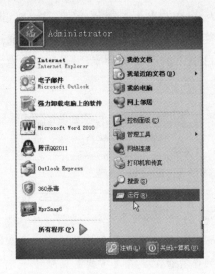

Step 02 打开【运行】对话框，在【打开】文本框中输入"cleanmgr"命令。

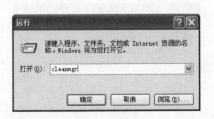

Step 03 单击【确定】按钮，打开【选择驱动器】对话框，单击【驱动器】下面的向下按钮，在弹出的下拉菜单中选择需要清理临时文件的磁盘分区，本实例选择【本地磁盘（F）】选项。

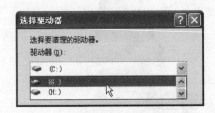

Step 04 选择完毕后，单击【确定】按钮，弹出【（F:）磁盘清理】对话框。

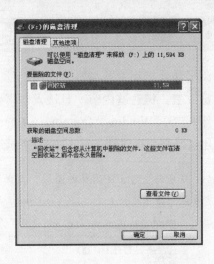

Step 05 在【磁盘清理】选项卡中，选择要删除的文件。

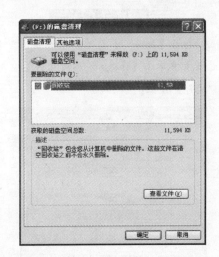

Step 06 单击【确定】按钮，弹出一个信息提示框。

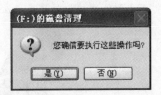

Step 07 单击【是】按钮，即可开始清除系统中的临时文件。

21.2.3 清理IE浏览器中的临时文件

浏览器会把用户曾浏览过的网上信息保存在相应的文件夹下，以便于在下次访问时提高浏览效率。但这些内容一旦被入侵者获取，有可能会带来不小的危害。用户可以通过删除文件夹"C:\Windows\Temporary Internet Files"目录下的所有文件来删除这些信息。此外，还可以利用IE属性进行历史痕迹的清除。具体的操作步骤如下。

Step 01 在桌面上右击IE浏览器图标，在弹出的快捷菜单中选择【属性】选项。

Step 02 打开【Internet 属性】对话框，在【常规】选项卡中单击【Internet 临时文件】区域的【删除文件】按钮。

Step 03 打开【删除文件】对话框，在其中勾选【删除所有脱机文件】复选项。

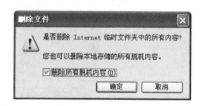

Step 04 单击【确定】按钮，即可清除IE浏览器中的临时文件。为了安全起见，可以更改IE浏览器的保存位置。在【常规】选项卡下，单击【Internet临时文件】选项区域中【设置】按钮，打开【设置】对话框。

Step 05 单击【移动文件夹】按钮，即可更改IE浏览器中临时文件的保存位置。

21.3 系统备份与还原

用户在使用计算机的过程中，有时会不小心删除系统文件，或系统遭受病毒与木马的攻击等，都有可能导致系统崩溃或无法进入操作系统，这时用户就不得不重装系统，但是如果系统进行了备份，那么就可以直接将其还原，以节省时间。

21.3.1 系统备份

Windows XP操作系统自带的备份还原功能更加强大，支持4种备份还原工具，分别是文件备份还原、系统映像备份还原、早期版本备份还原和系统还原，为用户提供了高速度、高压缩的一键备份还原功能。

使用系统还原功能进行备份系统的操作其实就是创建还原点。具体的操作步骤如下。

Step 01 在桌面上右击【我的电脑】图标，从弹出的快捷菜单中选择【属性】选项，打开【系统属性】对话框。

Step 02 选择【系统还原】选项卡，在打开的界面中取消勾选【在所有驱动器上关闭系统还原】复选框，还要确保需要还原的分区处于【监视】状态，这样就开启了【系统还原】功能。

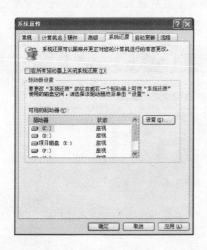

提示 Windows XP的系统还原功能默认是还原所有盘，如果只想还原系统盘，则需要在还原前指定关闭其他盘，只用在【系统还原】选项卡的【可用的驱动器】中单击选择关闭的驱动器之后，单击【设置】按钮，打开【设置】对话框，在其中勾选【关闭这个驱动器上的"系统还原"】复选框关闭监视。

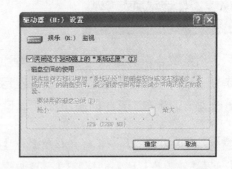

Step 03 选择【开始】→【所有程序】→【附件】→【系统工具】→【系统还原】菜单命令，打开系统还原向导对话框，点选【创建一个还原点】单选钮。

Step 04 单击【下一步】按钮，打开【创建一个还原点】对话框，在【还原点描述】文本框中输入还原点的名称。

Step 05 单击【创建】按钮，打开【完成还原点创建】对话框。单击【关闭】按钮，即可完成还原点的创建操作。

21.3.2　系统还原

运用系统自带的还原功能，通过对还原点的设置，可以轻松实现系统恢复，当电脑遭遇病毒、木马或黑客的袭击时，就可以运用系统还原了，即使用系统还原功能将系统恢复到更改之前的状态。具体的操作步骤如下。

Step 01 选择【开始】→【所有程序】→【附件】→【系统工具】→【系统还原】菜单命令，打开系统还原向导对话框，勾选【恢复我的计算机到一个较早的时间】单选钮。

Step 02 单击【下一步】按钮，打开【选择一个还原点】对话框，在选择还原点（即在左边日历中选择一个还原点创建日期）之后，右边将会出现这一天中创建的所有还原点，选择需要还原的还原点。

Step 03 单击【下一步】按钮，打开【确认还原点选择】对话框。

Step 04 单击【下一步】按钮，开始进行系统还原。由于恢复还原点后系统会自动进行重新启动操作，因此，建议用户在操作之前退出当前运行的所有程序，以防止重要文件的丢失。

21.4　预防病毒

俗话说"兵来将挡，水来土掩"。但是真的当病毒出现之后再去杀毒，计算机可能已经遭到损坏。所以建议用户在计算机感染病毒之前做好充分的防御工作。下面从两个方面介绍一下病毒预防方面的设置。

21.4.1　开启杀毒软件监控

计算机的各种操作行为都有可能导致感染病毒，所以用户必须要对计算机的各种动作进行实时的监控，包括已运行的程序、正在浏览的网页，以及下载中的文件等。以"360杀毒"的实时监控设置为例进行介绍，具体操作如下。

Step 01 打开【360杀毒】窗口，选择【实时防护】选项卡。

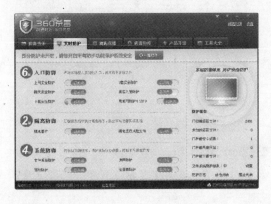

Step 02 在打开的【实时防护】选项卡中设置入口防御、隔离防御和系统防御等选项的开启状态。

21.4.2 修补系统漏洞

除了要开启杀毒软件的实时防护之外，系统本身的漏洞也是重大隐患之一，所以用户必须要及时地修复系统的漏洞。在修复系统漏洞方面，"360安全卫士"做得不错。下面以"360安全卫士"修复系统漏洞为例进行介绍。

（1）下载并安装360安全卫士

具体的操作步骤如下。

Step 01 打开官方网站"www.360.cn"，单击【360安全卫士v8.2正式版】下方的【下载】按钮。

Step 02 打开【文件下载-安全警告】对话框。

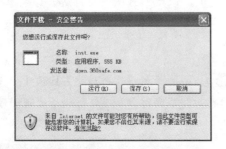

Step 03 单击【运行】按钮，打开如下图所示对话框。

Step 04 单击【运行】按钮，打开【360安全卫士】对话框，在其中勾选【我已阅读并同意许可协议】复选框。

Step 05 单击【快速安装】按钮，弹出【推荐360安全浏览器】对话框，在其中可以选择是否安装360安全浏览器插件。

Step 06 单击【下一步】按钮，弹出【正在安装】对话框，在其中显示了程序安装的进度。

安全卫士安装完成。

Step 07 安装完毕后，打开【安装完成】对话框，单击【完成】按钮，重新启动计算机，360

（2）修补系统漏洞

安装完成后，就可以使用360安全卫士修补系统漏洞了，具体的操作步骤如下。

Step 01 双击桌面上的【360安全卫士】快捷图标，即可打开【360安全卫士】主界面。

Step 02 单击【系统漏洞】选项卡，进入【系统漏洞】主界面，在其中可以看到系统当中存在的漏洞。

Step 03 单击【全选】按钮，将扫描出来的系统漏洞全部选中。

Step 04 单击【立即修复】按钮，即可开始修复系统漏洞。

Step 05 修复完毕后，系统漏洞的状态显示为"已修复"。

21.5 职场技能训练

本实例介绍如何预防木马与病毒。木马与病毒可谓是无孔不入，要想保证系统的安全，不能单靠中木马与病毒之后的清除，也要在防御木马与病毒方面加强力度。下面介绍几种木马与病毒的预防方式。

（1）关闭无用的端口

计算机总共有65535个端口，默认情况下Windows开放很多端口，也有几个端口是木马经常使用到的，因此，关闭无用端口就是保护系统的首要任务。关闭无用端口的具体操作步骤如下。

Step 01 右击【我的电脑】图标，在快捷菜单中选择【属性】菜单命令，打开【系统属性】对话框。

Step 02 选择【硬件】选项卡，进入【硬件】设置界面。

Step 03 单击【设备管理器】按钮，即可打开【设备管理器】窗口。

关闭UDP123、1900的具体操作步骤如下。

Step 04 选择【查看】→【显示隐藏的设备】菜单命令，展开【非即插即用驱动程序】命令项。

Step 05 在其中找到【NetBios over Tcpip】子项并右击，在快捷菜单中选择【停用】选项，即可关闭NetBios对应的端口。

Step 01 在【运行】对话框中输入"services.msc"命令，单击【确定】按钮，即可打开【服务】窗口。

Step 02 在右侧窗口中找到【Windows Time】服务项，右击该服务项在弹出的快捷菜单中选择【停止】选项，即可关闭UDP123端口。

Step 03 在右侧窗口中找到【SSDP Discovery Service】服务项，右击该服务项并在弹出的快捷菜单中选择【停止】选项，即可关闭1900端口。

（2）以防火墙控制木马

专业的防火墙具有强大的功能，但设置起来比较麻烦，普通的计算机用户很难掌握，如果设置不当就会给木马打开方便之门。其实Windows XP自带的防火墙完全能够满足普通用户使用需求。设置Windows XP自带防火墙步骤如下。

Step 01 在【控制面板】窗口中双击打开【Windows 防火墙】图标，即可打开【Windows防火墙】对话框。

Step 02 选择【高级】选项卡，进入高级设置界面。

Step 03 单击【网络连接设置】栏中的【设置】按钮，打开【高级设置】对话框，其中【服务】选项卡用于设置本机允许打开的服务。

Step 04 如果用户需要建立一个Web服务器，只需勾选【Web服务器】复选框，弹出【服务设置】对话框。设置完毕后，单击【确定】按钮即可。

Step 05 在【高级设置】对话框中单击【添加】按钮，打开【服务设置】对话框，在其中依次输入各个栏目内容。

Step 06 单击【确定】按钮，即可添加一个没有预设的服务器。

Step 07 打开安全日志记录。在【Windows 防火墙】对话框中单击【安全日志记录】栏中的【设置】按钮，即可打开【日志设置】对话框，在其中勾选【记录被丢弃的数据包】和【记录成功的连接】复选框，设置记录文件的大小。

Step 08 设置完毕后，单击【确定】按钮即可。

（3）删除系统中无用的账号

在DOS命令提示符窗口中运行"net user"命令，将显示本机上所有的用户账户信息。

其中"Guest"和"Administrator"是系统必备的两个账号，除这两个账户之外，如发现无用的账号则可直接删除。在命令提示符窗口中输入"net user 用户名 /delete"命令，按Enter键，即可删除该用户。